U0317484

2020 全球主要国家
农业生物技术发展报告

AGRICULTURAL BIOTECHNOLOGY DEVELOPMENT
REPORT FOR MAJOR COUNTRIES WORLDWIDE (2020)

农业农村部科技发展中心　编

中国财富出版社有限公司

图书在版编目（CIP）数据

全球主要国家农业生物技术发展报告 . 2020 ／农业农村部科技发展中心编 . —北京：中国财富出版社有限公司，2022.6

ISBN 978 - 7 - 5047 - 6157 - 6

Ⅰ . ①全…　　Ⅱ . ①农…　　Ⅲ . ①农业生物工程—研究报告—世界—2020　　Ⅳ . ①S188

中国版本图书馆 CIP 数据核字（2021）第 236339 号

| 策划编辑 | 张　茜　宋　宇 | 责任编辑 | 邢有涛　尹培培 | 版权编辑 | 李　洋 |
| 责任印制 | 尚立业 | 责任校对 | 张营营 | 责任发行 | 黄旭亮 |

出版发行	中国财富出版社有限公司		
社　　址	北京市丰台区南四环西路 188 号 5 区 20 楼	邮政编码	100070
电　　话	010 - 52227588 转 2098（发行部）		010 - 52227588 转 321（总编室）
	010 - 52227566（24 小时读者服务）		010 - 52227588 转 305（质检部）
网　　址	http：//www.cfpress.com.cn	排　　版	宝蕾元
经　　销	新华书店	印　　刷	北京九州迅驰传媒文化有限公司
书　　号	ISBN 978 - 7 - 5047 - 6157 - 6/S·0051		
开　　本	880mm×1230mm　1/16	版　　次	2022 年 6 月第 1 版
印　　张	20	印　　次	2022 年 6 月第 1 次印刷
字　　数	550 千字	定　　价	98.00 元

全球主要国家农业生物技术发展报告（2020）
编　委　会

主　编　郑　戈　孙卓婧

副主编　李　鹭　李　雪　沈　平

编　审　叶纪明

参编人员

（按姓氏笔画排序）

于艳波	王　维	王　颖	王沛然	王颢潜	龙丽坤
史　培	付仲文	孙婧陶	李　宁	李　刚	李　会
李飞武	杨永青	宋　银	张　华	张　凯	张　倩
张书婧	张旭冬	张秀杰	张富丽	陈　亮	陈子言
修伟明	贺晓云	黄昆仑	黄耀辉	常丽娟	梁晋刚
程在全	焦　悦	薛　姗	檀　覃		

前　言

2021 年中央一号文件提出，尊重科学、严格监管，有序推进生物育种产业化应用。"十四五"规划也明确将生物育种列入需要强化国家战略科技力量的八大前沿领域。根据统计，自 1996 年批准转基因作物商业化种植以来，全球种植转基因作物累计达到 400 多亿亩，71 个国家批准转基因作物商业化应用。世界种业已进入"常规育种＋生物技术育种＋信息化育种"的"4.0 时代"，对我国而言，既是挑战，更是发展机遇。

截至 2020 年年底，美国农业部（USDA）对外农业服务局（FAS）已发布 72 个国家和地区 2020 年农业生物技术发展年报，农业农村部科技发展中心从中选取了包括日本、韩国、菲律宾、巴西、阿根廷、欧盟、西班牙、俄罗斯联邦、加拿大、墨西哥、南非、澳大利亚、印度、巴基斯坦、缅甸在内的 15 个主要转基因作物种植国家和地区的年报，进行整理、翻译并汇辑成《全球主要国家农业生物技术发展报告（2020）》一书。旨在为相关领域管理者及产业界提供可参考的世界各国转基因生物管理政策和技术发展的最新消息，助力我国生物育种产业化应用，使现代农业生物育种技术能够更好地造福人民。

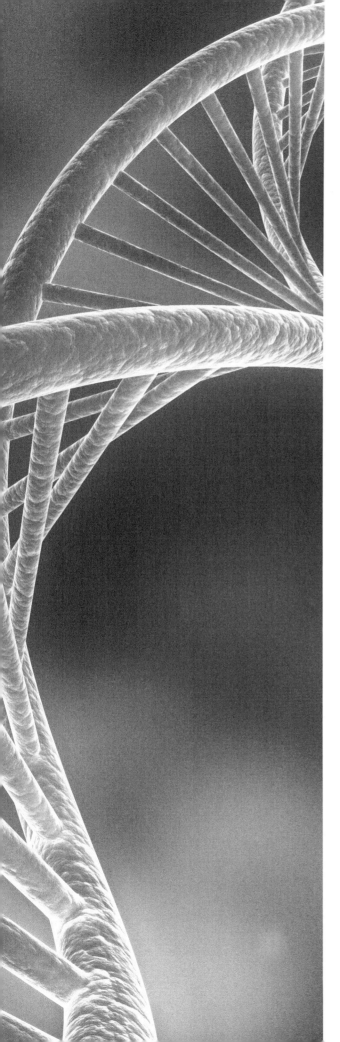

目录
Contents

①

日本

美国农业部

对外农业服务局

规定报告：按规定－公开

报告编号：JA2019－0219

报告名称：农业生物技术发展年报

报告类别：生物技术及其他新生产技术

编 写 人：Suguru Sato

批 准 人：Zeke Spears

全球农业信息网

发表日期：2020.11.23

报 告 要 点

本报告提供了日本农业生物技术的消费、监管、公众认知、研究、开发、生产和使用的最新进展。日本政府已经完成并发布了在日本处理基因组编辑食品和农产品的指南。

内 容 提 要

日本是世界上人均使用现代生物技术生产粮食和饲料的最大进口国之一。2019年，日本进口了约1600万吨玉米、320万吨大豆和240万吨油菜籽，这些产品主要是转基因产品。日本还进口数十亿美元的加工食品，这些食品中含有转基因成分的油、糖、酵母、酶等其他成分。作为转基因食品和农产品的重要买家，日本政府对转基因产品的监管和批准，对于美国农业以及全球食品生产和分销都具有重要意义。未获日本批准的转基因产品的出口可能导致严重的贸易中断。

日本政府对转基因产品的监管是基于科学的，总体上是透明的，新转化事件通常会在预期的时间内给予审核和批准，大多数会在符合行业预期的时间内发布。截至2020年3月27日，日本已批准322种转基因产品用于食品。除了比前几年更有效地管理评审过程（如免除对由已获批单个转化事件叠加获得的复合性状产品的评审），日本对常见转基因方法获得的产品关于熟悉性原则的使用也迅速进行了评审。然而，日本可能会遇到自我强加的监管挑战，因为一些研发人员可能没有在生产国以外的国家获得监管批准的资源。这可能会限制日本从一个新产品或技术已经商业化的国家购买产品的能力。作为世界上人均转基因作物最大的进口国之一，日本对转基因作物监管体系的改进将使所有利益相关者受益。

迄今为止，日本有186个转基因项目被批准为环境安全项目，其中141项被批准为商业化种植。然而，还没有任何一种转基因作物在日本开展商业化种植。三得利公司于2009年推出的转基因玫瑰是日本唯一一种商业化种植的转基因作物。

在2019年和2020年年初，日本监管机构完成了对基因组编辑食品和农产品的评价指南。这些指南为希望在日本商业化应用的转基因产品的研发人员提供了途径。厚生劳动省（MHLW）和农林水产省（MAFF）召集了技术专家委员会，在指导方针的整个制定过程中提供指导，设置了公众评议期，并发布了各自的基因组编辑食品和农产品评价指南。日本的研究人员已经开发了一些经过基因组编辑的植物产品，但其中没有一种产品商业化。

在日本，动物生物技术的应用研究和开发有限，大多数活动仍停留在基础研究领域。用于兽药生产的转基因蚕是日本少数转基因动物商业化应用的例子之一。研究人员正在开发一种基因组编辑的鲷鱼，但其还没有商业化。

第1章 植物生物技术

1.1 生产和贸易

1.1.1 产品开发

日本的生物技术研发进展比美国慢。日本大多数的农业生物技术研发都是由公共部门通过政府研究机构和大学进行的。放缓研发步伐的一个原因是消费者对转基因产品持谨慎态度。日本零售商和食品制造商对使用需要转基因标签的产品采取保守的做法，即使是对消费者有好处的产品也是如此。另一个限制转基因产品发展的因素是农业社区之间的压力。例如，一个对种植转基因作物感兴趣的农民可能因为察觉到邻居的反对而不种植转基因作物。日本于2019年4月更新和发布的强制性转基因标识要求，也可能阻碍制造商和零售商开发含有转基因成分的产品（见报告 JA2019 - 2551）。还有一个障碍是，在日本这个高度尊重社会"和谐"的国家，地方政府的法规阻止农民率先应用转基因食品或饲料。

尽管如此，还是有一些日本研究人员、媒体成员和支持科学的公民认可转基因产品的好处。例如，以科学为基础的消费者风险交流组织——食品沟通圆桌委员会于2019年2月举行会议讨论了一种转基因大米产品的前景，通过该产品可以生产一种治疗性疫苗，用来防止日本雪松花粉过敏（http：//food - entaku. org/，日文链接）。十多年来，该产品一直在寻求得到日本监管机构的批准。尽管研究人员与医疗机构进行了合作，并报告了该产品能成功缓解过敏的情况，但由于该产品具有医疗功效，并未被列为"食品"。

日本政府的国家科技创新项目"跨部门战略创新促进计划（SIP）"鼓励了基因组编辑技术的研究。该创新项目包括增加营养的番茄、减少毒素的土豆、用于水产养殖的攻击性较弱的鲭鱼和高产水稻（https：//www. nhk. or. jp/gendai/articles/4331/index. html，日文链接）。

1.1.2 商业化生产

在日本，转基因食品没有进行商业化生产。唯一一款商业化应用的转基因产品是三得利公司（Suntory）开发的转基因玫瑰，其产量尚未公布。三得利公司还开发并推广了一种蓝色转基因康乃馨，但它是在哥伦比亚栽培的。自2014年以来，北山药业（Hokusan）在一个封闭的环境中种植了一种可以生产改良干扰素的转基因草莓，但产量也没有公开公布（http：//www. hokusan - kk. jp/product/interberry/index. html，日文链接），所收获的草莓也不能作为食物食用。

虽然仍有消费者积极反对转基因产品，但公众认为转基因产品带来的风险正在减小，可能是由于更少的负面媒体报道以及他们对日本依赖进口转基因谷物和油菜籽有了更深入的了解（http：//

www. fsc. go. jp/monitor/monitor_report. html，日文链接）。过去一年里，媒体对基因组编辑技术的报道增多，这有可能重新引发消费者对农业生物技术产品的焦虑。

1.1.3 出口

日本没有转基因农产品的出口。2019年，日本出口了84亿美元的食品和农产品，包括加工产品（28亿美元）和畜产品（5.98亿美元）。出口的加工产品可能含有转基因成分。日本的牲畜养殖依赖进口饲料，其中包括转基因或"非隔离"饲料玉米。

1.1.4 进口

1. 谷物和油菜籽

日本几乎100%的玉米和94%的大豆是进口的，其中大部分为转基因产品。2019年，日本进口了约1600万吨玉米（见表1-1），其中约1/3用于食品生产。FAS/东京估计，日本进口的1/2~2/3的玉米可能是非隔离玉米或转基因玉米，但没有官方统计数据。有关谷物和油菜籽进口的更多信息，请参见JA2020-0058和JA9033。

表1-1 　　　　　　　　　　　2019年日本玉米进口总量 　　　　　　　　单位：千吨

国家	进口量
美国	10957
巴西	4682
阿根廷	238
俄罗斯	92
印度	7
其他国家	11
总计	15986

资料来源：贸易数据监测。

2. 新鲜农产品

自2011年以来，转基因"彩虹木瓜"的生产数量有限，这种木瓜在夏威夷种植并出口到日本。近年来，随着彩虹木瓜在食品服务行业中越来越受欢迎，其进口量也有所增加。

1.1.5 粮食援助

日本不是粮食援助的受援国。在2017年联合财政年度，日本对外提供了约5400万美元的粮食援助。大米占日本捐赠的粮食援助的大部分（https：//www. mofa. go. jp/policy/oda/page_000029. html）。

1.1.6 贸易壁垒

日本仍然是全球转基因产品的人均最大进口国之一，没有明显的贸易壁垒。

1.2　政策

1.2.1　监管框架

在日本，转基因植物产品的商业化需要获得食品安全、饲料安全和环境安全的批准。厚生劳动省（MHLW）、农林水产省（MAFF）、环境省（MOE）和文部科学省（MEXT）四个部门共同参与监管框架的建立。这些部门还参与环境保护和规范实验室研究。食品安全委员会（Food Safety Commission，FSC）是内阁办公室下属的独立风险评估机构，可以协助进行转基因产品食用和饲用安全性评价。转基因产品安全评价部门的职责如表1-2所示。

表1-2　　　　　　　　　　　　　　转基因产品安全评价部门的职责

批准类型	审查部门	评判部门	法律依据	评审要点
食用	转基因食品专家委员会	内阁办公室食品安全委员会	《食品安全基本法》	1. 受体生物、基因及载体的安全性； 2. 新产生蛋白的安全性，尤其是其致敏性； 3. 非预期效应； 4. 食品主要营养成分改变的可能性
饲用	农业材料理事会	农林水产省动物产品安全部	《饲料安全和质量提高法》	1. 与传统作物相比，在饲用方面的显著差异； 2. 产生毒性物质的可能性（特别是关于该转化事件与动物代谢系统之间的相互作用）
对生物多样性影响	生物多样性影响评价研讨会	农林水产省植物产品安全部	《保护生物多样性法律》	1. 竞争优势； 2. 产生毒性物质的可能性； 3. 与其他生物杂交的可能性

注：MHLW 和 MEXT 不参与风险评估，这两个部门是风险管理机构和/或联系点。

风险评估和安全评估由咨询委员会和科学专家小组进行，该团队成员主要由研究人员、学者和公共研究机构的代表组成。科学专家小组的决定由咨询委员会进行审查，咨询委员会的成员包括来自广泛利益团体（包括消费者团体和行业）的技术专家和意见代表。咨询委员会负责向部委报告其调查结果和建议，然后由每个部门的部长批准产品。

用于食品的转基因作物必须获得 MHLW 部长的食品安全批准。根据《日本食品卫生法》（http：//www. japaneselawtranslation. go. jp/law/detail_main？id=12&vm=2&re），一旦收到申请人的审查请求，MHLW 部长将要求 FSC 进行食品安全审查。在 FSC 中有一个转基因食品专家委员会，该委员会由来自大学和公共研究机构的科学家组成，负责进行科学审查。完成后，FSC 将其结论提交给 MHLW 部长，由其正式宣布完成审查。转基因食品的风险评估结果也会在 FSC 的网站（http：//www. fsc. go. jp/english/evaluationreports/newfoods_gm_e1. html）上以英文发表。FSC 规定从收到申请材料到批准的标准处理时间为 12 个月。

根据《饲料安全法》，用于饲料的转基因产品必须获得 MAFF 部长的批准。根据申请者的请求，MAFF 要求重组 DNA 生物专家小组［隶属于 MAFF 的农业材料委员会（AMC）］审查用于饲料的转基因作物。专家小组评估家畜饲料的安全性，然后由 AMC 对其评估进行审查。MAFF 部长还要求 FSC 的转基因食品专家委员会审查食用喂食转基因作物的牲畜对人类健康的影响。根据 AMC 和 FSC 审查，MAFF 部长批准转基因产品的饲用安全性。

日本于 2003 年加入了《卡塔赫纳生物安全议定书》（CPB）。2004 年，日本通过了《关于通过改性活生物体使用条例保护和可持续利用生物多样性法》，即《卡塔赫纳法》，以实施该议定书。根据这项法律，MEXT 要求在实验室和温室进行早期农业生物技术研究之前要获得部长级批准。MAFF 和 MOE 要求联合批准温室或实验室使用转基因植物作为其生物多样性评估的一部分。

必要的科学数据是通过独立的田间试验收集的。经 MAFF 和 MOE 部长批准，将对该活动进行环境风险评估，包括田间试验。MAFF 和 MOE 联合专家小组进行环境安全评估。MAFF 将从收到申请材料到批准的标准处理时间设置为 6 个月（更多信息请参见 http：//www. maff. go. jp/j/syouan/nouan/carta/c_about/attach/pdf/reg_2 – 27. pdf，日文链接），过了标准处理时间将停止计时。此外，初步咨询、限定的田间试验和对正式通知的行政处理是一个漫长的过程。按照惯例，首先对食品进行批准，其次是饲料，最后是环境。因此，食品和/或饲料审批的延迟会导致环境审批的延迟。完全批准所需的实际时间很大程度上取决于对产品和特性的熟悉程度。如果工作人员熟悉产品的特性，那么批准通常在正式接收食品、饲料和环境释放的文件 18 个月内完成。

最后，与食品安全无关的转基因产品标准或法规，如转基因产品标签和知识产权处理协议，由消费者事务部（CAA）的食品标签处负责。CAA 于 2019 年 3 月完成了转基因产品标识法规的修订（见 JA2019 – 0174）。

CAA 负责保护和加强消费者权益。MHLW 负责风险管理程序，如建立食品中转基因产品的检测方法。在日本政府对转基因产品审批流程中，任何政府部门都不收取审查手续费。

1.2.2　审批

截至 2020 年 3 月 27 日，日本已批准超过 322 种用于食品、179 种用于饲料、185 种用于环境的转基因产品，其中包括 141 种用于环境释放，包括大多数产品的商业化种植。请参见本报告附录 1，以获得批准的事件列表。批准食用的转基因产品不包括 28 个具有复合性状的产品，这些复合性状产品不再经过监管审批程序。

1.2.3　复合性状转化事件的审批

作为一项基本原则，日本要求对复合性状转化事件进行单独的环境审批。日本已经改进了一些复合性状转化事件的审批程序。如 2014 年，MHLW 免除了单个转化事件的杂交不影响宿主植物的代谢途径获得的复合性状转化事件的审查。此外，2017 年 12 月 22 日，FSC 专家小组同意免除使用修改代谢途径的单个事件获得复合性状转基因产品的审查（http：//www. fsc. go. jp/senmon/idensi/index. data/gm_taisha_kaihen_kakeawase. pdf，日文链接）。这一更新是在专家组审查了 6 起复合性状转化事件后做出的，并发现没有理由担心食品安全。截至 2020 年 3 月 27 日，累计有 28 个复合性状转化事件免于审查，包括 4 个大豆、15 个玉米、2 个油菜籽、7 个棉花（https：//www. mhlw. go. jp/content/11130500/000513500. pdf，日文链接）。有关批准的详细信息，请参见本报告附录 1。有关复合性状转化事件批准处理方面更多改进的细节，请参见 JA7138。

1.2.4 田间试验

日本要求通过进行国内田间试验来审查对生物多样性影响的基本规则没有改变。然而，2014 年 12 月，MAFF 将在日本没有野生亲缘关系的作物（如玉米），具有足够熟悉的性状（如耐除草剂或抗虫性）的作物，排除在强制的田间试验要求之外。2019 年 3 月，MAFF 将具有足够熟悉性状的棉花添加到国内田间试验排除的产品清单中（http：//www. maff. go. jp/j/syouan/nouan/carta/tetuduki/plant_proced. html#2，日文链接）。有关田间试验的更多信息，请参见全球农业信息网（GAIN）报告 JA6050。

1.2.5 创新生物技术

2018 年 8 月，MOE 召开转基因生物环境安全咨询小组会议，讨论《卡塔赫纳生物安全议定书》（见 JA8048）下的基因组编辑技术处理原则。咨询小组的结论是，任何存在宿主基因组内的外来核苷酸的生物体都应该受到监管。2019 年 2 月，MOE 得出结论，不引入外源核苷酸序列的生物体，如《卡塔赫纳法案》（见 JA9024）所述，该生物体不被视为改良活生物体。这一结论为处理来自基因组编辑技术的生物体提供了监管框架。

监管机构在其权限内负责制定必要的政策和程序来处理基因组编辑产品。如 MHLW 为来自食品和食品添加剂基因组编辑技术的生物体制定了评审指南。MAFF 制定了用于饲料和饲料添加剂的基因组编辑产品指南。MAFF 还制定了单独的指导方针，以防止基因组编辑食品和农产品对生物多样性的不利影响。在日本，产品研发人员在将基因组编辑产品商业化之前，必须遵循相关指南。研发人员还应该考虑根据他们的产品在日本的使用方式来解决该类产品的商业化途径。参见本报告附录2。

2019 年 10 月，MAFF 植物产品安全部门发布了《农林渔业领域利用基因组编辑技术获取生物体的具体信息披露程序》最终指南（JA2019 – 0196）。该指南详细说明了 MAFF 管辖范围内的产品在日本商业化之前，在生产和推广中对生物多样性产生不利影响方面披露信息的过程。首先要求研发人员向 MAFF 提交信息，进行"预咨询"，以确定该产品是否是转基因生物，并接受必要的转基因生物安全审查或进一步通知 MAFF。如果确定该产品不是转基因生物，则指南将提供通知流程的详细说明。如果该产品是转基因生物，将根据本报告政策部分详细介绍的相关审查要求进行评审。

2020 年 2 月，MAFF 动物产品安全部门发布了处理基因组编辑饲料和饲料添加剂的最终评审指南（JA2020 – 0034）。这些指南为寻求将基因组编辑饲料和饲料添加剂商业化的研发人员提供了指导。与生物多样性指南一样，研发人员也被要求向 MAFF 提供初步信息，以确定产品是否应该作为转基因生物处理。如果确定产品不是转基因生物，则要求研发人员遵循指南中详细的通知要求。

2019 年 10 月，MHLW 发布了处理基因组编辑食品和食品添加剂的最终评审指南（JA2019 – 0011）。与 MAFF 的上述两套评审指南一样，研发人员被要求向 MHLW 提供初始信息，以确定产品是否应该作为基因工程产品处理。MHLW 根据需要，将综合考虑学术专家的意见，决定产品是否应该经过转基因食品所要求的食品安全批准程序。如果这不是必需的，就要求研发人员完成指南中详细的通知流程。

MAFF 和 MHLW 的指导方针在很大程度上是一致的，并基于科学。然而，监管机构在确定产品是否符合通知资格，或是否必须对转基因产品进行更重要的安全审查方面存在关键差异。对转基因产品一项（但不是全部）进行更长时间的基因组编辑指南安全审查，可能会给研发人员带来困惑，并推迟新的基因组编辑技术的商业化。MAFF 和 MHLW 都没有表示开发人员应该期望咨询响应或发布通知过程中收集的信息需要多长时间。

每一份指南对杂交后代的处理都是不同的，而且要求不是完全基于科学的。三份基因组编辑指南都指出，杂交后代产品（至少有一个非基因组编辑的亲本和一个常规或基因组编辑亲本的产品）的研发人员必须对杂交后代产品的每一个产品进行单独的咨询或通知过程。这与转基因杂交后代产品的基于科学的协议不一致，该协议不需要单独通知。这可能会产生更多的咨询和通知，因为研发人员开始为杂交产品的明确目的授权基因组编辑产品，以满足他们的生产需要。

2019 年 9 月，CAA 发布了指南，规定不含外源 DNA 的基因组编辑食品不受食品标签标准的约束，同时建议食品制造商自愿对基因组编辑食品进行标识。同样，食品制造商也可能公开其产品不含有基因组编辑的成分，但 CAA 明确指出，食品制造商应在整个供应链中验证其产品成分的真实性（JA2019－0174）。

日本政府的"跨部门战略创新促进计划（SIP）"鼓励研究人员致力于新的农业技术，包括基因组编辑技术。SIP 为生物学领域的研究人员以及专门从事社会科学的研究人员和组织提供了财政支持，以增进公众对该技术的了解。日本基因组编辑研究的例子：

高产水稻——研究人员"敲除"特定功能的基因，通过增加粒级和粒数来提高产量（http：//science. sciencemag. org/content/353/6305/aaf8729. long）。研究人员于 2019 年 5 月种植了经过基因组编辑的水稻，并于 2019 年 11 月收获（https：//www. naro. affrc. go. jp/laboratory/nias/gmo/news/gene_recombination/132911，日文链接）。

不产生有毒物质的马铃薯——研究人员"敲除"有毒物质、甾体糖生物碱（SGA）α－茄碱和α－卡可碱生物合成途径中的一个基因，获得了一种减少了 SGA 的马铃薯（https：//www. sciencedirect. com/science/article/abs/pii/S0981942818301840）。

孤雌性（无籽）番茄——研究人员对影响坐果的激素相关基因进行了突变，创造了一种可以在环境胁迫条件下不授粉就可以结果的番茄植株。

营养增强番茄——研究人员删除了谷氨酸脱羧酶的一个结构域，这是番茄中 γ－氨基丁酸（GABA）生物合成的关键酶。传统的番茄含有较低浓度的 γ－氨基丁酸。GABA 水平的提高显示其有降低血压的功能（https：//www. ncbi. nlm. nih. gov/pubmed/2876532）。

SIP 还为农业基因组编辑技术的翻译研究和公众接受提供资金（https：//bio－sta. jp/，日文链接）。

1.2.6　共存

2004 年 MAFF 发布的指导方针要求，在进行田间试验之前，必须通过网页和与当地居民的会议来公开试验的详细信息。MAFF 还要求建立缓冲区，以防止周围环境中相关植物物种的交叉授粉（见表 1－3）。更多细节请参阅 MAFF 提供的转基因作物栽培指南（https：www. naro. affrc. go. jp/archive/nias/gmo/indicator20080731. pdf，日文链接）。

表 1 - 3　　　　　　　　　　　　　　野外转基因作物所需的缓冲区

田间试验植物的名称	最小的间隔距离
水稻	30 米
大豆	10 米
玉米（只适用于食品和饲料安全审批）	600 米或 300 米（有防风林）
油菜籽（只适用于获得食品和饲料安全审批）	600 米或 400 米（如果在田间试验油菜籽的同时种植非重组油菜籽，周围有 1.5 米宽的植物作为捕捉花粉和传粉昆虫的陷阱）

理论上，传统作物和转基因作物可以共存。然而，严格的当地法规和公众的抵制使得转基因作物在日本的种植极其困难。目前有 15 个地方政府对种植用于研究和/或商业目的的转基因产品有规定，这给希望种植经批准的转基因产品的农民造成了行政障碍。许多地方法规都是 2004—2009 年制定的，自那以后，这些规定几乎没有更新或改变。一些地方政府甚至认为含有转基因成分的食物不应该用于当地学校的午餐（今治市的食品和农业条例）（https：//www. city. imabari. ehime. jp/reikishu/reiki_ honbun/r059RG00000848. html，日文链接）。

有关地方政府法规的其他信息，请参见 JA6050。

1.2.7　标签和可追溯性

如前所述，食品标识要求包括转基因标签均由 CAA 处理。2017 年 4 月，CAA 对日本的转基因食品标识要求进行了审查，主要集中在三个具体问题上：①需要标识的食品类型；②要求转基因食品标识的门槛；③"非转基因"标识的适宜性。2018 年 3 月 14 日，CAA 专家委员会结束评审，提出：①仅当未检测到转基因成分时才允许使用"非转基因"标签；②非转基因产品与混杂 5% 的应有一个新的描述，如"非转基因产品避免转基因混杂"，以更准确地代表产品；③非转基因产品（目前被描述为"非隔离"）应该有一个不同的描述，以更准确地代表产品。有关其他信息参见 GAIN 报告 JA8017。

2018 年 10 月 20 日，CAA 食品标签委员会发起了一场讨论，以验证其专家委员会的建议。同时，日本为国内利益相关方设立了公开征求意见期，并通过世界贸易组织（见 G/TBT/N/JPN/608）通知国外贸易伙伴其修改转基因标签要求的意向。在公众评议期结束后，以及在 CAA 对提交的评议进行审查之后，将进行大部分验证专家委员会审议的拟议变更的讨论。

2019 年 3 月，CAA 确定了修订后的转基因食品标签政策（见 JA9055）。CAA 保留了日本现有的知识产权体系，但将使用新的语言来识别知识产权产品，取代以前可接受的"非转基因"标签。CAA 还修订了"非转基因"一词的定义，即不能检测到外来 DNA 含量，有效地表明了日本对转基因成分零容忍的态度。

1.2.8　监测和检测

日本政府监测自愿种植的植物，以评估转基因作物环境释放对生物多样性的影响。MAFF 的年度报告包括在港口附近从运载船上卸下油菜籽和大豆的调查（见 http：//www. maff. go. jp/j/syouan/nouan/carta/torikumi/index. html#2，日文链接）。监测结果基本没有变化，有发现转基因油菜、大豆、玉米、棉花等作物的自生苗在到达船舶卸货过程中掉下来。但是，没有证据表明转基因植物损害了生物多样性或可持续生存。

为了检测食品中的转基因物质，日本政府采用 qPCR（实时荧光定量 PCR）检测。然而，这种方法可能不是最准确的，因为在单个事件中会使用多个启动子检测并量化转基因检测特定区域（如 35S 启动子，NOS 终止子）。在玉米生产中复合性状的应用对抗虫治理越来越重要。曾经有人担心，如果检测结果显示运往日本的非转基因玉米中有超过 5% 的转基因产品，那么出口到日本的非转基因玉米可能会被检测出是转基因玉米或非隔离玉米。然而，MHLW 于 2009 年 11 月首次实施的常规运输中转基因产品测试的标准和规范缓解了这些担忧（JA6050）。

1.2.9　低水平混杂（LLP）政策

日本 LLP 的政策（见 JA6050）没有变化。截至 2020 年 3 月，MHLW 对以下项目进行了监测：

PRSV - YK、PRSV - SC 和 PRSV - HN（木瓜及其制品，如果木瓜可以被分离出来进行分析。2019 日本财政年度监测 299 例）；

63Bt、NNBt 和 CpTI（大米及其加工产品，以大米为主要原料，如米粉、米线等，当产品未加热或轻度加热时。2019 日本财政年度监测 299 例）；

RT73 *B. rapa*（油菜及其加工品，2019 日本财政年度监测 29 例）；

MON71100/MON71300，MON71700 和 MON71800（美国小麦，2019 日本财政年度监测 59 例。此外，监管机构、MHLW 和/或港口官员可能要求对特定货物进行检查）；

MON71200（加拿大小麦，2019 日本财政年度监测 59 例。此外，监管机构、MHLW 和/或港口官员可能要求对特定货物进行检查）；

F10 和 J3（马铃薯及其加工制品，以马铃薯为主要原料，如炸薯条、薯片等。2019 日本财政年度监测 59 例）；

AquAdvantage（三文鱼及其加工产品，如三文鱼薄片，来自加拿大、巴拿马和美国，2019 日本财政年度监测 59 例）。

2008 年 7 月，国际食品法典委员会（CAC）通过了关于转基因食品中 LLP 的食品安全评估国际准则，并将其作为食品中低水平混杂重组 DNA 植物材料情况下的食品安全评估的附件。然而，日本并没有将这一国际公认的方法完全应用于自己的 LLP 政策。这一点在 MHLW 关于食品的政策中很明显，因为法典附件允许超过零容忍。

1.2.10　附加监管要求

尽管转基因产品获得了商业化种植的监管批准，但具有除草剂抗性的转基因产品可能需要在日本进行相关的化学注册。

1.2.11　知识产权（IPR）

日本一般提供强有力的知识产权保护和执法。日本的知识产权涉及农业作物的基因工程，包括但不限于基因、种子和品种名称。日本的专利局负责知识产权。"特定领域发明实施指南 - 第 2 章生物发明"的临时翻译可在网上找到（https：//www. jpo. go. jp/e/system/laws/rule/guideline/patent/tukujitu_kijun/document/tukujitu_kijun_0930/7_2. pdf）。

1.2.12 《卡塔赫纳生物安全议定书》的批准

日本于 2003 年 11 月批准了《卡塔赫纳生物安全议定书》，并于 2004 年通过了《关于通过改性活生物体使用条例保护和可持续利用生物多样性法》。2017 年 12 月，日本批准了《卡塔赫纳生物安全议定书关于赔偿责任和补救的名古屋－吉隆坡补充议定书》（见 JA8007）。执行议定书的这项法律和其他法律可在日本生物安全信息交换所（J－BCH）网站（http：//www. biodic. go. jp/bch/english/e_index. html）上找到。

1.2.13 国际条约和论坛

日本还积极参与准入和利益分享（ABS）领域。日本生物工业协会为该行业组织了研讨会，并编制了关于 ABS 的准则（http：//www. mabs. jp/eng/index. html）。然而，他们的目标更多的是针对制药和医疗行业，而不是农业。

在经济合作与发展组织（OECD），日本也积极参与生物技术监管监督的协调工作。

1.2.14 相关问题

无。

1.3 市场营销

1.3.1 公众/个人意见

从真正意义上讲，日本监管机构可以对美国农民可利用的生产技术起到刹车的作用。此外，向日本和其他主要市场运输未经批准的转基因作物可能导致昂贵的出口检测要求和贸易中断。2007 年，生物技术创新组织（BIO），一个由主要生物技术开发者组成的组织，发布了一份关于产品发布管理的声明来解决这个问题（https：//www. bio. org/articles/product－launch－stewardship－food－and－agriculture－section）。

1.3.2 市场接受度/研究

最近的调查结果显示，人们对转基因食品的担忧已经减少。在 2006 年日本财政年度（JFY），FSC 的食品安全监测调查发现，75% 的参与者"高度关注"或"关注"转基因食品。然而，在 JFY2018 调查中，只有 12.1% 的受访者表示"高度关注"，28.2% 的受访者表示"关注"，这标志着公众对转基因产品的接受程度发生了重大变化（http：//www. fsc. go. jp/monitor/monitor_report. html，日文链接）。

第2章 动物生物技术

2.1 生产和贸易

2.1.1 产品开发

在日本，大多数关于动物的分子生物学研究都集中在人类医疗和制药方面（见2018年诺贝尔生理学或医学奖得主日本的Tasuku Honjo博士关于癌症免疫疗法的发展）。与植物生物技术一样，这项研究主要由大学和政府/公共研究机构进行，日本的私营部门参与有限。同样，像农作物农业一样，私营部门的不参与似乎与公众对现代生物技术的反应有关，特别是关于动物的遗传转化。

在传统生物技术中，转基因家蚕是日本第一个商业化应用的动物生物技术。日本国家农业生物科学研究所（NIAS）一直致力于转基因蚕的开发，用于生产高染色、荧光、发光的蚕丝。2019年9月，NIAS又获得了在开放环境下养殖转基因蚕的批准（http：//www. maff. go. jp/j/syouan/nouan/carta/torikumi/attach/pdf/index－200. pdf，日文链接）。

在日本，人们对动物克隆的兴趣似乎已经减弱，自20世纪90年代末以来，克隆活动一直在稳步减少，近年来更是微不足道（http：//www. affrc. maff. go. jp/docs/clone/kenkyu/clone_20190331. html，日文链接）。

2.1.2 商业化生产

目前，除转基因蚕外，还没有用于农业生产的转基因动物或克隆动物的商业化生产。群马县蚕技术中心、日本国家农业和粮食研究组织以及群马县的农民继续养殖能产生绿色荧光蛋白（EGFP）的转基因蚕（https：//www. pref. gunma. jp/07/p14710 007. html 和 http：//www. naro. affrc. go. jp/laboratory/nias/introduction/chart/0202/index. html，日文链接）。

2.1.3 出口

无。

2.1.4 进口

无。

2.1.5 贸易壁垒

无。

2.2 政策

2.2.1 监管框架

对转基因植物的规定同样也适用于转基因家畜、动物和昆虫的商业化。由于日本于 2003 年批准了《卡塔赫纳生物安全议定书》，对于转基因动物的生产或环境释放，将适用 MAFF 的《关于通过改性活生物体使用条例保护和可持续利用生物多样性法》。在 MHLW 的监督下，食品卫生法将涵盖转基因动物的食品安全方面。

2.2.2 创新生物技术

与植物生物技术一样，动物生物技术的主要参与者是公共部门，将会得到政府的财政支持，动物生物技术研究人员已将兴趣转向基因组编辑技术的应用。

日本媒体广泛报道了增加红鲷鱼骨骼肌，可以减少河豚生产时间并降低水产养殖金枪鱼侵略性的研究。然而，该研究仍处于早期发展阶段。大部分研究由 SIP 支持。

2.2.3 标签和可追溯性

转基因动物和植物的标签要求是一样的。对于来自克隆动物的产品，日本有一个特定的标签要求，即必须贴上"克隆"标签。FAS/东京目前还没有发现任何带有"克隆"标签的商业产品。

2.2.4 知识产权（IPR）

与植物相同。

2.2.5 国际条约和论坛

随着日本在 2003 年批准了《卡塔赫纳生物安全议定书》，在日本对转基因动物的处理也必须基于该法规。

2.2.6 相关问题

2017 年 9 月，日本政府实施了对转基因三文鱼和加工三文鱼产品，如三文鱼薄片的监测（见 JA7112）。

2.3 市场营销

2.3.1 公众/个人意见

目前，转基因动物在日本还没有商业分销，只有一些产品，如用于生产医疗诊断试剂蛋白质的蚕（https：//www. naro. affrc. go. jp/collab/cllab_report/docu/report24. html，日文链接）。目前还不清楚公众对食用转基因或克隆动物的肉类有多少兴趣。

2.3.2 市场接受度/研究

在畜牧生物技术方面没有重大的营销活动。

附录 1

（1）转基因食品风险评估标准

食品安全委员会

（http：//www. fsc. go. jp/english/standardsforriskassessment/gm_kijun_english. pdf）

（2）有关转基因食品法规的信息

厚生劳动省

（https：//www. mhlw. go. jp/stf/seisakunitsuite/bunya/kenkou_iryou/shokuhin/idenshi/index_00002. html）

（3）有关转基因食品标签的信息

消费者事务部（CAA）

（http：//www. caa. go. jp/en/，英文）

（4）食品标签法、政府条例、部长条例及通知

（http：//www. caa. go. jp/foods/index18. html，只适用日文）

有关食品标签法的资料仍没有英文版本。有关法律的更多细节，请参阅 JA7078。

（5）农业生物技术的有用资源，由日本生物安全信息交换所提供

（http：//www. biodic. go. jp/bch/english/e_index. html）

（6）批准的商业用途活动

批准的食品使用事项（英文）

（https：//www. mhlw. go. jp/english/topics/food/pdf/sec01 – 2. pdf）

（7）批准的食物使用堆叠事件（免检，日文）

（https：//www. mhlw. go. jp/file/06 – Seisakujouhou – 11130500 – Shokuhinanzenbu/0000210015. pdf）

（8）已批准的饲料使用事件（英文）

（http：//www. famic. go. jp/ffis/feed/r_safety/r_feeds_safety33. html）

（9）日本生物安全信息交换所根据《卡塔赫纳生物安全议定书》国内法批准的改性活生物体名单（英文版）

（http：//www. biodic. go. jp/bch/english/e_index. html）

（10）基因组编辑技术

MHLW – 源自基因组编辑技术的食品（日文）

（https：//www. mhlw. go. jp/stf/seisakunitsuite/bunya/kenkou _ iryou/shokuhin/bio/genomed/index _ 00012. html）

（11）根据《卡塔赫纳法》采用新繁殖技术处理活生物体（日文）

（http：//www. maff. go. jp/j/syouan/nouan/carta/tetuduki/nbt. html）

（12）CAA – 基因组编辑食品的标签信息（日文）

（https：//www. caa. go. jp/policies/policy/food_lab eling/quality/genome/）

附录 2

表 A1 日本政府的基因组编辑产品政策和程序汇总表

	监管监督	受转基因法规约束的基因组编辑产品/生物体	不受转基因法规约束的基因组编辑产品/生物体	杂交后代（非转基因）的处理
MOE（环境省）	生物多样性	细胞外加工的核酸和细胞外加工的核酸和/或其拷贝的转移保留在宿主中	没有掺入细胞外加工的核酸或没有细胞外加工的核酸和/或其拷贝保留在宿主中	N/A
MHLW（厚生劳动省）	食品及食品添加剂	外源基因和/或它们的拷贝仍然存在宿主中	没有剩余的外源基因或此类基因的片段，并且这些外源基因或这些基因的片段导致碱基的缺失，由于识别特定碱基序列的酶的切割而引起的少数碱基的取代和插入，以及随后插入的一个或多个由人工限制酶的切割位点修复失败而导致的几个碱基的缺失	目前需要对所有杂交后代产品进行初步咨询
MAFF（农林水产省）植物产品安全科	农林水产省管辖下产品的生物多样性	细胞外加工的核酸和细胞加工的核酸和/或其拷贝转移保留在宿主中	没有掺入细胞外加工的核酸，或没有剩余的细胞外加工的核酸和/或其拷贝	联系农林水产省检查是否需要提供进一步的信息
MAFF（农林水产省）动物产品安全科	饲料及饲料添加剂	外源基因和/或外源基因的一部分仍保留在宿主体内	不含外源基因和/或外源基因的一部分	通知要求：如果生物体没有转基因安全审查历史，产品不符合以下条件：性状不因杂交而改变；亚种之间没有交叉育种；或摄入量，用作饲料的植物部分，加工方法等没有变化
CAA（消费者事务部）	食品标签	强制性转基因标识法规	鼓励自愿标签	N/A

美国农业部

对外农业服务局

规定报告： 按规定 – 公开

报告编号： KS2020 – 0075

报告名称： 农业生物技术发展年报

报告类别： 生物技术及其他新生产技术

编 写 人： Seungah Chung

批 准 人： Neil Mikulski

全球农业信息网

发表日期：2020. 12. 08

报 告 要 点

韩国正在起草一项提案，以修订其现有的《改良活生物体法》，以涵盖创新生物技术产品，包括基因组编辑产品。2020年9月，韩国宣布了一项"促进绿色生物融合新兴产业的计划"，旨在将其五个绿色生物部门的规模扩大一倍。该计划致力于到2030年开发更多基因组编辑种子品种和生物材料。2020年9月，一位韩国立法者提交了一项法案草案，该法案将扩大该国生物技术标签要求的范围，以涵盖任何源自生物技术成分的产品，取消对某些加工产品的豁免。

内 容 提 要

韩国严重依赖进口食用和饲用谷物。由于消费者的负面情绪，韩国只有很有限的食品是采用生物技术，而大部分牲畜饲料都是产自采用生物技术种植的玉米和大豆。美国是韩国最大的转基因粮食出口国，其次是阿根廷和巴西。2020年1—8月，美国向韩国出口的转基因粮食总量达到290.8万吨，而韩国的转基因粮食进口总量为788.6万吨。

2020年9月，以农业、食品和农村事务部（MAFRA）为首的10个部门，最后敲定"促进绿色生物融合新兴产业的计划"，该计划旨在解决农业、环境和健康问题，同时创造更多就业机会。该计划想要让韩国五大绿色生物产业的规模到2030年扩大一倍。这五大绿色生物产业包括：①微生物组；②代餐、医用食品；③种子；④兽药；⑤其他生物材料（昆虫、海洋和森林）。在种子生产方面，选择"基因剪刀"（基因组编辑）和数字化育种作为投资和发展的核心技术。在兽药方面，政府将支持利用蛋白重组技术和干细胞技术来开发动物疫苗。目前还没有关于计划预算和政府对这些行动计划的支持的详细信息。

韩国尚未颁布针对创新生物技术产品的监管政策，目前正在起草一份提案。该提案可能要求韩国修订其现有的《改良活生物体法》。

韩国要求对任何含有可检测到的转基因成分的食品进行强制性转基因标识，食用油和糖浆除外。目前，这一标识要求不适用于利用食品中的微生物生物技术而获得的转基因食品添加剂或配料。然而，反生物技术的非政府组织（NGO）提出的要求，已迫使食品和药品安全部（MFDS）成立一个由 NGO 和行业团体组成的顾问机构，以就是否扩大生物技术标识要求的适用范围达成一致意见。2020 年 9 月，一位韩国议员提交了一份议案，要求将该国生物技术标识要求的适用范围扩大至涵盖任何含有生物技术成分的产品。

2019 年，韩国一项关于基因组编辑的消费者调查显示，37% 的受访者知道这项新技术。虽然大多数知道基因组编辑的受访者都支持该技术被用于医疗目的，但只有大约一半的受访者支持将其用于粮食和农业生产。

缩略语定义

APQA：动植物检疫局

ERA：环境风险评估

GE：基因工程

GMO：转基因生物

KBCH：韩国生物安全信息交换所

LMO：改良活生物体

MAFRA：农业、食品和农村事务部

MOE：环境部

MFDS：食品和药品安全部

MHW：卫生福利部

MOTIE：贸易、工业和能源部

NAQS：国家农产品质量管理服务处

NFRDI：国家水产研究和发展研究所

NIAS：国家动物科学研究所

NIE：国家生态研究所

NSMA：国家种子管理局

RDA：农村发展管理局

KDCA：韩国疾病预防控制中心

第1章 植物生物技术

1.1 生产和贸易

1.1.1 产品开发

在韩国，可以进行基因工程的现代生物技术产品的开发，研发由不同的政府机构、高等院校和私营机构主导。研究重点主要是第二代和第三代性状，例如抗旱、抗病、营养富集、改变基因表达。2020 年 1—10 月，由农村发展管理局（RDA）批准、指定的评估机构和私营机构进行的田间试验研究项目总计达到 148 个。

2020 年，韩国有 19 个品种的 121 个转化体正在开发中。这些产品包括但不限于：

- 含有新物质和功能性成分的水稻
- 抗虫水稻
- 耐环境胁迫的水稻
- 低筋小麦
- 拥有类黄酮生物合成途径的辣椒
- 拥有类胡萝卜素生物合成途径的辣椒
- 拥有基因表达控制功能的玉米
- 拥有花青素生物合成途径的豆类
- 抗虫豆类
- 耐除草剂剪股颖
- 生产抗原蛋白的韩国白菜
- 抗虫棉花
- 耐除草剂油菜
- 钙强化苹果

目前正在生成剪股颖的安全评估数据。济州国立大学在 RDA "新一代绿色生物 21 号项目" 的支持下开发出耐除草剂剪股颖，并于 2014 年 12 月提交给 RDA 进行环境风险评估（ERA），而该评估目前仍在进行中。虽已完成大量的研究，但完成耐除草剂剪股颖的监管评审程序至少需要五年。由于反生物技术的 NGO 和当地农民群体的持续反对，耐除草剂剪股颖的商业化预计会推迟。

2016 年，富含白藜芦醇的水稻被卫生福利部（MHW）批准用于医疗保健。白藜芦醇是一种抗氧化的多酚类化合物。该产品最初是为了食用而开发的，因为反生物技术的 NGO 和当地稻农的抵制，RDA 没有批准这一预期用途。

如果没有韩国农民更有力的支持和倡导，转基因作物在韩国的商业化则不可能实现。农民积极地支持使用这项技术是增强消费者对生物技术食品信心的关键。

2017 年 9 月，RDA 默许了当地 NGO 提出的停止转基因产品在韩国商业化的要求。RDA 还解散了其领先的转基因产品开发团队——国家转基因作物开发中心，并将其更名为"农业生物技术研究中心"。此举是为了应对 NGO 长期以来为了停止转基因水稻田间试验和商业化而施加的压力。对于 RDA 的决定，反对生物技术的团体持支持态度，而支持生物技术的韩国研究人员和政客则持批评态度。

RDA 在继续开发转基因产品的同时，提高了透明度，并主张对韩国应对气候变化和更好地了解进口的转基因产品继续进行有必要的基因工程研究。除了自己开展研究，RDA 还通过"新一代绿色生物 21 号项目"为基因工程研究团队提供资助。RDA 计划在 2020 年年底前再投资 3000 亿韩元（约 2.6 亿美元）来开发更多项目。

2019 年 4 月，RDA 宣布新成立一个新育种技术商业化中心。该中心将能帮助韩国提高在育种领域的竞争力，而韩国也将其视为未来经济增长的引擎。该中心领导进行创新生物技术产品的开发和商业化，七年内总投资达到 760 亿韩元（约 6300 万美元）。韩国尚未颁布针对创新生物技术产品的监管政策，正召集相关部门就未来的政策和监管措施达成共识。

2017 年，韩国公布第三项"LMO 安全管理计划"，该计划旨在：建立应急响应小组应对基因工程转化体的意外释放事件；进一步建立有效的生物技术管理体系；制订创新生物技术安全管理计划；改进《改良活生物体法》，以及完成其他相关任务。

该计划于 2018 年生效，韩国计划在五年内投资 820 亿韩元（约 7500 万美元）来实施"LMO 安全管理计划"。

1.1.2　商业化生产

尽管在生物技术研究方面有巨大的投资，但韩国尚未商业化生产任何生物技术产品。2017 年，针对国内反生物技术 NGO 的回应，主管的政府研究机构 RDA 宣布不允许国内商业化生产生物技术作物。

1.1.3　出口

韩国未出口任何生物技术作物。

1.1.4　进口

韩国进口生物技术产品用于食品、饲料和加工，但不用于种植。美国是韩国市场最大的生物技术谷物和油菜籽供应国，其次是阿根廷和巴西。

韩国 2019 年总共进口 1140 万吨玉米，其中 900 万吨用于饲料，240 万吨用于加工。从美国进口的玉米达到 270 万吨，占总量的 24%，且几乎所有从美国进口的玉米都为转基因玉米（见表 2－1）。

在加工中，进口转基因玉米一般用于生产高果糖玉米糖浆（HFCS）或玉米油，这两种产品由于在成品中不存在可检测的转基因蛋白而被免于遵守转基因标识要求。尽管反生物技术 NGO 不断施压，但有些加工企业仍继续使用获取容易且经济实惠的生物技术玉米。

表 2 - 1 　　　　　　　　　　转基因大豆、玉米和油菜籽的进口统计数据　　　　　　　　单位：千吨

农作物		国家	2016 年进口量	2017 年进口量	2018 年进口量	2019 年进口量	2020 年 1—8 月进口量
大豆	食品（榨油）	美国	384	397	576	885	194
		美国以外	598	646	473	118	549
		总计	982	1043	1049	1003	743
玉米	食品	美国	630	703	989	553	296
		美国以外	392	536	169	599	347
		总计	1022	1239	1158	1152	643
	饲料	美国	3715	3558	6137	2046	2261
		美国以外	3847	3610	1714	7284	4070
		总计	7562	7168	7851	9330	6331
油菜籽	饲料	美国	16	119	131	112	157
		美国以外	159	32	21	46	12
		总计	175	151	152	158	169

资料来源：韩国生物安全信息交换所。

注：表 2 - 1 中含有生物技术谷物和油菜籽的进口统计数据。由于该表格是基于韩国报告的进口批准数量，而不是海关数据，因此表中数据与文中显示的数据略有不同。有关韩国饲用谷物和油菜籽生产、供应和需求的更多信息，请参阅 GAIN 中的最新报告。

韩国 2019 年总共进口 124 万吨大豆，主要用于榨油。美国是最大的大豆供应国，出口几乎是全部总量。大豆油中因为含有的转基因蛋白低于检测标准也被免于遵守转基因标识要求。用于食品加工的大豆（包括用于制作豆腐、豆沙和豆芽）主要来自常规大豆品种。

1.1.5　粮食援助

韩国不是粮食受援国。韩国根据政治局势断断续续地向朝鲜提供粮食援助。韩国加入"东南亚国家联盟（东盟）＋三个紧急大米储备库（APTERR）"，该储备库组建于 2013 年，目的是在发生自然灾害时向成员国提供大米援助。韩国承诺提供 15 万吨大米，迄今已提供 9 万吨。2018 年 1 月，韩国加入了《粮食援助公约》，这使其可以减少目前储备的大米库存。

2019 年和 2020 年，韩国通过世界粮食计划署（WFP）向他国援助的国内大米均达到 5 万吨，包括向也门援助 1.9 万吨，向埃塞俄比亚援助 1.6 万吨，向肯尼亚援助 1 万吨，以及向乌干达援助 5000 吨。韩国 2019 年通过 APTEER 向缅甸和老挝各援助 500 吨国内大米，2020 年通过 APTEER 向菲律宾援助 950 吨国内大米。

1.1.6　贸易壁垒

对韩国进口的食品、饲料和加工（FFP）用生物技术产品的审批和风险评估程序的担忧与日俱增。特别是业界认为韩国五家审批机构中有些是多余的。如前所述，韩国国内不种植转基因作物，而有些审批机构对进口用于 FFP 的产品提出与种植有关的风险评估要求和问题则引起了质疑。也有人认为有些数据要求缺乏科学依据，或与产品的预期用途不相关。审批过程可能相当缓慢，这将导

致美国农民延迟获得用于出口韩国产品的生物技术工具。

此外，根据 MFDS 对食品标识的要求，韩国对加工的有机产品中意外混杂生物技术成分保持零容忍的政策。任何有机产品只要转基因成分检测结果呈阳性，无论含量多少，其供应商都必须从产品标签上删除有机标识。对于违规者，韩国国家农产品质量管理服务处（NAQS）应对案件展开调查，以确定是否为故意违规。

含有常规大豆、玉米、油菜、棉花、甜菜和苜蓿的美国加工食品出口商，必须提交额外的单据才能被免于强制性的生物技术标识要求。

1.2 政策

1.2.1 监管框架

韩国于 2007 年 10 月 2 日批准加入了《卡塔赫纳生物安全议定书》（CPB），并在之后不久颁布了《改良活生物体法》，将其作为管辖 CPB 缔约方的生物技术相关规章制度的最高法律。

《改良活生物体法》于 2008 年开始实施。自《改良活生物体法》实施以来，美国一直对韩国尚未解决的监管审查冗余问题，以及无法区分用于 FFP 和用于种植的产品表示担忧。表 2 - 2 为政府部门的角色和工作职责。

表 2 - 2　　　　　　　　　　　政府部门的角色和工作职责

部门	工作职责
贸易、工业和能源部（MOTIE）	CPB 相关事务的国家主管部门，负责执行《改良活生物体法》，并管理与工业用生物技术产品的开发、生产、进口、出口、销售、运输和储存有关的问题
外交部（MOFA）	CPB 相关事务的国家联络点
农业、食品和农村事务部（MAFRA）	负责与农业、林业或畜牧业生物技术产品的进出口有关的事务
农村发展管理局（RDA，由 MAFRA 监督）	进行生物技术产品的环境风险评估和咨询，领导开发韩国的生物技术产品
动植物检疫局（APQA，由 MAFRA 监督）	在入境口岸对进口农用生物技术产品进行检测
国家农产品质量管理服务处（NAQS，由 MAFRA 监督）	进行饲用生物技术产品的进口审批
海洋水产部（MOF）	负责与海洋生物技术产品的贸易有关的事务，包括进行风险评估
卫生福利部（MHW）	负责与医药保健用途的生物技术产品进出口有关的事务，包括进行人类风险评估
韩国疾病预防控制中心（KDCA，由 MHW 监督）	监督生物技术产品的人类风险评估

部门	工作职责
食品和药品安全部 （MFDS，隶属于总理办公室）	负责与食用、药用和医疗器械用生物技术产品的进出口有关的事务，生物技术产品的食用安全性审批，以及含有生物技术成分的未加工和加工食品的标识要求的执行
环境部（MOE）	负责与用于环境修复或释放到自然环境中的生物技术产品贸易相关的问题，包括风险评估，不包括用于种植的生物技术产品
国家生态研究所 （NIE，由 MOE 监督）	进行 MOE 管辖范围内的生物技术产品的进口审批及环境风险咨询
科学、信息传播技术和 未来规划部	负责与用于试验和研究的生物技术产品贸易有关的问题，包括进行风险评估

1. 生物安全委员会的职责和成员

依照《改良活生物体法》第31条成立生物安全委员会，负责审查与生物技术产品的进出口有关的以下事宜：

- 与《卡塔赫纳生物安全议定书》的执行有关的事宜；
- 制定和实施生物技术产品的安全管理计划；
- 按照第18条和第22条的规定重新审理未能获得进口许可的申请人的申诉；
- 与生物技术产品的安全管理、进出口等有关的法规和通知相关事宜；
- 与预防生物技术产品造成的损害（如有）有关的事宜，以及采取措施减轻由生物技术产品造成的损害（如有）；
- 请求生物安全委员会主席或国家主管部门的负责人审核的事宜。

生物安全委员会由 15～20 名成员组成，其中包括上述 7 个相关部门及企划财政部的副部长。此外，非政府机构的专家，如韩国高校的教授，也可成为生物安全委员会的成员。

该机构负责协调有关部门之间的不同立场。各相关部门在各自的职权范围内行使权力和承担责任，担任主席的 MOTIE 部长则负责解决无法达成共识的问题。该机构仅在 2018 年 4 月召开正式会议，但可通过文件发布进行交流和会晤。

在该委员会中，由相关部门的专家组成的技术小组，也可召集在一起讨论具体问题；如讨论在检测到未经批准的转基因油菜后的补救措施。该技术委员会每年召开六次会议，并跟踪风险评估和咨询审查的情况。受新冠肺炎疫情影响，该技术委员会 2020 年召开的会议次数减少。

2. 政治影响

政治压力对与农业生物技术有关的监管决策有影响，而政治压力主要来自反对生物技术的 NGO，且有些 NGO 还被任命为政府食品安全与生物技术风险评估委员会的成员。这些组织利用其地位促使政府对生物技术的使用采取严格的监管政策，譬如《食品卫生法》修订草案要求所有产品均应进行转基因标识。

1.2.2　审批

无论是国内种植还是进口，生物技术产品都必须进行食品安全评估和 ERA。食品安全评估由

MFDS 协同 RDA、NIE 和 NFRDI 进行。虽然 ERA 也被称为饲料审批，但它旨在重点评估环境影响，而不是对动物健康的影响。ERA 由 RDA 协同 NIE、NFRDI 及韩国疾病预防控制中心进行。

机构之间的职能重合和缺乏科学依据的数据要求，给韩国的生物技术产品审批造成了不必要的延误。2015 年，针对不断提出的精简程序的要求，韩国推出一个名为"联合咨询评估委员会"的试点项目，将 NFRDI 和 NIE 合并到一起。该试点项目 2016 年只评估了一种产品，结果收效甚微。但在 2017 年，韩国又提出一个名为"额外数据要求委员会"的试点项目，以期通过让五家审批机构每月召开一次会议来减少额外的信息要求。与前一个试点项目一样，本次试点仍未有明显的改进，因为每家机构仍然继续提出额外的信息要求。

截至 2020 年 10 月，MFDS 总共向 211 个转化体授予了食品安全批准，其中有 177 个属于植物产品，27 个属于食品添加剂，7 个属于微生物。RDA 总共向 169 个产品授予了饲用批准。详细信息请参见本报告附录表 A1，查看完整的已批准的转化体列表。

1.2.3 复合性状或叠加性状转化事件的审批

经过美国长期而有效的沟通，如果 MFDS 满足下列标准，则无须对复合性状转化体进行全面的安全评估：

- 被组合性状的单一转化体都已通过批准；
- 在特定性状、摄取量、可食用部位和加工方式等方面，复合性状转化体相比常规的非生物技术品种没有差异；
- 亚种之间没有杂交。

与此类似，只有当插入的亲本核酸存在性状之间的相互影响时，或者发现其他差异时，RDA 才要求复合性状转化体进行 ERA。然而，MFDS 和 RDA 对复合性状转化体的审批延迟和额外信息要求仍然令人担忧。

1.2.4 田间试验

2020 年 1 月至 10 月，共有 148 个田间试验获得批准；2019 年，RDA 总计向 183 个产品授予了进行封闭田间试验的许可，每年更新一次田间试验许可。按照《联合通知》的规定，用作种子的进口生物技术产品必须进行田间试验，而对于用作 FFP 的生物技术产品，RDA 将审查在出口国进行的田间试验所获得的数据。RDA 也可以要求用作 FFP 的生物技术产品进行田间试验，但进行田间试验的产品必须遵守 RDA 的"用于农业研究的重组生物体研究和处理指南"，并应遵守 MHW 颁布的自愿性指导准则"重组生物体研究指南"。

1.2.5 创新生物技术

尽管业界在呼吁，但韩国仍未颁布关于如何监管通过创新生物技术（如基因组编辑）获得的产品的政策。韩国正在密切关注其他国家的政策发展，可能会在 2020 年或 2021 年发布政策草案。

1.2.6 共存

韩国由于尚未种植任何生物技术作物，因而没有共存政策。然而，一些报道称在韩国饲料加工厂附近发现转基因玉米自生苗，韩国农民看到后已要求政府加强对本国的转基因作物进口和运输的监管，以防止转基因作物在国内发生意外的种植释放。

1.2.7 标签和可追溯性

按照《食品卫生法》修订草案，MFDS 2017 年实施了新的强制性转基因标识要求，要求所有可检测的产品都必须进行转基因标识。MFDS 负责执行转基因标识准则，以保障消费者的知情权。含有转基因成分的未加工产品及特定的供人食用的加工产品，必须贴有"转基因"食品标签。目前市场上带"转基因"标签的产品很少。

免标识的产品包括食用油、糖（葡萄糖、果糖、太妃糖、糖浆等）、酱油、变性淀粉及酒精饮料（啤酒、威士忌、白兰地、利口酒、蒸馏酒等）。这些产品不需要任何证明材料来豁免转基因标识要求。《食品卫生法》修订草案也不要求源于生物技术的加工助剂（如酶、载体、稀释剂和稳定剂等）进行转基因标识，但要求制造商提供证明材料。

对于含有或可能含有可检测的转基因成分的产品，标签示例如表 2-3 所示。如欲了解更多信息，请参阅 2017 年 GAIN 发布的生物技术标识要求更新版报告。

表 2-3　　　　　　　　　　　　　　转基因标识的案例和示例

案例	示例	
转基因谷物或油菜籽	"转基因玉米"或"转基因大豆"	
含有转基因谷物或油菜籽的产品	"含有转基因玉米"或"含有转基因大豆"	
用转基因谷物生产的蔬菜	"转基因大豆生出的豆芽"	
含有用转基因谷物生产的蔬菜的产品	"含转基因大豆生出的豆芽"	
可能含有转基因谷物或油菜籽	"可能含有转基因玉米"或"可能含有转基因大豆"	
可能含转基因谷物生产的蔬菜	"可能含有转基因大豆生出的豆芽"	
含有可检测的转基因成分的食品（标注在主标签上或配料表中）	主标签	"转基因食品""转基因食品添加剂""转基因保健功能食品""含有转基因大豆的食品""含有转基因玉米的食品添加剂"或"含有转基因玉米的保健功能食品"
	配料表	在配料表中的配料名称旁边添加括号，并在括号中显示"转基因""转基因大豆"或"转基因玉米"字样
含有多种来源转基因成分的食品	主标签	"可能含有转基因玉米和大豆"
含有不确定的可检测转基因成分的食品	配料表	在配料表中的配料名称旁边添加括号，并在括号中显示"可能含有转基因大豆"或"可能含有转基因玉米"字样

对于拥有身份保持认证或政府证明的未加工常规产品，韩国允许其中最多无意混杂 3% 的被批准的转基因成分。若想通过检测结果来证明产品可以免于转基因标识，则必须是由 MFDS 认可的实验室提供的阴性检测结果。对于有意混杂转基因成分的产品，即使生物技术成分的最终混杂量在 3% 的限值以内，也必须进行转基因标识（见表 2-4）。

表 2 – 4	转基因无意混杂和"转基因"标识	
IP 认证或政府的证明	限值	标签
无意混杂转基因成分的常规散装谷物		
有 IP 认证或政府的证明	3%	无须"转基因"标签
无 IP 认证或政府的证明	0%	应贴"转基因"标签
无意混杂转基因成分的加工产品		
有 IP 认证或政府的证明	3%	无须"转基因"标签
无 IP 认证或政府的证明	0%	应贴"转基因"标签

备注：有意混杂转基因成分的散装谷物和加工产品，应贴"转基因"标签。不含外源 DNA 的加工产品（如糖浆、油、酒精、加工助剂），无须强制性的"转基因"标签，亦无须任何进一步的证明材料

MFDS 正在对转基因马铃薯产品进行安全评估。一旦 MFDS 批准了转基因马铃薯，马铃薯和任何含有马铃薯成分的产品都必须进行强制性的转基因标识。此外，销售常规马铃薯和含有常规马铃薯成分的加工产品的企业，必须提交证明材料，才能免于进行强制性的转基因标识。

反生物技术的 NGO 持续向 MFDS 施压，要求将转基因标识的适用范围扩展至涵盖由转基因成分制备的任何产品。MFDS 曾试图扩展转基因标识的适用范围，但在听取当地业界的反馈后并没有付诸实施。2018 年，韩国政府建议成立由 NGO 和食品行业代表组成的咨询机构，专门探讨转基因标识问题。该机构共召开了九次会议，但各方最终仍然各执己见。

2020 年 1 月，MFDS 成立了一个新的咨询机构，由消费者群体、NGO 和行业代表组成，以期就扩展转基因标识的适用范围取得一致意见。然而，受新冠肺炎疫情影响，该机构几乎未召开过任何会议，也未取得任何进展。

2020 年 9 月，一名来自执政党的议员提交了一份议案，要求将转基因标识的适用范围扩大至涵盖任何含有转基因成分的产品。关于该议案的进展，尚无进一步的报道。

2007 年 4 月，MIFAFF（MAFRA 的前身）修订了其《饲料手册》，要求零售包装的动物饲料在含有生物技术成分时必须带有"转基因"标签。这一标识要求已实施了十多年，其间，业界严格遵守规定，几乎未见报告任何问题。

2017 年修订的《食品卫生法》禁止对没有转基因对照物的产品进行"非转基因"或"不含转基因"标识。但是，如果产品不含任何痕量的转基因成分（外源 DNA 或蛋白），或含有至少 50% 的原始配料或受转基因标识规则约束的最大成分（按数量），则被允许自愿进行"非转基因"或"不含转基因"标识。进口商必须保留相关材料以证明自愿标识，检测报告可以是由 MFDS 认可的实验室出具的。如欲了解更多信息，请参阅 GAIN 报告 KS1716、KS1004 和 KS1046。

1.2.8 监测和检测

韩国对进口产品和国产产品都积极进行转基因性状检测。MFDS 和动植物检疫局（APQA）在入境口岸对进口的农产品进行转基因性状检测。MFDS 和 NAQS 还对市场上的食品和饲料谷物进行转基因性状检测。一旦发现未经批准的性状，产品将被退回或销毁。

2009 年，隶属于 MOE 的 NIE［原国家环境研究院（NIER）］开始监测进口转基因油菜、玉米、棉花和大豆在国内的种植情况。作为指定的 ERA 机构，NIE 在全国范围内收集并检测样品，得出的

结论是：用作 FFP 的进口转基因产品在运输途中被意外释放到韩国境内。

2013 年，MAFRA 下属的国家种子管理局（NSMA）负责对韩国进口商品和国产商品中未经批准的转基因产品进行监测。NSMA 负责批准和监管国产和进口种子。2017 年，NSMA 在进口商品中检测出第一个未经批准的转基因产品（油菜），并在韩国的 56 个地方发现了未经批准的转基因油菜。2017 年之后不久，负责监测转基因产品的意外环境释放的机构 NIE，检测到国内种植的未经批准的转基因棉花（注：棉花常作为观赏性植物出现在韩国的一些花园中，而不是作为经济作物进行种植）。自此之后，NIE 继续每年对转基因产品的意外环境释放进行监测。

2018 年，通过增加样本量和对播种前的油菜和棉花种子进行取样检测，NSMA 加强了对进口谷物种子的检测。到 2022 年，NSMA 计划对大豆、玉米、小麦和亚麻籽也进行该播种前检测。过去，MFDS 和 APQA 曾在进口玉米、木瓜、水稻和小麦中检测到未经批准的转基因转化体。有些（如 Liberty Link 水稻）检测是随机的，还有些（如小麦和木瓜）检测则是强制性的。

1.2.9 低水平混杂（LLP）政策

韩国没有针对未经批准的生物技术产品的 LLP 政策，但有"意外混杂"政策，它允许常规饲料产品中最多含有 0.5% 的未经批准的生物技术产品。

1.2.10 附加监管要求

用于 FFP 的转基因产品无须进行除批准以外的额外注册。用于繁殖的转基因产品，必须通过提交当地田间试验数据来完成种子批准和转基因种植批准。迄今尚无任何转基因产品得到种植批准。

1.2.11 知识产权（IPR）

虽然韩国未允许在国内种植转基因产品，但知识产权受现行国内法规的保护。

1.2.12 《卡塔赫纳生物安全议定书》的批准

韩国 2007 年批准加入 CPB，2008 年颁布实施 CPB 执行法规《改良活生物体法》。《改良活生物体法》在 2012 年首次进行修订，修订案于 2013 年开始实施。为了与 2013 版的《改良活生物体法》和 2014 年的《联合通知》保持一致，MOTIE 对其实施条例进行了修订。MOTIE 希望通过修订来改进审批程序，但冗余审查的问题并未得到充分解决。针对本国业界及外国贸易伙伴对用于执行 CPB 的语言提出的质疑，美国与韩国进行了长期的沟通，使得韩国在 2013 年开始允许出口商在商业发票上提供所有获准在韩国使用的生物技术产品清单。进口商可在进口申请表中使用同样的清单，从而减少了贸易中断。

1.2.13 国际条约和论坛

韩国积极参加国际食品法典委员会（CAC）、《国际植物保护公约》（IPPC）、亚太经济合作组织（APEC）、世界贸易组织（WTO）、经济合作与发展组织（OECD）及其他与转基因植物有关的会议。韩国向 WTO 通报拟进行的变更，并收集贸易伙伴的意见。韩国在其安全评估程序中采用 CAC 的实质等同原则。

1.2.14 相关问题

无。

1.3 市场营销

1.3.1 公众/个人意见

根据当地调查结果，韩国消费者普遍了解并对农业生物技术持悲观态度。他们愿意支付更高价钱去购买非转基因食品。2013 年在美国俄勒冈州发现转基因小麦的事件震惊了韩国消费者，他们认为这是由于美国对转基因产品的生产管理不到位。这次事件给名为"公民经济正义联盟"的民间组织带来了动力，该组织要求在韩国扩大转基因标识的适用范围，并与国民大会和 MFDS 积极合作。考虑到这些敏感性问题，许多国内食品生产商都有些不愿意使用生物技术，也不愿意给食品加上"转基因"标签。随着 2016 年和 2019 年在华盛顿再次检测到转基因小麦，人们更加认为美国对转基因产品的生产管理不到位，未来可能酿成事故。

韩国民众中也有支持生物技术的。研究机构开发新的转基因产品，以及韩国进口大量的生物技术成分，用于进一步加工成免于进行转基因标识的产品。普通公众似乎并不知晓或关心这一事实。

1.3.2 市场接受度/研究

韩国对待生物技术的态度是高度分裂的。公众对生物技术用于动物或医疗目的持积极态度，但对其用于农业领域持消极态度。这一点从 2019 年 KBCH 对 800 名韩国消费者进行的年度生物技术看法调查中得到了印证。

调查结果显示，消费者的认知水平依然很高，而且较前一年有了大幅提高。72% 的受访者认为生物技术对人类有益，高于 2018 年的 65%；只有 5% 的人给出了相反的答案。在认为生物技术有益的受访者中，近一半的人认为它有助于治疗癌症等疾病，只有 29% 的人认为它可帮助生产出更多粮食，从而能解决粮食短缺问题。在认为生物技术没有益处的受访者中，有 47% 的人质疑生物技术对人体的安全性，还有 31% 的人认为生物技术不天然。18% 的受访者认为生物技术会对环境造成有害影响。

对于创新的生物技术，有 37% 的受访者知道基因剪刀等这种技术。分别有 74% 和 66% 的受访者支持在医学、制药和生物产业领域使用这些技术。分别有 50% 和 45% 的受访者支持在粮食/农业和畜牧业中使用这些技术。虽然有许多受访者支持使用，但 84% 的受访者认为创新的生物技术由于安全隐患和非预期影响而应受到监管。图 2-1 是韩国对生物技术法规的看法。

大约 75% 的受访者认为有必要进行研发，55% 的受访者认为韩国有必要种植生物技术作物。37% 的受访者表示韩国有必要在国内饲养生物技术动物。约 22% 的受访者表示韩国有必要从国外进口生物技术产品。分别有超过 89% 和 87% 的受访者支持对生物技术产品进行标识和实施严格的进口管制。约 21% 的受访者对生物技术产品感兴趣，其中有 40% 的受访者是出于安全考虑而感兴趣。受访者获取生物技术产品信息的主要渠道是网络，其次是电视。

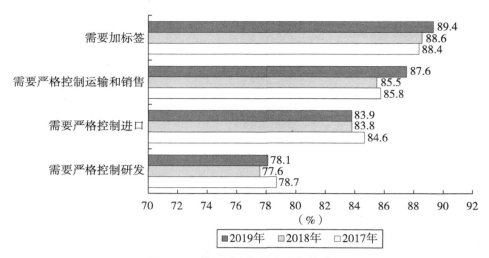

图 2 - 1 韩国对生物技术法规的看法

资料来源：韩国生物安全信息交换所。

第2章 动物生物技术

2.1 生产和贸易

2.1.1 产品开发

韩国正在积极利用基因工程来开发能够生产新的生物医用和生物器官的动物。韩国也在利用克隆技术来扩大能高效生产生物医学产品的动物的数量。这项研究正由包括学术界在内的各种公共机构或私人推进。

2020 年 1 月，RDA 报告称，他们创造了一种能产生微小抗体蛋白的副干酪乳杆菌菌株。研究人员在对感染病毒的鸡饲喂微小抗体蛋白后，检测到鸡体内的病毒水平降低。本研究证实了一种转化的副干酪乳杆菌能够向鸡传递一种微型抗体。2019 年 1 月，RDA 宣布了其年度工作计划，其中包括将农业技术用于医疗以创造未来增长动力，如将猪角膜移植给猴子的研究。2019 年 6 月，RDA 获得了一项美国专利，生产转基因猪作为阿尔茨海默病模型，以帮助确定阿尔茨海默病的原因和药物筛选。RDA 已经将他们的技术转让给一家专门从事干细胞/细胞治疗产品的公司。

2018 年 1 月，RDA 宣布与美国国家猪资源和研究中心开展为期三年的合作项目，引入控制病原体的管理系统、培训项目和开展转基因动物研究的技术。RDA 认为，该项目将有助于规范转基因动物的管理体系，并通过转基因动物生产生物和医药材料。

自 2010 年以来，RDA 的国家动物科学研究所（NIAS）一直专注于开发新的生物医学材料，如生物器官、动物遗传资源的多样性、增值牲畜产品和利用牲畜资源的可再生能源，目标是成为"世界畜牧技术 G7 国"。NIAS 正在研究开发 17 种不同性状的两类动物：猪的 10 个性状和家禽的 7 个性状。这些特性旨在生产高价值的蛋白质和抗病毒材料，生产可治疗贫血、血友病和血栓材料的猪，以及生产乳铁蛋白和抗氧化物质鸡蛋的鸡。

RDA 还在进行使用家蚕开发两种不同性状的研究。正在开发的性状将使生产各种天然颜色的蚕丝和治疗猪疾病成为可能。2018 年，RDA 宣布他们使用一种转基因家蚕开发了"荧光丝"，所以计划继续进行更多研究，以在生物传感器、功能织物、半导体材料中使用荧光丝。NIAS 还向韩国的其他机构提供了 48 只克隆的特殊用途狗，如侦查或嗅探犬。目前，RDA 还没有任何开发食用转基因动物或克隆动物的计划。

2018 年，MAFRA 公布了关于如何实施第二次农业、林业和粮食科学技术推广总体计划的细节。MAFRA 在农业生物资源上，投资了 910 亿韩元（约 9000 万美元），包括用于生产生物器官的猪、大规模的生物能源和高价值的医药材料等。MAFRA 和 RDA 将继续利用动物生物技术开发新的生物材料。

私营企业还在开发生产高价值蛋白质药物的转基因动物，比如在乳汁中表达人类生长激素基因的猪。还有正在开发可以生产乳铁蛋白和胰岛素的转基因牛，用于人类疾病研究的荧光狗，据称可以生产治疗白血病物质的鸡，以及用于生产生物器官的小型猪。2015年，中韩两国大学的教授宣布，他们使用基因组编辑技术培育出了肌肉含量更高的猪。该团队从体细胞中移除一种名为MSTN的基因，这种基因可以抑制肌肉生长，并使用经过编辑的基因通过核移植来克隆猪。

2.1.2　商业化生产

与转基因植物一样，韩国没有商业化生产任何转基因动物，也不确定未来是否在国内生产。由于消费者接受度的不确定性，韩国研究人员相对不愿意从事将转基因动物用于商业化食用的研究。

2.1.3　出口

韩国未出口任何转基因动物。

2.1.4　进口

韩国进口转基因小鼠用作研究。

2.1.5　贸易壁垒

2017年，由于有报道称巴拿马养殖的转基因三文鱼在加拿大销售，MFDS启动了对进口三文鱼的强制检测。这项测试适用于来自美国、加拿大和巴拿马的新鲜和冷冻鲑鱼。从2017年10月10日至2017年12月31日，每个厂商进口的每条鲑鱼都没有检测出阳性。在这段时间之后，MFDS对来自美国、加拿大和巴拿马的5%的新鲜和冷冻鲑鱼进行随机检测。

2.2　政策

2.2.1　监管框架

LMO法案及其实施条例也适用于转基因动物，但没有针对转基因动物管理的具体规定。用转基因动物生产的药品受《药品事务法案》的管理。

2.2.2　审批

MAFRA负责转基因动物的审批，但迄今为止尚未批准任何转基因动物。MFDS负责根据其安全评价准则对供人类消费的转基因动物和水产品进行安全评估。

2.2.3　创新生物技术

尽管人们对创新生物技术的兴趣日益浓厚，但韩国并没有发布关于如何管理通过创新生物技术（如基因组编辑）生产的动物的政策。韩国正在密切关注其他国家的政策发展。

2.2.4　标识和可追溯性

MAFRA负责转基因动物的标识，但尚未建立任何法规。MFDS负责根据转基因食品的标识要求，对含有源自转基因动物成分的食品进行标识。

2.2.5　知识产权（IPR）

尽管韩国没有进口或国内生产转基因动物，但在现有的国内法规下有知识产权保护。

2.2.6　国际条约和论坛

韩国积极参与国际食品法典委员会（CAC）、世界动物卫生组织（OIE）、亚太经济合作组织（APEC）和其他会议，但没有参加与转基因动物或渔业产品特别相关的会议。韩国在安全评估过程中采用了国际食品法典委员会的实质等同原则。

2.2.7　相关问题

未发现相关问题。

2.3　市场营销

2.3.1　公众/个人意见

许多韩国人认为，生物技术是韩国经济发展的重要产业。支持者们在经济、发展、公共卫生和环境方面支持生物技术取得了一些成功。韩国继续扩大在生物材料、生物医学、生物器官、基因治疗等方面的研发投资。然而，消费者对用于生产动物或水产品用作食用的生物技术持负面看法。

2.3.2　市场接受度/研究

公众对将生物技术用于动物或医学目的持积极看法，但对其在食品中的使用持负面态度。这在2019 年韩国生物安全信息所（KBCH）第 11 次年度调查 800 名韩国消费者对生物技术的看法的结果中得到了证明。在 2019 年的 KBCH 消费者调查中，37% 的受访者回答说，韩国需要国内转基因动物的生产，这略高于 2018 年调查中回答的 34%。

在同一项调查中，约 45% 的受访者支持在畜牧业中应用基因组编辑技术，只有 18% 的受访者不同意该申请。

第3章　微生物生物技术

3.1　生产和贸易

3.1.1　商业化生产

韩国通过商业化生产转基因微生物来生产甜味剂，而这种转基因微生物衍生的甜味剂可以在国内市场上出售。

3.1.2　出口

韩国还没有出口转基因微生物或其衍生的食品成分。然而，韩国一些生产甜味剂的公司正准备向外国市场出口转基因微生物衍生的甜味剂。韩国出口酒精饮料、乳制品和加工产品，其中可能含有转基因微生物衍生的食品成分。

3.1.3　进口

韩国未进口任何转基因微生物。然而，韩国进口转基因微生物衍生的食品成分，如凝乳酶。转基因微生物衍生的食品成分可能存在于韩国进口的酒精饮料、乳制品和加工产品中，这些产品在全球生产中普遍使用转基因微生物衍生的成分。

3.1.4　贸易壁垒

没有明确的贸易壁垒。

3.2　政策

3.2.1　监管框架

《食品卫生法》适用于需要进行安全评估的转基因微生物及其衍生的食品成分。LMO 法案也适用于转基因微生物，需要进行环境风险评估，因为转基因微生物被认为是一种活的修饰生物体。

3.2.2　审批

国内研发或进口的转基因微生物必须进行食用安全评估和环境风险评估。MFDS 根据 LMO 法案，与 RDA、NIE 和 NFRDI 就环境方面进行评估。对于转基因微生物衍生的食品成分，MFDS 进行食用安全评估，不需要环境风险评估。截至 2020 年 10 月，MFDS 已经批准了 7 种转基因微生物的食用安全认证。已批准的微生物和食品成分的完整清单，请参见本报告附录。

3.2.3　标签和可追溯性

韩国不要求对添加剂进行转基因标识。来自转基因微生物的食品配料不需要进行转基因标识。因此，转基因微生物衍生的甜味剂不带有转基因标识。同样的规则也适用于含有转基因微生物衍生的食品成分（如用转基因微生物衍生的凝乳酶制成的奶酪）。用转基因食品成分制成的食品不需要进行转基因标识。

3.2.4　监测和检测

目前还没有具体信息。

3.2.5　附加监管要求

韩国要求对已完成转基因安全评估的转基因微生物生产的食品成分进行安全评估。2020 年 7 月，韩国根据世界贸易组织 SPS 695 声明提出修订，以免除这一冗余安全评价要求。

3.2.6　知识产权（IPR）

知识产权受国内现行知识产权法规的保护。

3.2.7　相关问题

未发现相关问题。

3.3　市场营销

3.3.1　公众/个人意见

一般来说，韩国人对技术创新及其在日常生活中的应用持积极的看法。然而，这一观点并没有延续到消费食品的技术进步上。由于转基因微生物及其衍生食品成分并不被认为是直接消费的独立产品，很少有公众意识到这项技术被广泛应用于食品生产。因此，针对这些话题很少有公众或私人的意见出现。

3.3.2　市场接受度/研究

甜味剂公司宣传转基因微生物衍生的甜味剂是一种健康的低热量糖替代品。由于产品上没有转基因标识，消费者通常不知道它们是由转基因微生物生产的。在韩国市场上专门有为存在健康问题的个人所提供的各种膳食替代品和特殊食品。

没有市场接受度研究。

附录　已批准的转化体列表

表 A1　　　　　　　　　　　**2020 年 10 月批准的转基因植物产品列表**

作物	转化体	申请人	性状	审批用途	审批时间（年）
大豆	GTS40-3-2	孟山都	耐除草剂	食用、饲用	2020*、2004
大豆	MON89788	孟山都	耐除草剂	食用、饲用	2019*、2009
大豆	A2704-12	拜耳	耐除草剂	食用、饲用	2019*、2009
大豆	DP-356043-5	杜邦	耐除草剂	食用、饲用	2010*、2009
大豆	DP-305423-1	杜邦	高油酸	食用、饲用	2010
大豆	A5547-127	拜耳	耐除草剂	食用、饲用	2011
大豆	CV127	巴斯夫	耐除草剂	饲用、食用	2011、2013
大豆	MON87701	孟山都	抗虫	食用、饲用	2011
大豆	MON87769	孟山都	SDA	饲用、食用	2012、2013
大豆	MON87705	孟山都	高油酸	饲用、食用	2012、2013
大豆	MON87708	孟山都	耐除草剂	饲用、食用	2012、2013
大豆	DP-305423-1×GTS40-3-2	杜邦	高油酸、耐除草剂	食用、饲用	2011
大豆	MON87701×MON89788	孟山都	耐除草剂、抗虫	食用、饲用	2012
大豆	MON87705×MON89788	孟山都	高油酸、耐除草剂	食用、饲用	2013、2014
大豆	MON87769×MON89788	孟山都	耐除草剂	食用、饲用	2013、2015
大豆	FG72	拜耳	耐除草剂	饲用、食用	2013、2014
大豆	MON87708×MON89788	孟山都	耐除草剂	食用、饲用	2013、2014
大豆	SYHT0H2	先正达	耐除草剂	食用、饲用	2014
大豆	DAS-68416-4	陶氏	耐除草剂	食用、饲用	2014
大豆	DAS44406-6	陶氏	耐除草剂	食用、饲用	2014
大豆	DAS81419-2	陶氏	抗虫、耐除草剂	食用、饲用	2016
大豆	DAS-68416-4×MON89788	陶氏	耐除草剂	食用、饲用	2015、2016
大豆	MON87751	孟山都	抗虫	食用、饲用	2016
大豆	FG72×A5547-127	拜耳	耐除草剂	食用、饲用	2016
大豆	MON87705×MON87708×MON89788	孟山都	高油酸、耐除草剂	食用、饲用	2016、2017
大豆	MON87751×MON87701×MON87708×8MON9788	孟山都	抗虫、耐除草剂	食用、饲用	2017

续 表

作物	转化体	申请人	性状	审批用途	审批时间（年）
大豆	DAS－81419－2×DAS44406－6	陶氏	耐除草剂、抗虫	食用、饲用	2017、2018
大豆	MON87708×MON89788×A5547－127	孟山都	耐除草剂	食用、饲用	2017、2018
大豆	DP－305423－1×MON87708×MION89788	杜邦	耐除草剂、高油酸	食用、饲用	2018
玉米	MON810	孟山都	抗虫	食用、饲用	2012＊、2004
玉米	TC1507	杜邦	耐除草剂、抗虫	食用、饲用	2012＊、2004
玉米	GA21	孟山都	耐除草剂	食用、饲用	2020＊、2007
玉米	NK603	孟山都	耐除草剂	食用、饲用	2012＊、2004
玉米	Bt11	先正达	耐除草剂、抗虫	食用、饲用	2013＊、2006
玉米	T25	阿文蒂斯/拜耳	耐除草剂	食用、饲用	2003、2004
玉米	MON863	孟山都	抗虫	食用、饲用	2003、2004
玉米	Bt176	先正达	耐除草剂、抗虫	食用、饲用	2003、2006
玉米[1]	DLL25	孟山都	耐除草剂	食用	2004
玉米[1]	DBT418	孟山都	耐除草剂、抗虫	食用	2004
玉米	MON863×NK603	孟山都	耐除草剂、抗虫	食用、饲用	2004、2008
玉米	MON863×MON810	孟山都	抗虫	食用、饲用	2004、2008
玉米	MON810×GA21	孟山都	耐除草剂、抗虫	食用	2004
玉米	MON810×NK603	孟山都	耐除草剂、抗虫	食用、饲用	2004、2008
玉米	MON810×MON863×NK603	孟山都	耐除草剂、抗虫	食用、饲用	2004、2008
玉米	TC1507×NK603	杜邦	耐除草剂、抗虫	食用、饲用	2004、2008
玉米	DAS－59122－7	杜邦	耐除草剂、抗虫	食用、饲用	2005
玉米	MON88017	孟山都	耐除草剂、抗虫	食用、饲用	2006、2016
玉米	DAS－59122－7×TC1507×NK603	杜邦	耐除草剂、抗虫	食用、饲用	2006、2008
玉米	TC1507×DAS－59122－7	杜邦	耐除草剂、抗虫	食用、饲用	2006、2008
玉米	DAS－59122－7×NK603	杜邦	耐除草剂、抗虫	食用、饲用	2006、2008
玉米	Bt11×GA21	先正达	耐除草剂、抗虫	食用、饲用	2006、2008
玉米	MON88017×MON810	孟山都	耐除草剂、抗虫	食用、饲用	2006、2008
玉米[2]	Bt10	先正达	耐除草剂、抗虫	食用	2007
玉米	MIR604	先正达	抗虫	食用、饲用	2017＊、2008
玉米	MIR604×GA21	先正达	耐除草剂、抗虫	食用、饲用	2008
玉米	Bt11×MIR604	先正达	耐除草剂、抗虫	食用、饲用	2007、2008
玉米	Bt11×MIR604×GA21	先正达	耐除草剂、抗虫	食用、饲用	2008
玉米	MON89034	孟山都	抗虫	食用、饲用	2019＊、2009

作物	转化体	申请人	性状	审批用途	审批时间（年）
玉米	MON89034 × MON88017	孟山都	耐除草剂、抗虫	食用、饲用	2009
玉米	Smart stack	孟山都/陶氏	耐除草剂、抗虫	食用、饲用	2009
玉米	MON89034 × NK603	孟山都	耐除草剂、抗虫	食用、饲用	2010、2009
玉米	NK603 × T25	孟山都	耐除草剂	食用、饲用	2010、2011
玉米	MON89034 × TC1507 × NK603	孟山都/陶氏	耐除草剂、抗虫	食用、饲用	2010、2011
玉米	MIR162	先正达	抗虫	食用、饲用	2010、2008
玉米	DP − 098141 − 6	杜邦	耐除草剂	食用、饲用	2010
玉米	TC1507 × MON810 × NK603	杜邦	耐除草剂、抗虫	食用、饲用	2010
玉米	TC1507 × DAS591227 × MON810 × NK603	杜邦	耐除草剂、抗虫	食用、饲用	2010
玉米	Bt11 × MIR162 × MIR604 × GA21	先正达	耐除草剂、抗虫	食用、饲用	2010、2011
玉米	Event3272	先正达	功能性状	食用、饲用	2011
玉米	Bt11 × MIR162 × GA21	先正达	耐除草剂、抗虫	饲用、食用	2011、2012
玉米	TC1507 × MIR604 × NK603	杜邦	耐除草剂、抗虫	食用、饲用	2011
玉米	MON87460	孟山都	抗旱	饲用、食用	2011、2012
玉米	Bt11 × DAS − 591227 × MIR604 × TC1507 × GA21	先正达	耐除草剂、抗虫	饲用、食用	2011、2013
玉米	TC1507 × DAS − 591227 × MON810 × MIR604 × MK603	杜邦	耐除草剂、抗虫	食用、饲用	2012
玉米	Bt11 × MIR162 × TC1507 × GA21	先正达	耐除草剂、抗虫	饲用、食用	2012
玉米	3272 × Bt11 × MIR604 × GA21	先正达	耐除草剂、抗虫	饲用、食用	2012、2013
玉米	MON87460 × MON89034 × NK603	孟山都	抗旱、耐除草剂、抗虫	饲用、食用	2012、2013
玉米	MON87460 × MON89034 × MON88017	孟山都	抗旱、耐除草剂、抗虫	饲用、食用	2012、2013
玉米	MON87460 × NK603	孟山都	抗旱、耐除草剂	饲用、食用	2012、2013
玉米	TC1507 × MON810 × MIR162 × NK603	杜邦	耐除草剂、抗虫	饲用、食用	2013
玉米	5307	先正达	抗虫	食用、饲用	2013
玉米	Bt11 × MIR604 × TC1507 × 5307 × GA21	先正达	抗虫	食用、饲用	2013、2014
玉米	Bt11 × MIR162 × MIR604 × TC1507 × 5307 × GA21	先正达	抗虫	食用、饲用	2013、2014
玉米	MON87427	孟山都	耐除草剂	饲用、食用	2013、2014
玉米	MON87427 × MON89034 × NK603	孟山都	耐除草剂、抗虫	食用、饲用	2014

作物	转化体	申请人	性状	审批用途	审批时间（年）
玉米	MON87427 × MON89034 × MON88017	孟山都	耐除草剂、抗虫	食用、饲用	2014
玉米	TC1507 × MON810 × MIR604 × NK603	杜邦	耐除草剂、抗虫	食用、饲用	2014
玉米	DAS – 40278 – 9	陶氏	耐除草剂	食用、饲用	2014
玉米	GA21 × T25	先正达	耐除草剂	食用、饲用	2014
玉米	TC1507 × MON810	杜邦	耐除草剂、抗虫	食用、饲用	2014
玉米	DP – 004114 – 3	杜邦	耐除草剂、抗虫	食用、饲用	2014
玉米	3272 × Bt11 × MIR604 × TC1507 × 5307 × GA21	先正达	耐除草剂、抗虫、α 淀粉酶	食用、饲用	2014、2015
玉米	MON89034 × TC1507 × MON88017 × DAS – 59122 – 7 × DAS – 40278 – 9	陶氏	抗虫、耐除草剂	食用、饲用	2014、2015
玉米	TC1507 × MON810 × MIR162	杜邦	耐除草剂、抗虫	食用、饲用	2015
玉米	NK603 × DAS – 40278 – 9	陶氏	耐除草剂	食用、饲用	2015
玉米	MON87427 × MON89034 × TC1507 × MON88017 × DAS – 59122 – 7	孟山都	耐除草剂、抗虫	食用、饲用	2015
玉米	DP – 004114 – 3 × MON810 × MIR604 × NK603	杜邦	抗虫、耐除草剂	食用、饲用	2015
玉米	MON89034 × TC1507 × NK603 × DAS – 40278 – 9	陶氏	抗虫、耐除草剂	食用、饲用	2015
玉米	Bt11 × MIR162	先正达	抗虫、耐除草剂	食用、饲用	2016、2015
玉米	MON87427 × MON89034 × MIR162 × NK603	孟山都	抗虫、耐除草剂	食用、饲用	2016
玉米	MON87411	孟山都	抗虫、耐除草剂	食用、饲用	2016
玉米	Bt11 × TC1507 × GA21	先正达	抗虫、耐除草剂	食用、饲用	2016
玉米	Bt11 × MIR162 × MON89034 × GA21	先正达	抗虫、耐除草剂	食用、饲用	2016、2017
玉米	MON87403	孟山都	增加玉米穗	食用、饲用	2017、2016
玉米	MON87419	孟山都		食用、饲用	2017
玉米	MON87427 × MON89034 × TC1507 × MON87411 × DAS – 59122 – 7	孟山都	抗虫、耐除草剂	食用、饲用	2017
玉米	MON87427 × MON89034 × MIR162 × MON87411	孟山都	抗虫、耐除草剂	食用、饲用	2017
玉米	VCO – 01981 – 5	杰纳克	耐除草剂	食用、饲用	2018、2017
玉米	MZHG0JG	先正达	耐除草剂	食用、饲用	2017

作物	转化体	申请人	性状	审批用途	审批时间（年）
玉米	MON89034 × TC1507 × MIR162 × NK603	陶氏	耐除草剂、抗虫	食用、饲用	2017、2018
玉米	MON89034 × MIR162	孟山都	抗虫	食用、饲用	2017
玉米	Bt11 × MIR162 × MON89034	先正达	耐除草剂、抗虫	食用、饲用	2017、2018
玉米	Bt11 × MIR162 × MIR604 × MON89034 × 5307 × GA21	先正达	耐除草剂、抗虫	食用、饲用	2017、2018
玉米	MON87427 × MON87460 × MON89034 × TC1507 × MON87411 × DAS－59122－7	孟山都	耐除草剂、抗虫	食用、饲用	2017、2018
玉米	MON89034 × TC1507 × MIR162 × NK603 × DAS－40278－9	陶氏	耐除草剂、抗虫	食用、饲用	2018
玉米	MON87427 × MON89034 × MIR162 × MON87419 × NK603	孟山都	耐除草剂、抗虫	食用、饲用	2018
玉米	MON87427 × MON89034 × MON810 × MIR162 × MON87411 × MON87419	孟山都	耐除草剂、抗虫	食用、饲用	2019
玉米	MZIR098	先正达	耐除草剂、抗虫	食用、饲用	2019
玉米	MON87427 × MON89034 × MON87419 × NK603	孟山都	耐除草剂、抗虫	食用、饲用	2020
玉米	NK603 × T25 × DAS－40278－9	陶氏	耐除草剂	食用	2020
棉花	Mon531	孟山都	抗虫	食用、饲用	2013*、2004
棉花	757	孟山都	抗虫	食用、饲用	2003、2004
棉花	Mon1445	孟山都	耐除草剂	食用、饲用	2013*、2004
棉花	15985	孟山都	抗虫	食用、饲用	2013*、2004
棉花	15985 × 1445	孟山都	耐除草剂、抗虫	食用、饲用	2004、2008
棉花	531 × 1445	孟山都	耐除草剂、抗虫	食用、饲用	2004、2008
棉花	281/3006	陶氏农业科学	耐除草剂、抗虫	食用、饲用	2014*、2008
棉花	Mon88913	孟山都	耐除草剂	食用、饲用	2006、2016
棉花	LLCotton25	拜耳	耐除草剂	食用、饲用	2005
棉花	Mon88913 × Mon15985	孟山都	耐除草剂、抗虫	食用、饲用	2006、2008
棉花	Mon15985 × LLCotton25	拜耳	耐除草剂、抗虫	食用、饲用	2006、2008
棉花	281/3006 × Mon88913	陶氏农业科学	耐除草剂、抗虫	食用、饲用	2006、2008
棉花	281/3006 × Mon1445	陶氏农业科学	耐除草剂、抗虫	食用	2006
棉花	GHB614	拜耳	耐除草剂	食用、饲用	2010
棉花	GHB614 × LLCotton25	拜耳	耐除草剂	食用、饲用	2012、2011

作物	转化体	申请人	性状	审批用途	审批时间（年）
棉花	GHB614 × LLCotton25 × 15985	拜耳	耐除草剂、抗虫	饲用、食用	2011、2013
棉花	T304 - 40 × GHB119	拜耳	耐除草剂、抗虫	饲用、食用	2012、2013
棉花	GHB119	拜耳	耐除草剂	饲用、食用	2012、2013
棉花	COT67B	先正达	抗虫	饲用	2013
棉花	GHB614 × T304 - 40 × GHB119	拜耳	耐除草剂、抗虫	食用、饲用	2013
棉花	COT102	先正达	抗虫	食用、饲用	2014
棉花	281/3006 × COT102 × MON88913	陶氏	抗虫、耐除草剂	食用、饲用	2014、2015
棉花	MON88701	孟山都	耐除草剂	食用、饲用	2015
棉花	GHB614 × T304 - 40 × GHB119 × COT102	拜耳	抗虫、耐除草剂	食用、饲用	2015
棉花	MON88701 × MON88913 × MON15985	孟山都	抗虫、耐除草剂	食用、饲用	2015
棉花	COT102 × MON15985 × MON88913	孟山都	抗虫、耐除草剂	食用、饲用	2015、2016
棉花	DAS - 81910 - 7	陶氏	耐除草剂	食用、饲用	2016
棉花	COT102 × MON15985 × MON88913 × MON88701	孟山都	抗虫、耐除草剂	食用、饲用	2016
棉花	MON88701 × MON88913	孟山都	抗虫、耐除草剂	食用、饲用	2016、2017
棉花	281/3006 × COT102 × MON88913 × DAS - 81910 - 7	陶氏	抗虫、耐除草剂	食用、饲用	2016、2017
棉花	T304 - 40 × GHB119 × COT102	巴斯夫	抗虫、耐除草剂	饲用	2018
棉花	GHB811	巴斯夫	耐除草剂	食用、饲用	2019
油菜籽	RT73（GT73）	孟山都	耐除草剂	食用、饲用	2013*、2005
油菜籽	MS8/RF3	拜耳	耐除草剂	食用、饲用	2005、2014
油菜籽	T45	拜耳	耐除草剂	食用、饲用	2005
油菜籽[1]	MS1/RF1	拜耳	耐除草剂	食用、饲用	2005、2008
油菜籽[1]	MS1/RF2	拜耳	耐除草剂	食用、饲用	2005、2008
油菜籽[1]	Topas19/2	拜耳	耐除草剂	食用、饲用	2005、2008
油菜籽	MS8	拜耳	耐除草剂、雄性不育	饲用、食用	2012、2013
油菜籽	RF3	拜耳	耐除草剂	饲用、食用	2012、2013
油菜籽	MON88302	孟山都	耐除草剂	饲用、食用	2014
油菜籽	MON88302 × RF3	孟山都	耐除草剂、育性恢复	食用、饲用	2014、2015
油菜籽	MON88301 × MS8 × RF3	孟山都	耐除草剂、育性恢复	食用、饲用	2014、2015
油菜籽	MS8 × RF3 × RT73	拜耳	耐除草剂、育性恢复	食用、饲用	2015
油菜籽	DP - 073496 - 4	杜邦	耐除草剂	食用、饲用	2015
油菜籽	DP - 073496 - 4 × RF3	杜邦	耐除草剂、育性恢复	食用、饲用	2017

作物	转化体	申请人	性状	审批用途	审批时间（年）
油菜籽	MS11	巴斯夫	耐除草剂、雄性不育	食用、饲用	2019
油菜籽	MS11×RF3×MON88302	巴斯夫	耐除草剂、雄性不育、育性恢复	食用、饲用	2020
油菜籽	MS11×RF3	巴斯夫	耐除草剂、雄性不育、育性恢复	食用、饲用	2020
马铃薯[1]	SPBT02－05	孟山都	抗虫	食用	2004
马铃薯[1]	RBBT06	孟山都	抗虫	食用	2004
马铃薯[1]	Newleaf Y（RBMT15－101，SEMT15－02，SEMT15－15）	孟山都	抗虫、抗病毒	食用	2004
马铃薯[1]	Newleaf Plus（RBMT21－129，RBMT21－350，RBMT22－82）	孟山都	抗虫、抗病毒	食用	2004
甜菜	H7－1	孟山都	耐除草剂	食用	2006、2016
苜蓿	J101	孟山都	耐除草剂	食用、饲用	2008、2017
苜蓿	J163	孟山都	耐除草剂	食用、饲用	2008、2017
苜蓿	J101、J163（J101×J163[3]）	孟山都	耐除草剂	食用、饲用	2007、2008
苜蓿	KK179	孟山都	低木质素	食用、饲用	2015
苜蓿	KK179×J101	孟山都	低木质素、耐除草剂	食用、饲用	2016、2018

注：转基因产品必须经过食用安全评估和环境风险评估；食用批准总数：177；饲用批准总数：169。

＊在最初的批准之后，食用批准必须每10年续展一次。

［1］MFDS有条件批准的退市产品。

［2］MFDS有条件批准不用于商业化的产品。

［3］MFDS有条件批准作为其他类别和可接受的偶然混杂。

表 A2　　　　　　　　　　截至 2020 年 10 月批准的转基因微生物列表

编号	名称	研发商	特征（微生物）	批准日期
1	FIS001	希杰	产生 L－阿拉伯糖异构酶 宿主：谷氨酸棒杆菌 供体：新阿波罗栖热袍菌和大肠杆菌	2011 年 6 月
2	FIS00	希杰	产生 D－cycos－3－异构酶 宿主：谷氨酸棒杆菌 供体：根癌农杆菌和大肠杆菌	2015 年 2 月
3	DS00001	大象	产生 D－cycos－3－异构酶 宿主：谷氨酸棒杆菌 供体：F. plautii（肠道细菌）和大肠杆菌	2016 年 11 月
4	SYG321－C	三养	产生 D－cycos－3－异构酶 宿主：谷氨酸棒杆菌 供体：梭状芽孢杆菌和大肠杆菌	2017 年 1 月

续　表

编号	名称	研发商	特征（微生物）	批准日期
5	DS00001－1	大象	产生 D－cycos－3－异构酶 宿主：谷氨酸棒杆菌 供体：F. plautii（肠道细菌）和大肠杆菌	2018 年 3 月
6	FIS003	希杰	产生 D－果糖－4－异构酶 宿主：谷氨酸棒杆菌	2018 年 8 月
7	APC199	株式会社爱特	产生 2′－岩藻糖基乳糖 宿主：谷氨酸棒杆菌 供体：大肠杆菌 K12	2020 年 8 月

注：转基因微生物必须经过食品安全评估和环境风险评估。
　　转基因微生物批准总数：7。

表 A3　　　　　截至 2020 年 10 月已批准的转基因微生物衍生食品成分列表

编号	名称	申请人	特征	批准时间（年）
1	Maltogenic amylase	诺维信	活化的麦芽糖淀粉酶	2000/2010
2	α－amylase	诺维信	活化的 α－淀粉酶	2001/2011
3	Pulluranase	诺维信	活化的普鲁兰酶	2002/2012
4	Lipase	诺维信	活化的脂肪酶	2002/2012
5	Riboflavin	帝斯曼营养	维生素 B_2	2003/2013 退市
6	Novoshape	诺维信	活化的果胶酯酶	2003/2013
7	Optima×L－1000	丹尼克斯	活化的普鲁兰酶	2004/2014
8	Mature×L	诺维信	活化的 α－乙酰乳酸二羧酸酶	2004/2014
9	Lipopan H BG/Lecitase Ultra	诺维信	活化的脂肪酶	2004/2014
10	Lipopan F BG/Lecitase Novo	诺维信	活化的脂肪酶	2004/2014
11	Lipopan 50BG/Lipozyme TL IM	诺维信	活化的脂肪酶	2004/2014
12	Pentopan Mono BG	诺维信	活化的木聚糖酶	2008/2018
13	Shearzyme 2×/500L	诺维信	活化的木聚糖酶	2008/2018
14	Gluco－amylase	诺维信	活化的葡糖淀粉酶	2010/2020
15	Lipase	诺维信	活化的脂肪酶	2012
16	Trans－glucosidase	丹尼克斯	活化的反式葡萄糖苷酶	2013
17	Pulluranase	诺维信	活化的普鲁兰酶	2015
18	Branching glycosyltransferase	诺维信	活化的支化糖基转移酶	2015
19	ChyMax	Christian Jansen	活化的凝乳酶	2016
20	Saphera 2600L	诺维信	活化的乳糖酶	2018
21	Secura	诺维信	活化的 α－淀粉酶	2018
22	Extenda Go 2 Extra	诺维信	活化的 α－淀粉酶	2018

续　表

编号	名称	申请人	特征	批准时间（年）
23	Extenda Go 2 Extra	诺维信	活化的普鲁兰酶	2018
24	ChyMa × M1000	Christian Jansen	活化的凝乳酶	2018
25	Extenda Go 2 Extra	诺维信	活化的葡萄糖淀粉酶	2019
26	CCD	韩国大象	活化的糖基转移酶	2020
27	Saczyme go 2X	诺维信	活化的葡萄糖淀粉酶	2020

注：转基因微生物衍生食品成分必须经过食用安全评估。

转基因微生物衍生食品成分批准总数：27。

美国农业部

对外农业服务局

规定报告：按规定－公开

报告编号：RP2020－0079

报告名称：农业生物技术发展年报

报告类别：生物技术及其他新生产技术

编 写 人：Ryan Bedford

批 准 人：Morgan Haas

全球农业信息网

发表日期：2020.03.30

报 告 要 点

菲律宾是东南亚地区生物技术的领导者，在世界贸易组织（World Trade Organization，WTO）共同发起的"精密生物技术农业应用国际声明"中表现突出。然而，COVID－19（新型冠状病毒感染的肺炎）大流行带来的众多挑战，导致预计在2020年完成的重要事件被推迟。该国于2019年12月批准黄金水稻可直接使用，并预计很快将进行商业推广。同样有望在2021年完成监管制度的改进，包括对2016年联合部门通函中提到的当前生物技术法规的审查。与此同时，2021年还将迎来基因工程动物和新育种技术（如基因组编辑）监管框架的首次亮相。

内 容 提 要

菲律宾是区域生物技术的领导者，成为第一个允许种植转基因作物（Bt玉米，2003）的亚洲国家，并正在推进转基因动物和创新生物技术产品的监管框架的成形。2020年5月28日，该国成为第一个在世界贸易组织上共同发起《精密生物技术农业应用国际声明》的亚洲国家，再次显示了其区域领导地位。然而，2016年4月15日，菲律宾农业部（Department of Agriculture，DA）第8号行政命令（Administrative Order No.8，DA－AO 8）对联合部门通告（Joint Department Circular，JDC）中的转基因植物法规进行了修改，从而延缓了生物安全申请的进程。

菲律宾目前没有出现重大贸易中断，伴随着对现行监管制度的审查，监管改革正在进行中。与此同时，该国正在努力建立涵盖转基因动物的监管框架，以及新的创新生物技术（如基因组编辑）产品的管理政策。由于COVID－19大流行，这两个项目都被推迟。

自引进以来，转基因玉米种植面积已从2003年的10769公顷增加到2019年3月至2020年2月（包括雨季和旱季）的834617公顷。2020年，菲律宾农民种植转基因玉米的面积比2018—2019年增加了约26%，这可能表明人们对生物技术的优势有了更多的接受和理解。据联系人透露，如果包括使用假冒转基因种子，转基因玉米的种植量会更高。2019年12月，黄金大米（the Golden Rice，GR2E）获批可用于食品、饲料和加工，并被认定为可安全食用。商业种植的申请很快就会提交。

美国、澳大利亚、新西兰和加拿大四个国家的监管机构已经发布了 GR2E 的安全和营养许可。

2019 年，菲律宾是美国农产品和相关产品的第十大市场，出口额达到 30 亿美元，比 2018 年创纪录的水平下降 3%。它是美国最大的豆粕市场，销售额为 7.87 亿美元。菲律宾也是美国面向消费产品出口的第十大市场（也是东南亚最大的市场），其中许多产品含有转基因衍生成分。2019 年，面向消费的高价值产品出口额达到 11 亿美元，比 2018 年增长 1%。尽管面临 COVID－19 挑战，但截至 8 月，2020 年出口量比 2019 年高出 8%。2020 年假日消费高峰可能会受到抑制，但预计出口将超过 2019 年，并可能达到创纪录的水平。

第1章 植物生物技术

1.1 生产和贸易

1.1.1 产品开发

首先，菲律宾洛斯巴尼奥斯大学植物育种研究所（IPB - UPLB）负责开发抗果芽螟虫茄子（Bt茄子）。马哈拉施特拉邦杂交种子公司通过 Sathguru 管理咨询公司和康奈尔大学（通过美国国际开发署农业生物技术支持项目Ⅱ或 USAIDABSP 2）促成的免版税转授权协议捐赠了 Bt 茄子技术，所有相关的田间试验均已完成，该卷宗目前正在为法规应用做准备。

其次，菲律宾水稻研究所（Philippine Rice Research Institute，PhilRice）"富含 β - 胡萝卜素的水稻或黄金水稻（GR2E）项目"获得了比尔和梅琳达盖茨基金会的资金支持。该笔资金通过比尔和梅琳达盖茨基金会向国际水稻研究所（International Rice Research Institute，IRRI）拨款获得。除此之外，该项目还获得了洛克菲勒基金会、美国国际开发署和菲律宾农业部（DA）生物技术项目的支持。2017 年 2 月 28 日，PhilRice 申请进行田间试验，为环境生物安全风险评估提供数据。2019 年 10 月完成了两次 GR2E 田间试验，随后一个月，菲律宾农业部植物工业局（BPI）批准了相应的生物安全许可证，认为 GR2E 和传统水稻一样安全。预计到 2020 年年底，该转基因稻米将得到推广。如果监管机构没有发现重大问题，可能会在 2021 年获得批准。美国、澳大利亚、新西兰和加拿大四个国家的监管机构已经发布了 GR2E 的安全和营养许可。

再次，2010 年和 2011 年分别完成了 Bt 棉的筛查评估和封闭试验。2015 年完成最后一个年度的多地点试验，2017 年完成相关实验室试验。评估进一步证实了抗棉铃虫的 Bt 棉花杂交品种的生物有效性。该项目于 2018 年 11 月 11 日取得了令人满意的多地点试验完成证书，正在准备申请商业化种植所需的材料。菲律宾纤维工业发展局正在推广这项棉花技术。

最后，位于菲律宾洛斯巴尼奥斯大学植物育种研究所支持木瓜晚熟与环斑病毒抗性研究，并在 2014 年完成了第一次田间测试。2017 年进行 F1 杂种与转基因品系回交，而没有进行第二次田间试验。然而，IPB 未能获得必要的许可证。目前，IPB 正在组建团队，该团队将继续该项目并负责回交和注册事项。

1.1.2 商业化生产

根据 BPI 的数据，转基因玉米种植面积已从 2003 年的 10769 公顷增加到 2019 年 3 月至 2020 年 2 月的 83 万余公顷。过去约二十年来，玉米种植面积的增长可能表明，农民对转基因玉米的安全性和益处的接受度和意识有所提高。表 3 - 1 基于 BPI 的数据，显示了转基因玉米自引进以来种植面积的稳定增长，包括 2019/2020 年较上年水平增长 26.7%。根据 BPI 的数据，目前种植的所有转基因作物中，98% 是堆叠品种。可在此处查看当前批准的基因工程玉米种植事件列表。

表 3-1 菲律宾转基因玉米种植面积 单位：公顷

年份	总数
2003	10769
2004	59756
2005	50009
2006	127873
2007	313915
2008	347740
2009	327003
2010	542524
2011	685373
2012	729450
2013	728078
2014 年 1 月—2015 年 3 月	688218
2015 年 4 月—2016 年 3 月	656084
2016 年 4 月—2017 年 3 月	655269
2017 年 4 月—2018 年 2 月	640953
2018 年 3 月—2019 年 2 月	658267
2019 年 3 月—2020 年 2 月	834617

资料来源：菲律宾农业部植物工业局。

如果包括使用假冒的转基因种子，转基因玉米的种植面积会更大。被作为传统种子出售的假冒转基因种子具有 Bt 和抗草甘膦（RR）特性。这种种子虽然便宜，但质量低劣，销售时没有适当的管理措施。据同一消息来源估计，假冒转基因种子约占全部 Bt 玉米种子的 10%。

据当地媒体报道，2019 年在卡加延河谷地区发现的秋季黏虫或秋季夜蛾（FAW，斜纹夜蛾）已蔓延至全国各地。菲律宾农业部指出，1.1 万公顷的玉米农场报告了 FAW，经济损失估计为 3 亿比索（600 万美元）。尽管这不到菲律宾玉米总面积的 1%，但菲律宾农业部指出，2020 年 81 个省中有 57 个省的玉米收成受到影响。为确保虫害不扩散，菲律宾农业部成立了一个跨部门工作组，负责协调检疫检查、港口消毒、信息材料和作物保护产品的分发等。此外，菲律宾农业部还快速反应，提供了超过 1.5 亿比索（300 万美元）以帮助农民解决这一问题，另外还提供了 1 亿比索（200 万美元）以加强虫害防治。一位到访的基因工程专家认为，国家采用和种植转基因玉米可能会延迟 FAW 的蔓延。

BPI 的最新数据显示（见图 3-1），菲律宾 70% 的转基因玉米种植在吕宋岛，24% 在棉兰老岛，6% 在维萨亚斯。与此形成鲜明对比的是，根据菲律宾统计局统计，棉兰老岛种植的玉米总产量约占菲律宾种植转基因玉米和传统玉米总产量的一半。棉兰老岛生产大约 70% 的菲律宾白玉米，主要用于饲料，而该地区仅占黄玉米产量的40%，用于动物饲料。

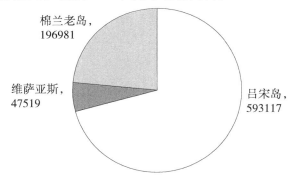

图 3 - 1　按地区划分的转基因玉米种植面积（单位：公顷）

资料来源：菲律宾农业部植物工业局。

1.1.3　出口

菲律宾不出口转基因作物。尽管当地行业协会已要求政府在当地玉米价格下跌时取消限制，但目前禁止出口菲律宾玉米。

1.1.4　进口

表3 - 2是2017—2019年美国向菲律宾出口转基因作物和农副产品明细。从表中可知，豆粕占出口的大部分，乙醇（非饮料）、饲料和草料以及棉花也占有较大比例。2018年，菲律宾从美国进口的转基因作物和农副产品比前一年增长14%，超过10亿美元。

表 3 - 2　　　　　2017—2019 年美国向菲律宾出口转基因作物和农副产品明细　　　　　单位：千美元

商品	2017 年	2018 年	2019 年
豆粕	747264	883779	787800
乙醇（非饮料）	101231	125258	94038
酒糟	23893	42300	56478
饲料和草料	47676	63456	53372
大豆	92460	65903	51766
粗粮（包括玉米）	13100	31459	16718
棉花	21870	23224	12271
甜味剂	11093	14207	9498
植物油（如大豆）	7362	7336	7527
大豆油	381	239	231
合计	1066330	1257161	1089699

资料来源：美国人口普查局贸易数据。

该表不包括美国面向消费者的产品出口，其中大多数产品含有转基因成分。2019年，美国面向消费者的产品在菲律宾的销售额达到11亿美元，比2018年增长1%。菲律宾法规要求，进口大宗商品的装运必须附有由下列人员之一签署的"GMO含量声明"：原产国负责官员、经认可的实验室、托运人或进口商。菲律宾农业部坚持认为，该声明是其食品和环境安全条例的一部分，它促使菲律宾遵守了《卡塔赫纳生物安全议定书》（CPB）第18.2条，即处理、运输、包装和识别用于控制用途和环境释放的改性活生物体的要求。

1.1.5 粮食援助

菲律宾是一贯的粮食援助受援国（通过粮食促进计划获得转基因豆粕），粮食援助商品的进口不受转基因问题的阻碍。菲律宾不向其他国家提供粮食援助。

1.1.6 贸易壁垒

尽管到目前为止菲律宾还没有任何贸易中断的报告，但是生物安全许可证处理过程中的延误最有可能扰乱美国转基因产品的出口。

1.2 政策

1.2.1 监管框架

2012年，已提起诉讼，要求停止Bt茄子的商业化。该案被提交至最高法院（Supreme Court，SC），于2015年12月8日裁定，按照基因工程现有法规，即第8号行政命令（DA-AO 8），不足以满足国家生物安全框架（National Biosafety Framework，NBF）中风险评估原则的最低要求。最高法院永久禁止已完成的Bt茄子进行田间试验，并宣布DA-AO 8无效。因此，Bt茄子停止了包括封闭使用、田间试验、种植和商业化以及进口转基因产品的申请。具体而言，SC指出了DA-AO 8的缺点有以下三方面：①公共协商/征询民意；②环境和自然资源部（Department of Environment and Natural Resources，DENR）参与；③风险评估标准和规范。

2016年，来自菲律宾农业部、科技部（Department of Science and Technology，DOST）、环境和自然资源部、卫生部（DOH）以及内政和地方政府（Interior and Local Government，DILG）的专家起草了一份联合部门通告（JDC），题为《研发、处理和使用、越境转移、环境释放、基于现代生物技术的转基因植物及其产品的管理的规则和条例》。2016年3月8日，经过一系列磋商和多次修订，DOST-DA-DENR-DOH-DILG JDC No.1获得批准。与DA-AO 8相比，联合部门通告在风险评估程序中更多地考虑了社会经济问题和环境影响。

JDC规定了菲律宾农业部、环境和自然资源部以及卫生部进行风险评估的责任。环境和自然资源部负责环境风险评估，卫生部负责环境健康和食品安全影响评估。内政和地方政府负责与其他部门进行协调，监督公众咨询。科技部仍是评估和监督拟限制使用的受管制产品（批准的转基因产品）的主要机构。菲律宾农业部植物工业局负责评估并签发许可证，如田间试验、传播和直接用于食品或饲料。植物工业局植物产品安全服务部负责食品安全评估，动物工业局（Bureau of Animal Industry，BAI）负责饲料安全评估。

在审查其裁定的影响后，最高法院在2016年7月26日的新闻发布会上撤销了其在2015年12月的裁定，即停止田间试验、传播、商业化和该国进口转基因产品。2016年8月18日发布的完整的最高法院的裁定确认JDC取代DA-AO 8。DA-AO 8下所有批准的转化事件都必须依据JDC重新申请。

用于申请田间试验、传播和直接使用的流程图在本报告附录。申请处理预计在 85 天内完成，但审批通常需要更长的时间。利益相关者认为处理时间过长是由于混乱的程序、有限的资源以及新的和不断变化的监管人员。当地科学家以 Bt 茄子项目为例批评本国有关部门，与国外转基因作物相比，当地法规对本地转基因研究商业化的限制过多。

随着关键监管人员的变动，技术开发人员注意到，充分考虑生物安全的项目能及时获批。由菲律宾国家生物安全委员会（National Committee on Biosafety of the Philippines，NCBP）发起，JDC 目前正在审查中，结果预计将于 2021 年公布。

1.2.2　审批

申请直接使用、田间试验、传播所需提交的材料列表可以参见 http：//biotech. da. gov. ph/Approval_Regis try. php。截至 2020 年 10 月 8 日，有 52 个"转化事件"或"TEs"被批准直接使用（见附件Ⅰ），以及有 7 种玉米获准种植（见附件Ⅱ）。

本报告附件包括以下认证登记：
- 附件Ⅰ：直接用作食品和饲料或加工的受管制物品进口批准登记（单个"TEs"）。
- 附件Ⅲ：用于种植的受管制产品（单个"TE"）的批准登记。

1.2.3　复合性状转化事件的审批

截至 2020 年 10 月 8 日，有 23 种复合性状产品获准直接使用，6 种获准种植。

由获批的单个"TEs"组成的多性状或复合性状作物必须根据 JDC 重新申请。请参阅随附的注册表以了解更多信息：
- 附件Ⅱ：直接用作食品、饲料和加工的复合特性产品进口批准登记。
- 附件Ⅳ：复合性状产品种植的批准登记。

1.2.4　田间试验

田间试验申请（获得批准）前，需与有关地方政府部门商议并举行公开听证会。迄今为止，只有黄金水稻（GR2E）项目申请了 JDC 的田间试验。GR2E 田间试验于 2018 年 7 月举行了公开听证会，其申请于 2019 年 12 月获得批准。田间试验的申请可以参见 http：//biotech. da. gov. ph/Decision – docs – jdc – field. php。

1.2.5　创新生物技术

菲律宾所有产品开发都没有使用创新技术。尽管成立了一个技术工作组，并制定了规范新育种技术的准则草案，但目前没有创新生物技术应用于植物及其产品的相关法规。菲律宾国家生物安全委员会关于新育种技术的决议预计将于 2021 年通过。

1.2.6　共存

菲律宾没有转基因作物与常规作物（包括有机农业）共存的种植政策，也没有关于共存的规定或提议。

1.2.7 标签和可追溯性

目前，菲律宾对转基因食品没有标签要求。菲律宾食品和药物管理局（Philippines Food and Drug Administration，PFDA）在其《关于对从现代生物技术中提取或含有成分的预包装食品进行标签标注的指南草案》中表示，不需要对转基因包装食品进行标签标注。PFDA 的立场是基于国际食品法典委员会关于标签的标准，如与现代生物技术衍生食品标签相关的法典文本汇编中所述。2013年年底，PFDA 发布了一份声明，肯定了转基因食品和转基因衍生食品的安全性，并认为转基因食品实质上等同于传统食品。

菲律宾第 18 届国会最新提交的转基因标签法案是众议院第 6411 号法案。该法案由 Allan Reyes 代表于 2020 年 2 月 27 日提出，其标题为《菲律宾转基因生物（Genetically Modified Organism，GMO）标签法，知情权法》，要求对转基因生物或含有从转基因生物中衍生的物质和使用转基因技术生产的食品进行强制性标识和监管。该委员会目前隶属于众议院贸易和工业委员会。

1.2.8 监测和检测

菲律宾农业部植物工业局审批后，监测小组负责对转基因作物种植进行监测。转基因作物繁殖许可证中有一项规定，要求技术开发人员采取抗虫性管理措施（如果批准的事件是 Bt）和/或杂草抗性干预措施（如果涉及的事件是草甘膦耐受性）。

1.2.9 低水平混杂（LLP）政策

2009 年年初，DA 批准了第 1 号行政命令（DA – AO 1），采纳了国际食品法典委员会植物指南中附录 3 的内容，即"食品中低含量重组 DNA 植物成分的食品安全评估"，用于在食品和饲料中低水平重组 DNA 植物成分的食品安全评估。DA – AO 1 号规定 DA 政策和法规办公室负责澄清问题并制定实施 LLP 政策的指导方针。迄今为止，尚未颁布任何实施准则。

1.2.10 附加监管要求

在申请被批准后，仍然需要向 BPI 下属国家种子工业委员会进行种子注册。

1.2.11 知识产权（IPR）

菲律宾没有植物专利。2007 年 6 月，菲律宾通过了第 9168 号共和国法，即 2002 年《植物品种保护法》（*Plant Variety Protection Act*，PVPA），从而履行了世界贸易组织与贸易有关的知识产权协定所规定的义务。

根据《植物品种保护法》的规定，植物品种保护证书持有人有权授权其所开发的品种的生产、繁殖、出口和进口。这些权利同样适用于未经授权使用其受保护品种的产物（小农户使用除外）、衍生品种（或主要衍生自受保护的最初品种）。为了为育种者提供临时保护，育种者从申请公布到授予 PVP 证书这段时间可以获得一定的报酬。在侵权案件中，PVP 证书持有人可向地方审判法院申请救济。与其他知识产权法一样，地方法院负责执行。

根据 PVPA 规定，农民具有保存、使用、交换、分享或出售其受保护品种的农产品的传统权利（基于商业营销协议进行推广销售除外）。允许农民之间交换和出售自己土地上生产的种子，也可将这些种子在自己的土地上再种植。

1.2.12 《卡塔赫纳生物安全议定书》的批准

菲律宾参议院于 2006 年 8 月 14 日通过了参议院第 92 号决议，即批准《联合国生物多样性公约卡塔赫纳生物安全议定书》（CPB）时达成的决议。批准的 CPB 沿袭了 2006 年 3 月发布的第 514 号行政命令中关于采用 NBF（CPB 暂行机制）的决定。

NCBP 发布了关于风险评估、环境影响、社会经济、道德和文化评估的指南。NCBP 负责监督 NBF 的实施，协调各相关机构和部门的工作和活动；为其他部门的指导制定科学标准，充当生物安全信息交换所，并协调执行作为缔约方会议的缔约方大会（Conference of Parties serving as Meeting of Parties，COP – MOP）作出的决定，以履行该国作为《卡塔赫纳生物安全议定书》缔约方的国际义务。

1.2.13 国际条约和论坛

菲律宾积极参加国际生物技术活动，包括食品法典和国际植物保护公约会议，以及亚太经济合作组织的相关活动。

1.2.14 相关问题

DA 的生物技术网页提供了更多的转基因信息和相关问题：http：//biotech. da. gov. ph/。有关经批准的转基因实验的信息，请访问：http：//dost – bc. dost. gov. ph/approvedexperiments。

1.3 市场营销

1.3.1 公众/个人意见

当地玉米种植者、猪和家禽饲养者、饲料加工者、食品加工商、学术界和其他最终用户对转基因产品持支持态度。国内使用转基因产品的大型食品和农业企业在这个问题上保持沉默。而非政府组织，包括环境组织、有机农业倡导者和其他民间社会团体，都强烈反对农业生物技术。绝大多数菲律宾人持中立态度。

2015 年 12 月备受关注的最高法院裁决，以及随后在 2016 年举行的 JDC 公开磋商，让转基因成为辩论的焦点并引起了公众的好奇和兴趣。许多决策者，包括菲律宾立法者和司法机构成员，也对转基因作物和产品的最新信息越来越感兴趣。

1.3.2 市场接受度/研究

尽管转基因产品是安全的，但反转基因倡导者传递的错误信息阻碍了市场接受度的提高。

2008 年，新加坡亚洲食品信息中心对菲律宾转基因消费者进行了最近一次调查。调查显示，59% 的菲律宾消费者对生物技术持积极看法；73% 的消费者认为，在未来五年，他们将得益于食品生物技术所带来的高品质食品和更实惠的价格。

第2章 动物生物技术

2.1 生产和贸易

2.1.1 产品开发

菲律宾目前没有正在研发或预计在未来五年内上市的转基因或基因组编辑或克隆动物。

菲律宾使用人工授精、胚胎移植、体外胚胎培养和活体取卵等传统技术对牲畜进行改良。基于DNA 的技术仅用于动物疾病及其相关标记物诊断试剂盒的开发。

2.1.2 商业化生产

不适用。

2.1.3 出口

不适用。

2.1.4 进口

不适用。

2.1.5 贸易壁垒

没有与生物技术有关的贸易壁垒对美国动物生物技术出口产生负面影响。

2.2 政策

2.2.1 监管框架

目前，菲律宾没有任何涵盖家畜克隆、转基因动物或源自这些动物或其后代的产品的开发、使用、进口或处置的立法或法规。然而，农业部于 2020 年 7 月 27 日成立了转基因动物和动物产品跨部门技术工作组，来开展这方面的工作。监管框架预计将于 2021 年定稿并提交。

2.2.2 审批

迄今为止，尚未批准任何转基因动物事件或产品。

2.2.3　创新生物技术

菲律宾目前没有与动物的创新生物技术（如基因组编辑）相关的法规。如"植物生物技术"部分所述，制定基因组编辑产品相关法规的工作正在进行中，法规框架有望在 2021 年建立。但预计该法规不适用于动物产品，动物产品可能需要单独立法。

2.2.4　标签和可追溯性

不适用。

2.2.5　附加监管要求

不适用。

2.2.6　知识产权（IPR）

菲律宾目前没有关于动物生物技术知识产权的法律。

2.2.7　国际条约和论坛

菲律宾是国际食品法典委员会和世界动物卫生组织的成员，并参与农业生物技术的讨论。

2.2.8　相关问题

2014 年 8 月，位于菲律宾新埃西哈省穆尼奥斯城的农业部牲畜生物技术中心成立，负责协调和监督菲律宾的牲畜生物技术研发。

2.3　市场营销

2.3.1　公众/个人意见

公众对转基因动物的认知度较低。一份农业部签约的研究小组的报告显示，与转基因动物相关的监管问题包括食品安全、环境安全、伦理问题（如动物福利、产品功效、有效性和社会经济效益）。

2.3.2　市场接受度/研究

不适用。

第3章 微生物生物技术

3.1 生产和贸易

3.1.1 商业化生产

菲律宾没有关于是否利用微生物生物技术生产食品原料的信息。

3.1.2 出口

不适用。

3.1.3 进口

不适用。

3.1.4 贸易壁垒

不适用。

3.2 政策

3.2.1 监管框架

菲律宾目前没有监管程序适用于生物技术衍生的微生物或微生物生物技术衍生食品的商业生产、使用和贸易。未见任何关于微生物生物技术法规或贸易政策起草的讨论。

2006年第514号行政命令（Executive Order No. 514，S. 2006）建立了国家生物安全框架。该行政命令没有提及转基因微生物以及如何对其进行监管，但明确规定，无论任何生命形式或预期用途的研究和开发应用，均应由科学和技术生物安全部管理委员会进行监管。例如，罗哈斯控股有限公司（Roxas Holding，Inc.）正在对转基因酵母进行初步的综合利用/实验室研究，以提高菲律宾纤维素乙醇（甘蔗中的甘蔗渣）的产量。

《菲律宾转基因生物（GMO）限制性使用生物安全指南》（2014年9月修订版）规定，该指南将适用于"封闭使用（如实验室、荫棚、玻璃暖房、大棚）和限制性试验"下的所有生物技术应用，涵盖植物/作物、药用植物、动物、林木和微生物。该指南第56页列出了申请生物技术微生物综合利用试验的政策和程序。

3.2.2　审批

迄今为止，尚未批准任何生物技术微生物及其衍生食品成分。

3.2.3　标签和可追溯性

不适用。

3.2.4　监测和检测

不适用。

3.2.5　附加监管要求

不适用。

3.2.6　知识产权（IPR）

不适用。

3.2.7　相关问题

不适用。

3.3　市场营销

3.3.1　公众/个人意见

公众对微生物生物技术的认识度很低。

3.3.2　市场接受度/研究

不适用。

附录1 田间试验申请

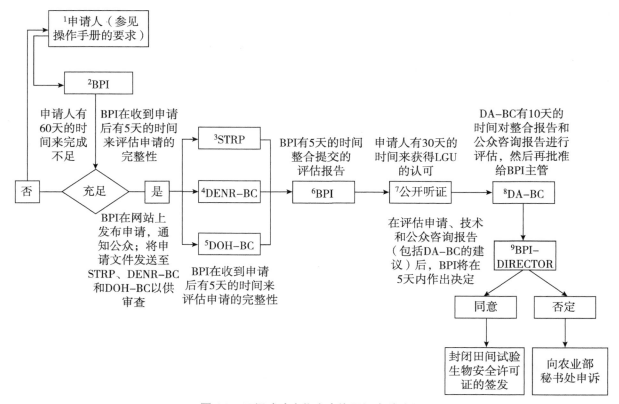

图 A1 田间试验生物安全许可证发放流程

资料来源：菲律宾农业部。

附录2 商业推广的申请

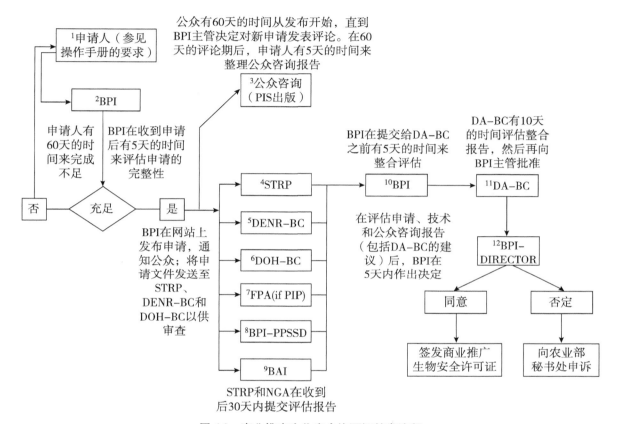

图 A1 商业推广生物安全许可证签发流程

资料来源：菲律宾农业部。

附录 3　直接使用的申请

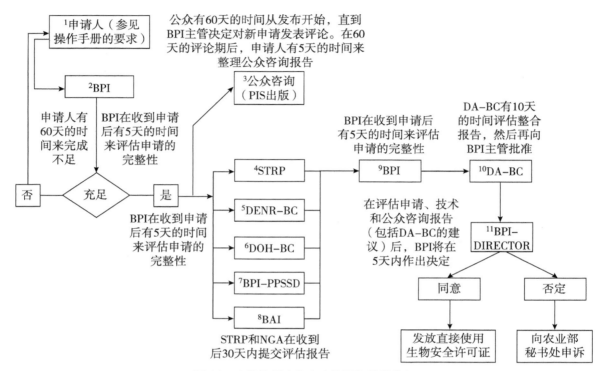

图 A1　直接使用生物安全许可证发放流程

资料来源：菲律宾农业部。

④

巴西

美国农业部

对外农业服务局

规定报告：按规定 – 公开

报告编号：BR2019 – 0060

报告名称：农业生物技术发展年报

报告类别：生物技术及其他新生产技术

编 写 人：Jao F. Silva

批 准 人：Oliver Flake

全球农业信息网

发表日期：2019. 12. 12

报 告 要 点

巴西是世界上第二大转基因作物生产国，总共批准了 107 个转化体。为农民提供的补贴信贷、大型生物技术公司的外国投资，以及批准生物技术转化体的复杂法律框架，都为生物技术作物在巴西的广泛应用提供了支持。在 2018/2019 年栽培季节，转基因玉米、棉花和大豆的总播种面积约为 5180 万公顷，大豆的应用率为 95.7%，棉花的应用率为 89.8%，第一季玉米的应用率为 90.7%，第二季玉米为 84.8%。自 2018 年以来，国家生物技术安全委员会（CTNBio，葡萄牙语）制定的一项立法，规定了向 CTNBio 提交关于改进精确育种创新技术咨询请求的技术要求。

本报告载有美国农业部工作人员对商品和贸易问题的评估，不一定是美国政府官方政策的陈述。

内 容 提 要

巴西在 2018/2019 年作物季节的谷物和油菜籽产量再创历史新高，达 2.35 亿吨，比前一年增长了 6.5%；种植面积达到了 6000 万公顷，比前一年增长了 2.5%，同时生产力增长近 4%。在 2018/2019 年作物季节，农民以补贴利率获得了 1940 亿雷亚尔（500 亿美元）的信贷，用来资助作物季节的生产、生物技术投入和销售，这比上一年度增加了 2%。

巴西作物生产力的提高，反映了生物技术种子的继续使用。在 2018/2019 年作物季节，生物技术的采用率很可能达到玉米、大豆和棉花在种植面积上的创纪录水平。目前最终数据尚不可知，但转基因玉米、棉花和大豆的总种植面积可能达到近 5500 万公顷，大豆的采用率为 94%，棉花为 95%，第一季玉米为 88%，第二季玉米为 78%。

在规范性决议 RN16/2018 发表后，2018 年 10 月 4 日，国家生物技术安全委员会（CTNBio）根据所提及法规的第二条条款收到了七封涉及几种产品的咨询函。CTNBio 对所有这些咨询进行了评估，确定两种用于生产生物乙醇的酵母菌、一种兽医疫苗、另外两种酵母菌、一种蜡质玉米、罗非鱼和一种使用改进精确育种创新技术生产的牛（TIMP，葡萄牙语），不符合 RN16/2018 和第 11105/

2015 号法律对转基因生物的法律定义。

　　巴西是各种农产品的主要生产国和出口国，包括大豆、棉花、糖、可可、咖啡、冷冻浓缩橙汁、牛肉、家禽、猪肉、烟草、皮革、水果和坚果、鱼类产品和木制品。因此，美国和巴西有时在第三国市场上是竞争对手，例如中国主要是巴西出口大豆的最大目的地。2018 年，巴西对中国的农业出口总额达到 310 亿美元，其中 270 亿美元是大豆及其制品。美国也是巴西出口的主要目的地，主要是热带产品，如糖、咖啡、烟草、橙汁和木制品。

　　巴西和美国之间的双边农业贸易在 2018 年达到创纪录的 60 亿美元，比前一年增长 2.5%。巴西向美国出口了 45 亿美元的农产品和食品，进口了 14 亿美元。美国对巴西的农业出口主要是满足当地短缺需求的商品，例如小麦和棉花，而面向消费者的产品约占出口的 20%。然而，在过去两年中，美国对巴西的乙醇出口大幅增加。2019 年 1—10 月的数据显示，美国对巴西农产品及相关产品的出口下降了 20%，从巴西的农业进口下降了 1.0%。

第1章 植物生物技术

1.1 生产和贸易

1.1.1 产品开发

巴西和跨国种子公司以及公共部门研究机构正在致力于开发各种转基因植物。目前，有许多转基因作物正在等待商业批准，其中最重要的是土豆、木瓜、水稻和柑橘。这些作物大多处于开发的早期阶段，预计今后五年内不会获得批准。

1.1.2 商业化生产

截至 2019 年 12 月 10 日，巴西批准商业种植的转基因转化体共有 107 个，其中玉米有 60 个转化体，棉花有 23 个转化体，大豆有 19 个转化体，干食用豆类有 1 个转化体，桉树有 1 个转化体，甘蔗有 3 个转化体。

在上一个作物季节（2018/2019 年），转基因作物的总播种面积达到 5180 万公顷。具有耐除草剂特性的转基因转化体采用率占种植总面积的 65%，其次是昆虫抗性占 19%，复合基因占 16%。近年来，转基因转化体在巴西的广泛应用使大豆和玉米的收成创新高，预计 2019/2020 年作物季节将迎来又一次丰收。

- 大豆：2018/2019 年度转基因大豆种子的应用率为 95.7%。
- 玉米：2018/2019 年度转基因玉米种子的应用率为 90.7%（第一季）和 84.8%（第二季）。
- 棉花：2018/2019 年度转基因棉花的应用率为 89.8%。
- 干食用豆类：虽然 2011 年获得批准，但转基因干食用豆类预计将在 2019/2020 年作物季节种植。
- 桉树：虽然已获得批准，但转基因桉树还没有准备好商业化种植。
- 甘蔗：2018/2019 年度，转基因甘蔗的种植面积估计仅为 4000 公顷，而甘蔗在巴西的种植面积超过 1000 万公顷。

1.1.3 出口

巴西是转基因大豆、玉米和棉花的主要出口国之一。中国是巴西生物技术大豆和棉花的主要进口国，其次是欧盟。巴西玉米出口主要面向伊朗、越南和其他亚洲国家。巴西还是常规大豆的出口国，尽管由于种植面积下降，这些大豆的出口量将会下降。根据贸易来源，种植常规大豆更为昂贵，而 15% 的价格溢价几乎无法弥补额外的生产成本。

1.1.4　进口

国家生物技术安全委员会（CTNBio）允许在逐项的基础上引进转基因转化体。阿根廷、玻利维亚、巴西、智利、巴拉圭和乌拉圭的农业部部长参加了 2018 年 9 月底召开的南方农业理事会（CAS）会议，并发表了另一份联合声明。该声明呼吁该区域共同努力减少批准生物技术转化体的异步性，目前没有进一步行动的报道。

1.1.5　粮食援助

巴西不是美国的粮食援助接受者，而是非洲和中美洲一些国家粮食援助的来源之一。巴西主要捐赠大米和干豆，目前这些还不是商业化的生物技术产品。

1.2　政策

1.2.1　监管框架

2005 年 3 月 25 日第 11105 号法律概述了巴西农业生物技术的监管框架。2007 年第 11460 号法律和 2006 年第 5591 号法令对该法律进行了修改。巴西有两个管理农业生物技术的主要理事机构。

（1）国家生物安全理事会（CNBS，葡萄牙语）。该理事会隶属总统办公室，负责制定和实施巴西的国家生物安全政策（PNB，葡萄牙语）。它为参与生物技术的联邦机构规定了行政行动的原则和指示。它评估了有关批准生物技术产品在商业用途方面的社会经济影响和国家利益。CNBS 没有安全考虑的评估。在总统办公室主任的主持下，CNBS 由 11 名内阁部长组成，至少需要达到 6 名部长的法定人数才能批准任何相关问题。

（2）国家生物技术安全委员会（CTNBio）最初于 1995 年根据巴西第一部生物安全法（第 8974 号法律）成立。然而，根据现行法律，该委员会的成员从 18 名扩增到 27 名，包括来自联邦政府 9 个部委的正式代表、来自 4 个不同领域（包括动物、植物、环境和卫生）的 12 名具有科学技术知识的专家（每个领域 3 名专家），以及来自消费者保护和家庭农业等其他领域的 6 名专家。CTNBio 成员任期两年，可连任两届。CTNBio 隶属科技部，所有技术问题都应由 CTNBio 讨论并批准，用于动物饲料或进一步加工的任何农产品，任何即食食品以及含有生物技术转化体的宠物食品的进口必须都要经过 CTNBio 的事先批准。批准是逐案进行的，并且是不确定的。2007 年 3 月 21 日第 11460 号法律修改了 2005 年 3 月 24 日第 11105 号法律第 11 条，并规定在 CTNBio 董事会的 27 张选票中，只有多数表决才能批准新的生物技术产品。

2008 年 6 月 18 日，CNBS 决定只审查涉及国家利益、社会或经济问题的行政上诉。CNBS 将不会评估由 CTNBio 批准的关于生物技术转化体的技术决策。CNBS 认为 CTNBio 对生物技术转化体的所有批准都是决定性的。这一重要决定加上多数表决的改变消除了批准巴西生物技术转化体的主要障碍。

1.2.2　审批

巴西已批准的棉花、玉米、大豆转化体分别见表 4 - 1、4 - 2、4 - 3。

表4-1   巴西已批准的棉花转化体

作物/年	性状类别	申请人	转化体	性状描述	巴西境内的用途
棉花 2019	GHB811×T-304-40× GHB119×COT102× COT102	巴斯夫	—	耐除草剂、抗虫	纺织、纤维、食品和饲料
棉花 2018	COT102×MON15985× MON88913×MON8871	孟山都	—	耐除草剂、抗虫	纺织、纤维、食品和饲料
棉花 2018	—	孟山都	MON88913× MON88701	耐除草剂、抗虫	纺织、纤维、食品和饲料
棉花 2018	—	巴斯夫	T304-40×GHB 119×COT102	耐除草剂、抗虫	纺织、纤维、食品和饲料
棉花 2018	耐除草剂	陶氏	DAS81910-7	—	纺织、纤维、食品和饲料
棉花 2018	抗虫性	陶氏	DAS-21023-5× DAS24236-5× SYN-IR102-7	—	纺织、纤维、食品和饲料
棉花 2017	耐除草剂、抗虫性	拜耳	BCS-GH002-5× BCS-GH004- BCSGH005-8× SYN-IR102-7	—	纺织、纤维、食品和饲料
棉花 2017	耐除草剂	孟山都	MON88701-3	—	纺织、纤维、食品和饲料
棉花 2016	耐除草剂、抗虫性	孟山都	COT102× MON15985×88913	—	纺织、纤维、食品和饲料
棉花 2012	耐除草剂	拜耳	GHB614T304- 40×GHB1A	陆地棉	纺织、纤维、食品和饲料
棉花 2012	耐除草剂、抗虫性	孟山都	MON15985× 89913	—	纺织、纤维、食品和饲料
棉花 2012	耐除草剂	拜耳	GHB614LL Cotton 25	陆地棉	纺织、纤维、食品和饲料
棉花 2011	草甘膦除草剂	孟山都	MON88913	陆地棉	纺织、纤维、食品和饲料
TwinLink 棉花 2011	草甘膦除草剂	拜耳	T304-40× GHB119	陆地棉	纺织、纤维、食品和饲料
GlyTol 棉花 2010	耐除草剂	拜耳	GHB614	陆地棉	纺织、纤维、食品和饲料

作物/年	性状类别	申请人	转化体	性状描述	巴西境内的用途
Round – up Ready 棉花 2009	耐除草剂、抗虫性	孟山都	MON531 × MON1445	陆地棉、草甘膦除草剂	纺织、纤维、食品和饲料
Bollgard Ⅱ 棉花 2009	抗虫性	孟山都	MON15985	陆地棉	纺织、纤维、食品和饲料
Wide Strike 棉花 2009	耐除草剂、抗虫性	陶氏农业科学	281 – 24 – 236/3006 – 210 – 23	陆地棉、草甘膦铵盐除草剂	食品和饲料
Liberty Link 棉花 2008	耐除草剂	拜耳	LL Cotton25	陆地棉、草甘膦铵盐除草剂	纺织、纤维、食品和饲料
Round – up Ready 棉花 2008	耐除草剂、抗虫性	孟山都	MON1445	陆地棉、草甘膦除草剂	纺织、纤维、食品和饲料
Bollgard 棉花 2005	抗虫性	孟山都	BCE531	鳞翅目抗性	纺织、纤维、食品和饲料

资料来源：CTNBio。

表 4 – 2　　　　　　　　　　　巴西已批准的玉米转化体

作物/年	性状类别	申请人	转化体	性状描述	巴西境内的用途
玉米 2019	—	孟山都	MON87427 × MON 87419 × NK603	耐除草剂	食品、饲料、进口
玉米 2019	—	陶氏	MON87427 – 7 × MON89034 – 3 × DAS01507 – 1 × MON87411 – 9 × DAS59122 – 7 × DAS40278 – 9	耐除草剂、抗虫	食品、饲料、进口
玉米 2018	抗虫、耐除草剂	孟山都	87427 × MON89034 × MIR162 × MON87411	—	食品、饲料、进口
玉米 2018	—	先正达	3272	—	食品、饲料、进口
玉米 2018	抗虫、耐除草剂	先正达	MZIR098	—	食品、饲料、进口

作物/年	性状类别	申请人	转化体	性状描述	巴西境内的用途
玉米 2018	抗虫、耐除草剂	孟山都	MON89034×TC1507× MIR162×NK603× DAS40278－9	—	食品、饲料、进口
玉米 2017	耐除草剂、 抗虫性	先正达	SYN－BT011－1× SYN－IR162－4× MON89034× MON00021－9	—	食品、饲料、进口
玉米 2017	耐除草剂、 抗虫性	先正达	SYN－BT011－1× SYN－IR162－4× MON89034	—	食品、饲料、进口
玉米 2017	抗虫性	先正达	SYN－IR162－ 4×MON89034	—	食品、饲料、进口
玉米 2017	耐除草剂、 抗虫性	孟山都	MON89034－3× DAS01507－1× MON00603－6× SYN－IR162－4	—	食品、饲料、进口
玉米 2017	耐除草剂、 抗虫性	陶氏	MON89034× TC1507× NK603×MIR162	—	食品、饲料、进口
玉米 2017	抗虫性	先正达	MIR162×MON89034	—	食品、饲料、进口
玉米 2017	耐除草剂、 抗虫性	先正达	Bt11×MIR162× MON89034	—	食品、饲料、进口
玉米 2017	耐除草剂、 抗虫性	先正达	Bt11×MIR162× MON89034×GA21	—	食品、饲料、进口
玉米 2016	只批准用于人和 动物食物	孟山都	MON87460	—	食品、饲料、进口
玉米 2016	只批准用于人 和饲料	先正达	3272	—	食品、饲料、进口
玉米 2016	耐除草剂	孟山都	MON87427	—	食品、饲料、进口
玉米 2016	耐除草剂、 抗虫性	孟山都	MON97411	—	食品、饲料、进口
玉米 2016	耐除草剂、 抗虫性	陶氏农业科学	MON89034－3× MON88017－3× DAS01507×DAS5 9122－7	—	食品、饲料、进口

作物/年	性状类别	申请人	转化体	性状描述	巴西境内的用途
玉米 2016	耐除草剂、 抗虫性	陶氏农业科学	MON89034 × TC1507 × NK603 × DAS40278 – 9	—	食品、饲料、进口
玉米 2015	繁殖力恢复	杜邦	SPT 32138	—	食品、饲料、进口
玉米 2015	耐除草剂、 抗虫性	先正达	BT11 × Mir162	—	食品、饲料、进口
玉米 2015	抗虫性	先正达	5307	—	食品、饲料、进口
玉米 2015	耐除草剂、 抗虫性	先正达	BT11 × MIR162 × MIR604 × TC1507 × 5307 × GA21	—	食品、饲料、进口
玉米 2015	耐除草剂	陶氏农业科学	DAS40278 × 9 × NK603	—	食品、饲料、进口
玉米 2015	耐除草剂、 抗虫性	杜邦	TC1507 × MON 810 × MIR162	—	食品、饲料、进口
玉米 2015	抗虫性	杜邦	MON810 × MIR162	—	食品、饲料、进口
玉米 2015	耐除草剂、 抗虫性	杜邦	MIR162 × NK603	—	食品、饲料、进口
玉米 2015	耐除草剂、 抗虫性	杜邦	TC1507 × MIR162	—	食品、饲料、进口
玉米 2015	耐除草剂、 抗虫性	杜邦	TC1507，MON00810 – 6， MIR162， MON810	耐除草剂	食品、饲料、进口
玉米 2015	耐除草剂	杜邦	TC1507 × MON810， MIR162 × MON603	草甘膦铵盐 除草剂	食品、饲料、进口
玉米 2015	耐除草剂	孟山都	NK603 × T25	草甘膦和草铵膦 除草剂	食品、饲料、进口
玉米 2015	耐除草剂	陶氏农业科学	DAS40278 – 9	耐除草剂	食品、饲料、进口
玉米 2014	抗虫性	先正达种子	MIR604	—	食品、饲料、进口
玉米 2014	耐草甘膦、 抗虫性	先正达种子	MIR604Bt11 × MIR162 × MIR604 × GA21	耐草甘膦草铵 膦铵盐	食品、饲料、进口

作物/年	性状类别	申请人	转化体	性状描述	巴西境内的用途
玉米 2013	耐除草剂、抗虫性	陶氏农业科学和杜邦	TC1507DAS 59122－7	草甘膦铵盐除草剂	食品、饲料、进口
玉米 2011	耐除草剂、抗虫性	孟山都	MON89034 × MON88017	草甘膦除草剂	食品、饲料、进口
玉米 2011	耐除草剂、抗虫性	杜邦（先锋）	TC1507 × MON810	草甘膦铵盐除草剂	食品、饲料、进口
玉米 2011	耐除草剂	杜邦（先锋）	TC1507 × MON810 × NK603	草甘膦除草剂、鳞翅目抗性	食品、饲料、进口
2010 玉米	耐除草剂、抗虫性	孟山都	MON89034 × TC1507 × NK603	草甘膦铵盐除草剂	食品、饲料、进口
玉米 2010	耐除草剂、抗虫性	孟山都	MON88017	草甘膦铵盐除草剂	食品、饲料、进口
玉米 2010	耐除草剂、抗虫性	孟山都	MON89034 × NK603	草甘膦铵盐除草剂	食品、饲料、进口
玉米 2010	耐除草剂、抗虫性	先正达	BT11 × MIR162 × GA21	草甘膦铵盐除草剂	食品、饲料、进口
玉米 2009	耐除草剂、抗虫性	杜邦巴西	TC1507 × NK603	耐草甘膦、抗虫	食品、饲料、进口
玉米 2009	抗虫性	孟山都	MON89034	鳞翅目抗性	食品、饲料、进口
玉米 2009	抗虫性	先正达	MIR162	鳞翅目抗性	食品、饲料、进口
玉米 2009	耐除草剂、抗虫性	孟山都	MON810 × NK603	耐草甘膦、鳞翅目抗性	食品、饲料、进口
玉米 2009	耐除草剂、抗虫性	先正达	BT11 × GA21	耐草甘膦、鳞翅目抗性	食品、饲料、进口
玉米 2008	耐除草剂、抗虫性	陶氏农业科学	Tc1507 Herculex	耐草甘膦铵盐除草剂	食品和饲料
玉米 2008	耐除草剂	先正达	GA21	耐草甘膦	食品和饲料
玉米 2008	耐除草剂	孟山都	Roundup Ready2 NK603	耐草甘膦	食品和饲料
玉米 2008	抗虫性	先正达	Bt11	鳞翅目抗性	食品和饲料

作物/年	性状类别	申请人	转化体	性状描述	巴西境内的用途
玉米 2007	抗虫性	孟山都	MON810Guardian	鳞翅目抗性	食品和饲料
玉米 2007	耐除草剂	拜耳作物科学	Liberty Link T25	耐草甘膦铵盐	食品和饲料
进口玉米 2005	耐除草剂、 抗虫性	拜耳	Cry9（C）NK603	草甘膦铵盐、 鳞翅目抗性	饲料

资料来源：CTNBio。

表 4 - 3　　　　　　　　　　巴西已批准的大豆转化体

作物/年	性状类别	申请人	转化体	性状描述	巴西境内的用途
大豆 2019	—	TMG	HB4 和 HB4 × RR	耐除草剂和耐旱	食品和饲料
大豆 2019	—	TMG	HB4	耐旱	食品和饲料
大豆 2018	—	孟山都	MON87751 × MON 97708 × MON87701 × MON89788	—	食品和饲料
大豆 2018	—	杜邦	DP - 305423 - 1 × MON04032 - 6	—	食品和饲料
大豆 2017	耐除草剂、 抗虫性	陶氏	DAS44406 - 6 × DAS81419 - 2	耐除草剂、 抗虫性	食品和饲料
大豆 2017	抗虫性	孟山都	DAS87751 - 7	抗虫性	食品和饲料
大豆 2017	耐除草剂	孟山都	MON87708 - 7 × MON89788	耐除草剂	食品和饲料
大豆 2016	耐除草剂	孟山都	MON87708 - 9	耐除草剂	食品和饲料
大豆 2016	耐除草剂、 抗虫性	陶氏农业科学	DAS81419 - 2	耐除草剂、 抗虫性	食品和饲料
大豆 2015	耐除草剂	拜耳	MST - FG072 - 2 A5547 - 127	耐除草剂	食品和饲料
大豆 2015	耐除草剂	陶氏农业科学	DAS44406 - 6	耐除草剂	食品和饲料
大豆 2015	耐除草剂	拜耳	MST - FG072 - 2	耐除草剂	食品和饲料

作物/年	性状类别	申请人	转化体	性状描述	巴西境内的用途
大豆 2015	耐除草剂	陶氏农业科学	DAS68416 - 4	耐草甘膦铵盐除草剂	食品和饲料
大豆 2010	耐除草剂、抗虫性	孟山都	MON87701 × MON89788 （Intacta RR2 PRO）	耐草甘膦除草剂、抗虫性	食品和饲料
大豆 2010	耐除草剂	拜耳	Liberty Link A2704 - 12	草甘膦铵盐	食品和饲料
大豆 2010	耐除草剂	拜耳	Liberty Link A5547 - 127	—	食品和饲料
大豆 2010	耐除草剂	拜耳	Liberty Link A5547 - 127	草甘膦铵盐	食品和饲料
大豆 2009	耐除草剂	巴斯夫 恩布拉帕	BPS - CV127 - 9	耐咪唑啉酮类除草剂	食品和饲料
Roundup Ready 大豆 2008	耐除草剂	孟山都 （蒙索伊）	Roundup Ready GTS - 40 - 30 - 2	耐草甘膦除草剂	食品和饲料

资料来源：CTNBio。

1.2.3 复合性状转化事件的批准

复合转化体遵循与单一转化体相同的审批过程，它们被视为新转化体。据估计在巴西叠加转化体占巴西种植转基因作物总面积的20%。

1.2.4 田间试验

CTNBio 负责对巴西所有田间试验进行事先批准。技术供应商必须从 CTNBio 获得生物安全质量证书（CQBs）后才能进行田间测试。所有供应商都必须设立一个内部生物安全委员会（CIBio），并为每个具体转化体指定一名首席研究人员，该研究人员在 CTNBio 的法规中定义为"首席技术官"。供应商的 CIBios 是监测和测试转基因工程，操纵、生产和运输转基因作物以及执行生物安全条例的重要组成部分。

1.2.5 创新生物技术

监管框架没有变化，但还有其他更新。根据 CTNBio 的说法，在 2018 年全年中，根据相关法规的第二条条款，国家生物技术安全委员会（CTNBio）收到了有关七种产品的七封咨询函。CTNBio 对所有这些咨询进行了评估，确定用于生产生物乙醇的两种酵母菌、一种疫苗、另外两种酵母菌、一种蜡质玉米和使用 TIMP 生产的一种牛，都不符合 RN16/2018 和第 11105/2015 号法律对转基因生物的法律定义。罗非鱼也被报道为已审核，但没有正式发表。

国家生物技术安全委员会（CTNBio）于 2018 年 1 月 15 日发表了第 16 号规范性决议，该决议确定了评估精确育种创新的要求（TIMP，葡萄牙语），其中还包括所谓的新育种技术（NBTs）。CTNBio 会逐案监管 NBTs，并且在没有插入转基因的情况下免除监管。因此，在某些情况下，必须对转基因生物进行全面的风险评估和管理，而在其他情况下，来自 NBTs 和创新性精确改进的产品可以豁免。注：这些产品没有标识宣传。

专家认为这是一个混合系统，主要集中在最终产品的特性和安全性上。它考虑引入的遗传物质是否存在，以及修改后生物体的风险等级分类。在适用的情况下，它还考虑有关操纵基因或遗传元件功能的信息，以及该产品是否已被批准在其他国家进行销售。

根据第 16 号规范性决议（NR），CTNBio 可以将新产品从同一转基因生物监管评估中豁免。然而，由于巴西以前的规定包括由所使用的基因改造程序严重触发的转基因条例，因此第 16 号规范性决议载有一份附件，其中列举了可能会产生不被视为"转基因"产品的 NBTs 程序清单。它包括一项说明，即决议不仅限于这些例子，而且最终可能适用于其他即将出现的技术。请参阅本报告附录中 2018 年 1 月 15 日第 16 号规范性决议（非正式翻译）。

美国科迪华农业科技公司与巴西农业研究公司（EMBRAPA）最近签署了一项合作协议，利用基因组编辑技术 CRISPR 进行研究。该协议的实施将使 EMBRAPA 能够在其与之合作的所有植物种类中以及用于农业的微生物中使用该技术。正在进行的第一个研究项目将使用 CRISPR 技术开发耐旱和抗线虫大豆品种。

2019 年 7 月，EMBRAPA 的遗传资源和生物技术中心通过 CRISPR/CAS9 系统及其在获得改良植物方面的应用，推广了有关基因组编辑技术的第一门实践课程。该倡议汇集了巴西和拉丁美洲的专家，是一个区域一体化方案，巩固了巴西、阿根廷、哥伦比亚、巴拉圭和乌拉圭之间的合作。

1.2.6 共存

2005 年 3 月第 11105 号法律确立了在巴西生产和销售生物技术作物的法律框架。常规或非生物技术作物在全国范围内生产，农业分区和环境限制主要适用于亚马孙生物群落。

1997 年 4 月 25 日第 9456 号法律，即《植物品种保护法》，为生物技术和非生物技术种子的登记建立了法律框架，但该法律不偏袒其中一方。

1997 年 11 月 5 日的第 2366 号法令在农业、畜牧业和食品供应部（MAPA）下建立了国家植物新品种保护局，并规范了生物技术和非生物技术种子的注册。CTNBio 发布的第 04/07 号规范性指令针对巴西转基因作物与非转基因作物的共存问题，专门对转基因玉米制定了规则。

1.2.7 标签和可追溯性

2015 年 4 月 29 日，巴西众议院以 320∶135 的比例批准了第 4148/2008 号法案草案，以修正当前的转基因标签立法（第 4680/2003 号行政命令）。新的法案草案规定，只有在其最终成分中含有超过 1% 的转基因材料的产品才需要贴标签。另一个重要的变化是决定撤回对黄色三角形中黑色"T"符号的转基因标签的要求。该法案仍在巴西参议院进行审议，可能会在那里再待一两年。目前，第 4680/2003 号行政命令已生效，详情如下。

2004 年 4 月 2 日，总统府民事内阁公布了由 4 名内阁部长（民事内阁、司法、农业和卫生）签署的第 1 号规范性指令，确立了第 2658/03 号指令将强制对含有生物技术转化体超过 1% 的产品贴上标签的要求，除了联邦机构外，第 1 号规范性指令还授权州和市消费者保护官员执行新的标签要求。

2003 年 12 月 26 日，司法部发布了第 2658/03 号指令，批准了转基因商标的使用规定。它适用于人类或动物食用的生物技术产品，同时含量超过 1%。这项规定于 2004 年 3 月 27 日生效。

2003 年 4 月 24 日，巴西总统在《巴西联邦公报》（"官方公报"）上发布了第 4680/03 号行政命令，对含有或通过生物技术生产的用于人类或动物食用的食品和食品原料规定了 1% 的容忍限度。行政命令宣布，需告知消费者产品的生物技术性质。

1.2.8 监测和检测

巴西的监测和测试与风险评估有关。除其他事项外，CTNBio 的义务是对与转基因作物转化体及其副产品有关的活动和项目进行逐案风险评估，以授权转基因作物研究转化体，并确定使用转基因作物及其副产品可能导致环境退化或危害人类健康的活动和产品。CTNBio 对转化体可能导致环境退化的潜在原因或有效原因以及是否需要环境许可发布最终决定。CTNBio 的决定使其他巴西政府机构对转基因作物及其副产品的生物安全具有约束力。

农业、畜牧业和粮食供应部（MAPA）对转基因作物项目进行监测。根据现行立法，MAPA 监督对农业、动物用途和农业行业相关领域这些项目的检查。卫生部还通过国家监测局（ANVISA）检查毒理学项目，环境部通过巴西环境和可再生自然资源研究所（IBAMA）监测和检查这些项目及其对环境的影响。

巴西 DICAMBA 使用的最新情况：

农业、畜牧业和粮食供应部（MAPA）于 2019 年 8 月中旬确认了在巴西发行对麦草畏除草剂具有抗性的大豆种子的使用和销售。商品名称为 Intacta2 × tend 的种子将由拜耳销售，预计将于 2021 年上市。巴西大豆生产者协会（Aprosoja）认为这一发行是"过早且危险的"。

拜耳公司最近在德国举行的"未来农业对话"活动中还宣布，巴西应该接受一种新的麦草畏配方，这种配方具有更少的漂移风险。此外，该公司的新除草剂分子将很快在巴西进行测试。

1.2.9 低水平混杂（LLP）政策

巴西对未经批准的转基因食品和作物转化体实行零容忍政策。

1.2.10 附加监管要求

经 CTNBio 批准的转化体无须进一步审查。

1.2.11 知识产权（IPR）

本节已更新。

目前的《生物安全法》为巴西新生物技术作物的研究和销售提供了明确的监管框架，鼓励巴西联邦政府接受和保护有利于农业的新技术。拜耳（包括原孟山都）、先正达（Syngenta）和巴斯夫（BASF）等跨国公司与巴西农业研究公司（EMBRAPA）签订了许可协议，后者与 MAPA 有联系，开发主要用于大豆、玉米和棉花的植物生物技术作物。一般来说，在新的作物生长季开始时，技术提供者与巴西各州和农民协会就收取特许权使用费的付款协议进行谈判。孟山都还推行出口许可计划，在拜耳拥有 Roundup Ready（RR）大豆技术专利的国家的目的港收取大豆和产品运输的特许权使用费。

拜耳公司在巴西的最新法院案例：2019 年 7 月，拜耳（原孟山都）公司被要求向 Intacta RR2Pro（专利 PI0016460-7）缴纳全部版税，由大豆生产商支付。这是马托格罗索州玉米和大豆生产者协会（APROSOJA）试图以不符合《知识产权法》要求为由撤销专利的诉讼的结果。该决定还对拜耳的违规行为设定了每日罚款。该规定强化了同一家法院在 2018 年 7 月 3 日已经授予的禁令，该禁令确定了每个相关联的 APROSOJA 农民为收购 Intacta RR2Pro 支付的作为特许权使用费的代管存款金额。关于此案的听证会定于 2019 年 8 月底举行，但被推迟了。

2019 年 10 月 9 日，拜耳在高等法院（STJ）赢得了一场重要纠纷。法院发现，跨国公司可以向购买其开发的转基因大豆的农村生产者收取版税。这起针对拜耳的诉讼专门处理 RR 大豆。该诉讼是由南里奥格兰德州的农村生产者工会集体提起的，他们认为这个问题必须从品种法的角度而不是专利法的角度进行分析。这将允许他们使用种子重新种植，也可以将大豆作为食品或原料出售，而无须支付额外费用。

根据法院裁决，1996 年第 9279 号《工业产权法》不允许在自然界中发现的生物部分申请专利。然而，对于满足诸如新颖性和工业应用等要求的转基因生物，有一个例外。根据这项裁决，农民没有义务购买转基因大豆种子，他们可以依靠传统的种子。但如果他们选择了具体的品种，就必须承担成本。

对 STJ 的理解很重要，因为马托格罗索州的巴西大豆生产者协会（APROSOJA）正在向司法机关提起另一项类似的诉讼（见上文）。然而，讨论的是关于另一种技术，INTACTA RR2 Pro，对抗除草剂草甘膦和侵害大豆作物的四种毛虫。

1.2.12 《卡塔赫纳生物安全议定书》的批准

2003 年 11 月，巴西批准了《卡塔赫纳生物安全议定书》（根据《联合国生物多样性公约》）。除少数例外情况外，巴西政府支持美国政府就《卡塔赫纳生物安全议定书》补充协定下的赔偿责任和补救条款所主张的立场。一个值得注意的例外是，巴西政府认为关于非政党待遇的条款已经结束。巴西政府也反对严格责任，但同意使用狭义的损害定义，并支持一个有限的狭义定义的操作者的想法。巴西政府还反对强制使用保险或其他金融工具运输改性活生物体。

1.2.13 国际条约和论坛

与美国一样，巴西在国际论坛上倡导基于科学的标准和定义，旨在消除不科学的卫生和技术贸易壁垒。巴西支持在国际论坛上为转基因植物产品贴标签。

1.2.14 相关问题

巴西继续与美国合作，在第三国开展联合外联活动。全球粮食安全和生物技术在其中的作用，是加强合作的驱动力。

在 2019 年 9 月 11 日于巴西巴西利亚举行的美国-巴西农业协商委员会（CCA）会议上，宣读了 2019 年 9 月 5 日举行的美国-巴西高级生物技术工作组（HLBWG）视频电话会议内容。美国强调了这一集团的重要性以及巴西在国际论坛上的持续支持，以尽量减少生物技术产品的贸易中断和在第三国市场的合作。美国和巴西同意该小组每 6 个月举行一次会议。

1.3 市场营销

1.3.1 公众/个人意见

此部分没有任何更改。

2016 年第二季度进行的一项关于公众对生物技术产品看法的民意调查得出结论，80% 的巴西人关心"转基因"这个词，33% 的巴西人认为食用这些产品会造成伤害。据巴西分析人士称，"转基因"产品的不良形象与巴西大量使用杀虫剂有关。调查还显示，大多数巴西人不知道哪些转基因植物生长在巴西。

"没有转基因的巴西更好"营销活动反对在巴西种植转基因作物。该运动由绿色和平组织发起，并得到了某些环境和消费者团体的支持，包括环境部的政府官员、一些政党、天主教会和无地运动。在巴西，一般情况下，反对转基因植物和植物产品的运动在大型零售商和食品加工者中比在巴西消费者中更有效。

1.3.2 市场接受度/研究

在巴西，生产者普遍接受生物技术作物。根据巴西农业局（CNA）的数据，一项最近对巴西农民进行的涵盖过去三年的全面调查显示，80% 的人接受生物技术作物。

然而，肉类加工商、食品加工业和零售商不太接受生物技术，尤其是位于巴西各地的法国大型超市。这些群体担心，针对其产品的营销活动可能会由环境和消费者群体带头。然而，这些小群体进行的测试显示，在几种消费品中有少量的生物技术残余成分。

巴西食品工业协会指出，74% 的巴西消费者从未听说过生物技术产品。总的来说，巴西消费者对生物技术的争论不感兴趣，因为他们更关心价格、质量和食物的保质期。然而，一小部分消费者避免使用转基因植物产品及其衍生物。

以下组织提供了关于巴西特定的转基因植物和植物产品营销的文章和研究，所有研究使用的都是葡萄牙语。

国家生物安全协会（Anbio）：http：//www. anbio. org. br/。

生物技术信息理事会（CIB）：http：//www. cbio. org. br/。

巴西食品工业协会（ABIA）：http：//www. abia. org. br/。

巴西农业研究公司（EMBRAPA）：https：//www. embrapa. br/。

第2章　动物生物技术

2.1　生产和贸易

2.1.1　产品开发

巴西是世界上第二大转基因植物生产国，但动物生物技术的研究和应用，包括动物克隆和转基因动物，仍处于起步阶段。EMBRAPA 在转基因奶牛上取得了成功，重组蛋白的研究正在进行中。2013 年出生的两只小牛是这项研究的一部分。另一个项目是使用转基因技术改善肉牛健康，增加牛的体重。塞阿拉州生产了两只转基因山羊，它们身体内产生了更高水平的人类抗菌蛋白，这种蛋白被证明对治疗仔猪腹泻有效。这项研究展示了转基因动物食品有益于人类健康的潜力。这个项目是与加利福尼亚大学戴维斯分校合作进行的。

EMBRAPA 在国家协调下，有一个完善的克隆动物研究系统。巴西克隆研究始于 20 世纪 90 年代末，主要集中在牛身上。2001 年 3 月，巴西成功克隆了一只西门塔尔小母牛，名叫"维多利亚"。第二个克隆体于 2003 年从一只名叫"Lenda da EMBRAPA"的荷斯坦奶牛的细胞中诞生。第三个克隆体是 2005 年 4 月从一只名为"Junqueira"的本地牛身上获得的，该牛已被列入濒危物种名单。

2.1.2　商业化生产

巴西的商业体细胞核移植（SCNT）克隆由少数公司实施，大多数是与 EMBRAPA 合作进行的。这些公司已经克隆了牛，用作精英展示和繁殖动物。自 2009 年 5 月以来，MAPA 改变了法规，允许克隆牛在巴西泽布牛协会（ABCZ）下进行基因注册，因为这种动物（巴西泽布牛，类似于美国的婆罗门牛）约占巴西牛基地的 90%。

2014 年 4 月 10 日，中央统计局批准了转基因蚊子在巴西的首次商业投放。一家叫 OXITEC 的英国公司，从美国卖给 INTREXON，生产转基因埃及伊蚊（OX513A）。尽管巴西卫生部下属的国家卫生监督机构（ANVISA）获得了统计局的商业批准，但该机构相当于美国的食品药品监督管理局，尚未批准 OX513A 在巴西的商业用途，而是提供了一个用于研究的临时特别登记处（RET，葡萄牙语）。

巴西有中央统计局发布的 28 种商用转基因疫苗、14 种微生物，以及一种治疗皮肤癌的药物。

2.1.3　出口

无商业用途。

2.1.4 进口

无商业用途。

2.2 政策

2.2.1 监管框架

转基因动物和转基因疫苗与转基因植物处于同一法律之下，并需要 CTNBio 的批准。请参阅本报告第 1 章 1.2 部分（政策）下的监管框架。

巴西联邦或州一级均未批准动物克隆及其产品的监管框架。巴西参议院仍在审议一项法案草案（2007 年 3 月 7 日的第 73 号法案），该法案提议对动物克隆包括野生动物及其后代的克隆进行监管。

法案草案提议，MAPA 负责所有从事克隆动物研究的机构（包括私人和公共机构）的注册，包括批准商业销售和进口以食品目的或遗传目的为主的克隆动物。

由于没有针对克隆动物及其产品的法规，MAPA 不能批准任何向巴西进口克隆动物及其产品（肉类或乳制品）的行为。克隆动物及其产品的后代也是如此。

根据第 73 号法案草案，克隆动物及其产品的进口许可证将在 MAPA 收到出口公司的所有文件后 60 天内提供，如动物来源、动物特征、动物在巴西的目的地以及进口目的（用于遗传或食品）。

拟议的立法还对进口克隆动物及其产品的两种授权进行了区分：一是药品或治疗用途将需要卫生部 ANVISA 的授权；二是涉及转基因生物的克隆动物及其产品将需要 CTNBio 的再授权。

第 73 号法案草案未提及对克隆动物衍生产品的标签。但是，政治分析人士预计，巴西反生物技术组织将会施加巨大压力，要求他们采用与巴西《生物技术法》相同的原则，并使用《巴西消费者防卫法》向政府施压，要求为克隆动物及其产品贴上特定要求的标签。

2.2.2 创新生物技术

2018 年 10 月 4 日，CTNBio 将美国 Recombinetics 公司生产的基因组编辑的无角牛确定为常规动物。巴西根据第 16 号规范性决议对第一个经基因组编辑的动物做出了这一决定。而且，没有"正在准备中"的动物性状清单。农业、畜牧业和食品供应部（MAPA）尚未发布 CTNBio 关于此决定的任何通知或法规。

巴西的动物生物技术正在蓬勃发展。20 世纪 80 年代的标志是亲核显微注射胚胎生产转基因动物，其效率非常低。20 世纪 90 年代，随着多莉羊（Dolly sheep）在苏格兰和维多利亚（Victoria）的诞生，核移植克隆技术占据了主导地位。进入 21 世纪，其他技术被纳入了科学工具箱。自 2010 年以来，CRISPR 技术已经主导了动物繁殖生物技术领域。

今天，巴西的研究重点是动物疾病的治疗和预防，这是生产者的主要问题。例如，蜱虫每年对巴西牲畜造成的损害超过 5 亿雷亚尔。在这种情况下，CRISPR 技术可以成为一种工具，通过在动物奶中生产药物或治疗困扰畜群的疾病来寻找解决这些生产刺激物的方法。Embrapa 遗传资源与生物技术公司正在掌握和建立牛基因组编辑载体的构建方法。

2.2.3　标签和可追溯性

尽管还没有为转基因动物制定标签和可追溯性等具体要求，但本报告第 1 章 1.2 中所述的法规和法律同样适用于转基因动物。

动物克隆的监管框架正在国会进行审查，很可能由 MAPA 授权。关于动物克隆的立法草案中没有关于动物克隆产品的标签和可追溯性的具体规定。

巴西消费者法适用于转基因植物、转基因动物或动物克隆的所有产品，为消费者提供产品的基本和一般信息。

2.2.4　知识产权（IPR）

《巴西生物安全法》为该国新生物技术作物的研究和销售提供了明确的监管框架，鼓励巴西政府采用和保护有利于农业的新技术。由于没有转基因动物和产品的商业发行，这一领域的知识产权尚未经过测试。

2.2.5　国际条约和论坛

巴西是国际食品法典委员会（CAC）和世界动物卫生组织（OIE）的成员，也是《卡塔赫纳生物安全议定书》部分条款的签署国。

2.3　市场营销

2.3.1　公众/个人意见

巴西的牛生产者大力提倡这项新技术，并支持国会批准动物克隆条例，这一新领域的管理权属于 MAPA。

2.3.2　市场接受度/研究

这一领域尚未在消费者和零售商接受或拒绝方面进行测试。然而，巴西的牛生产者对基因组编辑的潜在用途充满热情。

大多数市场研究都可以在 EMBRAPA 的主页上找到，请参见 http：//www. embrapa. br/。

附录　2018 年 1 月 15 日第 16 号规范性决议
（非正式翻译）

制定向 CTNBio 提交关于改进精准育种的创新技术咨询请求的技术要求

国家生物技术安全委员会——CTNBio，在使用其法律和监管机构时，并遵守 2005 年 3 月 24 日第 11105 号法律第十四条、第十五条和第十六条的规定。

既要考虑到需要评估创新的精准育种技术（TIMP，葡萄牙语），其中也包括所谓的新育种技术——NBTs，又要考虑到 2005 年 3 月 24 日第 11105 号法律规定的情况。

应考虑到 2005 年第 11105 号法律分别在第三条第三项、第四项和第五项中界定了重组 DNA/RNA 分子、基因工程和转基因生物。

然而 TIMPs 中包含了一套新的方法和途径，不同于转基因的基因工程策略，因为它导致最终产物中缺少重组 DNA/RNA；而 TIMPs 可以引入分子生物学工具的创新用途，这会导致：

1. 在基因组的精确编辑中，通过诱导特定的突变，产生或修饰未插入转基因的野生和/或突变等位基因；

2. 进行遗传转化和/或基因表达控制（激活/失活）；

3. 在不通过对个体遗传改良，而是自然机制对基因表达进行表观遗传调控；

4 在遗传转化和/或控制基因表达与性亲和的基因物种；

5. 细胞和组织的暂时性和非遗传性遗传转化；

6. 对转基因病毒成分的永久性或非宿主感染；

7. 在创造具有自主遗传和重组潜力的等位基因时改变整个群体的可能性（基因驱动）；

8. 在异源基因或同源基因的新拷贝的构建中。

决　议

第一条　提高精度的创新技术（TIMP）示例，但不限于本规范性决议附件 1 中所述的技术，这些技术可能产生不被视为转基因生物（GMO）及其衍生物的产品，例如在 2005 年 3 月 24 日第 11105 号法律中的定义。

本文标题中提到的产品被定义为在某个开发阶段使用创新精度改进技术的过程的后代、血统或产品。

待分类的案例不限于附件 1 中所述的技术，因为不同技术的快速和不断进步可能会提供新产品，而本规范性决议的规定也将适用。

本条主要段落中提到的产品至少具有以下特点之一：

（一）经证明不存在重组 DNA/RNA 的产品，通过使用转基因生物作为亲本的技术获得；

（二）通过使用 DNA/RNA 的技术获得的不会在活细胞中繁殖的产品；

（三）通过引入靶向位点突变的技术获得的产品，产生增益或基因功能丧失，证明产品中没有重组 DNA/RNA；

（四）通过一种技术获得的产品，其中存在暂时或永久的重组 DNA/RNA 分子，而这些分子不存在或渗入产品；

（五）使用 DNA/RNA 分子技术的产品，无论是否被系统吸收，都不会引起基因组的永久性改变。

在 CTNBio 同意的情况下，如果产品是从转基因生物获得的，且 CTNBio 对该产品的商业发行表示赞同，则所述条件仅适用于 TIMP 引入的特性。

第二条 根据 2005 年第 11105 号法律第三条，为了确定 TIMP 获得的产品是否将被视为转基因生物及其衍生物，申请人必须向 CTNBio 提交申请。

应使用本规范性决议附件 2 中包含的信息指导咨询。

一旦提交了与 CTNBio 的咨询文件，其摘录将被发表在该联盟的官方公报上，并分发给其中一名成员，无论是名义上的还是候补的，以报告和准备最终意见。

成员的最终意见应基于对证据的个案分析，至少符合本规范性决议第一条第三款所述条件之一。

对于使用附件 1 中举例说明的技术获得的产品和技术，CTNBio 的决定将遵守本规范性决议第一条第三款所述的一个或多个条件，并将对 2005 年第 11105 号法律第三条和第四条的定义的适用作出结论。

第三条 第二条第二款中所指的最终意见。本规范性决议中的两份应提交给至少一个常设部门小组委员会，并与母组织达成一致，以及提交咨询的技术的拟议用途，在获得批准后，应提交给 CTNBio 全体会议审议。

各小组委员会的分析和评估的最后期限为 90 天，经 CTNBio 全体会议决定，可将意见和建议的阐述时间延长至同一时期。

第四条 CTNBio 可以通过协商并在有适当科学依据的要求下提供其他信息或研究。

第五条 本规范性决议中未预见的情况将由 CTNBio 根据具体情况进行评估和定义。

第六条 本规范性决议自发布之日起生效。

附件 1　创新精度改进技术（TIMP）的示例

1. 技术：早花。

1.1　技术概述：通过将基因修饰插入基因组并随后分离或通过病毒载体临时表达，沉默和/或过度表达与开花相关的基因。

2. 技术：种子生产技术。

2.1　技术概述：在自然雄性不育品系中插入改造基因以恢复生育力，以繁殖这些雄性不育品系，但不会将基因修饰传给后代。

3. 技术：反向改进。

3.1　技术概述：为了产生纯合亲本系，抑制所选杂合子植株的减数分裂重组。

4. 技术：依赖 RNA 的 DNA 甲基化。

4.1　技术概述：通过 RNA 干扰（"RNAi"）在与 RNAi 同源的启动子区域进行甲基化，目的是抑制生物体中靶基因的转录。

5. 技术：诱变靶点。

5.1　技术概述：能够在微生物、植物、动物和人类细胞中引起定点诱变的蛋白质或核糖蛋白复合物。

6. 技术：寡核苷酸定向诱变。

6.1　技术概述：将合成的寡核苷酸引入细胞与靶序列互补，包含一个或几个核苷酸变化，可能通过细胞（微生物、植物、动物和人类细胞）修复机制引起靶序列的替换、插入或缺失。

7. 技术：农业渗透/农业感染。

7.1　技术概述：用农杆菌或含有感兴趣基因的基因构建体渗透叶片（或其他体细胞组织），以获得位于渗透区域的暂时性高水平表达，或用病毒载体进行系统表达，而不会将修改内容传递给后代。

8. 技术：RNAi 局部/全身应用。

8.1　技术概述：使用与靶基因同源的双链 RNA（"dsRNA"）序列使基因特异性沉默。工程化的 dsRNA 分子可以被细胞从环境中引入/吸收。

9. 技术：病毒载体。

9.1　技术概述：用表达基因修饰和扩增的重组病毒（DNA 或 RNA）接种活生物体，在不改变宿主基因组的情况下，通过病毒复制机制引起兴趣。

附件 2

关于原始生物体（亲本），请告知：

1. 鉴定产生的生物体及其衍生物的遗传技术、目的和预期用途。

2. 分类学分类，从科到最详细的生物体层次，包括在适当的情况下的亚种、品种、病理类型、菌株和血清型。

3. 根据 2006 年 11 月 27 日第 2 号标准解决方案对转基因生物进行风险分类。

4. 所处理的基因和/或遗传元素、起源生物体及其特定功能（如适用）。

5. 用于产生所需修饰的遗传策略；过程中使用的构建物的遗传图谱表明，存在所有遗传信息。

6. 受体生物体（亲本和产品）操作结果的分子特征。如适用，提供以下相关信息：①操纵拷贝数（如基因组序列数、等位基因数等）；②在可能的情况下，操纵区域在基因组中的位置；③在适用的情况下，确定是否存在无意的基因修饰（脱靶）。

7. 在适用的情况下，详细描述受操纵的基因组区域的表达产物。

关于产品（后代、血统或最终产品），请告知：

1. 使用分子方法证明不存在重组 DNA/RNA 分子。

2. 含有用于局部/全身性用途的 DNA/RNA 分子的产品是否具有进入目标物种和/或非目标物种的重组能力。

3. 申请所涵盖的产品是否在其他国家或地区获得商业批准。

4. 如果产品使用的基因驱动原理可能允许所赋予的表型变化有可能在整个受体生物体群体中传播，则应说明使用至少两种策略来监控生物体的注意事项。

5. 如何评估产品中可能存在的技术潜在无意（脱靶）影响的可能性。

⑤

阿根廷

美国农业部

对外农业服务局

规定报告：按规定 - 公开

报告编号：AR2019 - 0012

报告名称：农业生物技术发展年报

报告类别：生物技术及其他新生产技术

编 写 人：Andrea Yankelevich

批 准 人：Melinda Meador

全球农业信息网

发表日期：2020.04.22

报 告 要 点

2019 年，阿根廷创纪录地批准了 9 项转基因事件，包括第一个中国与阿根廷公司合资开发和田间试验的大豆转化体项目，该转化体产品最早可能在 2020 年获准出口中国。阿根廷还更新了其生物技术监管框架，以促进与国际机构的协调配合，特别是与《卡塔赫纳生物安全议定书》的协调。种子权使用费制度在该国仍然是一个尚未解决的问题。

本报告包含美国农业部工作人员对大宗商品和贸易问题的评估，但不一定包含美国政府官方政策声明。

内 容 提 要

目前，阿根廷仍然是转基因作物的第三大生产国，仅次于美国和巴西，转基因作物种植面积大约有 2400 万公顷，占世界总种植面积的 12%。

2019 年阿根廷政府（GOA）更新了其生物技术监管框架，以促进与国际机构的协调配合，特别是与《卡塔赫纳生物安全议定书》的协调。总的来说，此次更新涵盖了新技术（基因组编辑技术），并根据熟悉度原则进行了简化。这一点，再加上阿根廷国家农业生物技术咨询委员会（CONABIA）最近重新成为联合国粮农组织生物技术安全参考中心，为该国转基因企业的发展和建立提供了重要的支撑。

种子使用费制度在阿根廷仍然是一个尚未解决的问题。阿根廷的法律允许农民保存和再种植种子，并没有对转基因种子提供知识产权保护。因此，种子公司在推出新品种方面犹豫不决，限制了农民获得新技术的机会。尽管辩论很激烈，但国会在 2019 年 10 月选举前并未通过新的种子法。

由于阿根廷生物技术衍生品出口市场对阿根廷的重要性，中国对转基因转化体事件的批准仍然是阿根廷贸易的重中之重。自 2015 年以来，阿根廷政府（GOA）在对转基因转化体事件的每个批准中都加入了一项条件声明，即在国内商业化之前，该转化体必须在中国获得批准。2019 年批准的转化体事件包括大豆 DBN 09004 - 6，这是中国与阿根廷公司合资开发和田间试验的第一个大豆转化体事件。业内人士预计，中国将在 2020 年批准该转化体事件。

生物生产

2019 年，阿根廷农业部创建并启动了生物制品项目，并公布了公司使用"阿根廷生物制品"官方印章的规定。该项目的目标是增加可再生农业资源的使用，开发新的增值产品，并鼓励政府机构之间的相互合作，以增加生物产品的生产和使用效率。该项目部分仿效了美国农业部的生物优先项目。

动物基因组编辑

2019 年 6 月，美国 Recombinectics 公司和阿根廷 Kheiron 签署了一项协议，重点是精确育种，从优良遗传品系中引入新的商业化性状。目的是获得具有不同性状的家畜，如肉中更高蛋白质的含量、动物安全健康、抗病性和对不利气候条件的适应性。这一合作关系之所以能成为可能，部分原因是阿根廷政府对基因组编辑动物现代化的监管方法。

第1章 植物生物技术

1.1 生产和贸易

1.1.1 产品开发

阿根廷的所有生物技术转化体事件都必须获得在环境、人类、动物和作物健康中安全使用的技术批准，只有这样才不会扰乱阿根廷主要出口市场的商业化批准。农业部公布了一份已获得技术和商业化批准的转化体清单。然而，自2015年以来，这些转化体在阿根廷进行商业种植之前，还需获得中国的批准。因此，在中国批准之前，即使是阿根廷完全批准的转化体事件也无法种植。

阿根廷国家农业生物技术咨询委员会（CONABIA）在2019年创纪录地批准了9个转化体——5个玉米、3个棉花和1个大豆。一个小麦转化体事件（含有抗旱性的HB4基因）获得了全面的技术批准，但有待农业工业部下属的国家农业食品市场指导委员会（DNMA）的商业化批准。

除了四大国际技术研发商：拜耳、科迪华、先正达和巴斯夫，阿根廷国内生物技术产业不断创新，并在争取监管部门批准。国内最重要的性状之一就是罗萨里奥农业生物技术研究所（INDEAR）的HB4基因，这是由国内研究者开发的抗旱转化体，据联系人报道其在田间试验期间即使在极端干旱的条件下产量也提高了30%。HB4基因最初是从向日葵中分离出来的，但已经被引入小麦、大豆和玉米中。含HB4基因的大豆目前正在阿根廷和美国进行田间试验。在美国，这项试验是INDEAR和阿卡迪亚农业科学合作的。

1. 首个中国大豆转化体事件在阿根廷获得批准

自2013年以来，国内生物技术行业的领头公司BIOCERES与北京大北农科技集团股份有限公司（DBN）合作，推动DBN的生物技术转化体事件在阿根廷获得监管部门批准，以及BIOCERES的转化体事件在中国获得监管部门批准。

2019年2月，DBN的大豆转化体DBN 09004-6，赋予了大豆耐草甘膦和草铵膦除草剂的性状，已在阿根廷获得技术和商业化批准，但尚未在中国获得批准。这是阿根廷首次批准中国开发的大豆转化体事件。该转化体事件已在阿根廷进行了田间试验。

2. 首次小麦转化体事件获得技术批准

INDEAR开发的一个包含HB4抗旱基因的小麦转化体于2019年获得技术批准，并等待DNMA的商业化批准。由于没有其他小麦出口国将转基因小麦品种商业化，政府内部对这一转化体事件是否能在不久的将来获得商业批准存在争议。如果获得批准，这种小麦的存在可能导致阿根廷主要市场拒绝进行运输。近年来，阿根廷将小麦产量恢复到每年1800多万吨，其中1/3用于国内消费，其余用于出口。在渴望创新的同时，阿根廷的小麦行业也担心成为第一个将转基因小麦商业化的国家，给其出口市场带来风险。因为普遍支持生物技术的国家巴西在 2014—2018 年占阿根廷小麦出口的 66%，所以阿根廷在转基因小麦商业化方面处于独特的地位。

1.1.2 商业化生产

阿根廷是世界第三大转基因作物生产国，仅次于美国和巴西，有 60 种转基因作物品种获准生产和商业化：15 个大豆品种，35 个玉米品种，6 个棉花品种，2 个马铃薯品种，1 个苜蓿和 1 个红花品种。

20 世纪 90 年代末，转基因大豆引发了大豆产量的迅速提高，目前大豆产量已超过 1800 万公顷。2016 年 11 月发表的一项研究（Eduardo Trigo & ArgenBio）表明，自 1996 年引入生物技术以来，生物技术为阿根廷经济带来总效益达 1270 亿美元。其中 66% 归生产者，26% 归阿根廷政府，8% 归技术提供者（种子和除草剂）。

阿根廷是重要的出口市场，而中国是阿根廷的首要贸易国家，所以阿根廷要求转基因事件在国内商业化之前必须要在中国获得批准。业界和政府一直向中国主管部门强调，对新转化体要进行及时的、科学的安全性审查，避免导致贸易中断的异步审批。

近年来，转基因事件在中国的批准率落后于其他进口国，如墨西哥、日本和韩国，在一定程度上阻碍了种植者获得新技术的种子。有关中国转基因事件审批延期对农业和经济广泛的影响的分析，请参见：https：//croplife.org/? s = The + Impact + of + Delays + in + Chinese + Approvals + of + Biotech + Crops。

1. 大豆

1996 年发布的耐草甘膦大豆在阿根廷的使用率非常高，据估计涵盖了 2018/2019 年大豆种植季节的 1800 万公顷大豆。此外，新技术有助于许多地区种植双季大豆（允许在小麦收获后种植大豆），在获得该转基因品种之前，这些地区只种植了一种作物。2019 年 2 月，阿根廷批准了耐草甘膦和草铵膦的 DBN – ODBN – 09004 – 6。

阿根廷生产的大豆大部分用于出口。20% 的大豆作为整粒大豆出口，80% 的大豆被压榨后作为豆粕或大豆油出口。只有大豆油和豆粕出口后的少量剩余（占总豆粕和大豆油供应的 7%），用于当地饲料生产。有关大豆生产的详细信息，请参见全球农业信息网（GAIN）中的阿根廷油料和产品年度报告。

2. 玉米

阿根廷农民使用复合性状玉米转化体已经有十年了。2019 年，阿根廷批准了五项新的玉米转化体事件。

（1）阿根廷陶氏公司，MON – 89034 – 3 × DAS – 01507 × MON 00603 × 6 × DAS – 40278 – 9 耐 2,4 – D，草甘膦和草铵膦除草剂，以及抗鳞翅目害虫。

（2）孟山都、陶氏公司、阿根廷先锋公司，MON – 89034 – 3 × DAS – 01507 – 1 × MON88017 – 3 × DAS – 59122 – 7，耐草甘膦和草铵膦，以及抗鳞翅目害虫。

（3）孟山都阿根廷公司，MON – 87427 × MON – 89034 – 3 × DAS01507 – 1 × MON – 88017 – 3 × DAS – 59122 – 7，耐草甘膦和草铵膦，以及抗鳞翅目害虫。

（4）孟山都阿根廷公司，MON – 87427 – 7 × MON – 89034 – 3 × MON – 00603 – 6，耐草甘膦和草铵膦，以及抗鳞翅目害虫。

（5）孟山都阿根廷公司，MON－87427－7×MON89034－3×SYN－IR162－4×MON－00603－6，耐草甘膦和草铵膦，以及抗鳞翅目害虫。

3. 棉花

2018/2019 年作物种植季，棉花总区域种植采用了复合性状转化体（Bt×TH）。由于几年后棉花生产出现了新的投资，在没有任何审批的情况下，2019 年批准了两个新性状：

（1）巴斯夫公司，BCS－GH811－4，耐草甘膦和 HPPD 抑制剂类除草剂。

（2）巴斯夫公司，SYN－IR102－7 和 BCS－GH002－5×BCS－GH004－7×BCS－GH005－8×SYN－IR102－7 与 BCS－GH004－7 和 BCS－GH005－8 复合性状的棉花，耐草甘膦和草铵膦以及抗鳞翅目害虫。

1.1.3 出口

阿根廷是面向包括美国在内的世界许多转基因市场的净出口国家。出口文件声明了转基因种子的内容。

1.1.4 进口

除了从巴拉圭进口用于阿根廷大豆压榨产业的转基因大豆外，阿根廷不是转基因作物的主要进口国。然而，2018 年盛夏的严重干旱使阿根廷大豆产量从预计的 5400 万吨下降到 3600 万吨。阿根廷大豆压榨业需要大豆供应以保持其加工水平，并自 1997 年以来首次从美国大量进口大豆。

随着 2018 年进口美国大豆的到来，加入条款的法律地位成为讨论的焦点，特别是与转基因转化体事件有关。2018 年 5 月 18 日，农业部发布第 26/2018 号决议（https：//www. boletinoficial. gob. ar/#! DetalleNorma/183969/20180518）。允许在未经当地授权的情况下进口转基因大豆。它规定了一项为期四年的转基因产品进口许可（不论其来源于何种转基因转化体），用于人类食品和动物饲料的农业工业加工原料，但不包括用于种植和种子的商业化。

阿根廷政府批准了这一临时授权，这是因为 2018 年的干旱迫切需要补充国内大豆库存。当地报告显示，这项决议解决了有关进口美国大豆的所有未决定的问题，即使在授权过程中，货物继续能够不受干扰地进入阿根廷。会议记录中，政府认为这是一个维持压榨量水平所必需的短暂的措施，直到国内生产水平恢复正常化。

1.1.5 粮食援助

阿根廷不是粮食援助的受援国，也不太可能在将来成为粮食援助的受援国。

1.2 政策

1.2.1 监管框架

为了加强与国际机构协调配合，特别是与《卡塔赫纳生物安全议定书》的协调，阿根廷政府于 2019 年通过第 36/2019 号和第 44/2019 号决议。可以说，此次更新涵盖了包括基因组编辑在内的新技术，以及基于熟悉性原则的简化。第 36/2019 号和第 44/2019 号决议全文（西班牙文）可查阅：https：//www. boletinoficial. gob. ar/detalleAviso/primera/210280/20190701？busqueda＝1；https：//

www. boletinoficial. gob. ar/detalleAviso/primera/210398/20190702？busqueda = 1。

自 2012 年以来，对新转化体的评估逐个进行，仅在环境、农业生产或人类或动物健康存在风险的情况下，才采用科学和技术标准去考虑育种方法。阿根廷的法规是基于转基因转化体中鉴定的特征和行为制定的。在获得转基因生物的过程中，考虑到了与同一非转基因生物（常规对照物）不同的方面，既考虑了农业生态系统，也考虑了其作为人类和动物食用食品的安全性。

农业部内集中所有转基因事件和信息的主要办事处是生物技术局办公室。该办公室协调三个技术领域：生物安全（负责人是 CONABIA 的成员）、政策分析和制定以及监管设计。

生物技术种子商业化的审批程序涉及农业部的以下机构：

（1）国家农业生物技术咨询委员会（CONABIA），评估对农业生态系统的影响。其主要职责是从技术和科学角度评估阿根廷农业引进转基因作物对环境的潜在影响。CONABIA 就转基因作物和其他可能来源于或含有转基因作物的产品的试验和/或释放到环境中的相关问题进行审查并提出建议。CONABIA 已被联合国粮食及农业组织（FAO）确认为生物技术安全参考中心。

CONABIA 是一个多部门组织，由来自与农业生物技术有关的公共部门、学术界和私营部门组织的代表组成。其成员以个人的身份履行职责，不作为任何部门的代表。他们是生物安全国际辩论及相关监管过程的积极参与者。CONABIA 确保遵守 UNCLASSIFIED 第 701/2011 号和第 661/2011 号决议（见下文链接）。这些新决议取代了第 39/2003 号决议。

根据法规框架，CONABIA 被要求在 180 天内完成评估。这新增加了电子申请表格的使用，允许所有机构同时查阅文件，进一步加快了审批程序。该委员会自成立以来，已审查了 2100 多份许可证申请，并根据该部门的需要增加了新的职能。CONABIA 是一家咨询机构，根据阿根廷农业部的决议运作。在没有规范其审查情况的法律下，限制了 CONABIA 对不遵守规定程序者的处罚。

第 701/2011 号和第 661/2011 号决议：http：//www. senasa. gov. ar/contenido. php？to = n&in = 1001&ino = 1001&io = 18873；http：//www. senasa. gov. ar/contenido. php？to = n&in = 1001&ino = 1001&io = 18840。

（2）国家农业和食品卫生与质量服务局（SENASA），评估供人类和动物食用的来自转基因作物的食品的生物安全性。

（3）国家农业食品市场部（DNMA），通过编写技术报告评估对出口市场的商业影响，以避免对阿根廷出口造成负面影响。DNMA 主要分析主要目的地市场正在研究的转基因事件批准状态，以确定在阿根廷的出口供应中增加这一事件是否会限制进入这些市场。在该框架下，DNMA 在 45 天内完成了对出口市场的商业影响的评估。

（4）国家种子研究所（INASE），在国家品种登记处建立登记要求。

在上述步骤完成后，CONABIA 技术协调办公室将汇编所有相关资料。并向农业、畜牧业、渔业和粮食秘书处提交一份最终报告，供其作出最终决定。

1.2.2　审批

阿根廷批准的转基因作物如表 5 – 1 所示。

表 5 - 1   阿根廷批准的转基因作物

作物	性状	转化体	申请人	决议及审批时间
大豆	耐草甘膦除草剂	40 - 3 - 2	尼德拉股份有限公司	http：//www. sagpya. gov. ar/new/0 - 0/programas/conabia/res167 - 1. pdf（1996 年 3 月 25 日）
大豆	耐草铵膦除草剂	A2704 - 12	拜耳股份有限公司	2011 年
大豆	耐草铵膦除草剂	A5447 - 127	拜耳股份有限公司	2011 年
棉花	抗鳞翅目害虫	MON531	孟山都阿根廷股份有限公司	http：//www. sagpya. gov. ar/new/0 - 0/programas/conabia/resolu_2. php（1998 年 7 月 16 日）
棉花	耐草甘膦除草剂	MON1445	孟山都阿根廷股份有限公司	http：//www. sagpya. gov. ar/new/0 - 0/programas/conabia/resolu_5. php（2001 年 4 月 25 日）
棉花	抗鳞翅目害虫和耐草甘膦除草剂	MON1445 × MON531	孟山都公司	2009 年
玉米	抗鳞翅目害虫	176	汽巴 - 嘉基公司	http：//www. sagpya. gov. ar/new/0 - 0/programas/conabia/resolu_6. php（1998 年 1 月 16 日）
玉米	耐草铵膦除草剂	T25	艾格福公司	http：//www. sagpya. gov. ar/new/0 - 0/programas/conabia/resolu_4. php（1998 年 6 月 23 日）
玉米	抗鳞翅目害虫	MON810	孟山都阿根廷股份有限公司	http：//www. sagpya. gov. ar/new/0 - 0/programas/conabia/resolu_1. php（1998 年 7 月 16 日）
玉米	抗鳞翅目害虫	Bt11	诺华农业股份有限公司	http：//www. sagpya. gov. ar/new/0 - 0/programas/conabia/resolu_3. php（2001 年 7 月 27 日）
玉米	耐草甘膦除草剂	NK603	孟山都阿根廷股份有限公司	http：//www. sagpya. gov. ar/new/0 - 0/programas/conabia/resolu_640. php（2004 年 7 月 13 日）
玉米	抗鳞翅目害虫和耐草铵膦除草剂	TC1507	陶氏益农股份有限公司和先锋阿根廷股份有限公司	http：//www. sagpya. gov. ar/new/0 - 0/programas/conabia/resolucion143. pdf
玉米	抗鳞翅目害虫	GA21	先正达种子股份有限公司	http：//www. sagpya. gov. ar/new/0 - 0/programas/conabia/Resoluci％25F3n％20640％20GA％2021. pdf（2005 年 8 月 22 日）

续　表

作物	性状	转化体	申请人	决议及审批时间
玉米	耐草甘膦除草剂和抗鳞翅目害虫	NK603×MON810	孟山都公司	http：//www.sagpya.gov.ar/new/0-0/programas/conabia/Resolucion_78_2007.pdf（2007年8月28日）
玉米	抗鳞翅目害虫、耐草铵膦和草甘膦除草剂	1507×NK603	陶氏农业科学股份有限公司和先锋阿根廷股份有限公司	http：//www.sagpya.mecon.gov.ar/new/0-0/programas/conabia/RES_N%25BA00434-08.pdf（2008年5月28日）
玉米	耐草甘膦除草剂和抗鳞翅目害虫	Bt11×GA21	先正达种子股份有限公司	2009年
玉米	抗鳞翅目害虫	MON89034	孟山都公司	2010年
玉米	耐草甘膦除草剂和抗鳞翅目害虫	MON88017	孟山都公司	2010年
玉米	耐草甘膦除草剂和抗鳞翅目及鞘翅目害虫	MON89034×88017	先正达生物科技股份有限公司	2010年
玉米	抗鳞翅目害虫	MIR162	先正达生物科技股份有限公司	2011年
玉米	抗鳞翅目害虫、耐草甘膦和草铵膦除草剂	Bt11×GA21×MIR162	先正达生物科技股份有限公司	2011年
玉米	耐草甘膦和抑制ALS的除草剂	DP-098140-6	先锋生物有限责任公司	2011年
玉米	抗鞘翅目害虫	MIR604	先正达生物科技股份有限公司	2012年
玉米	抗鳞翅目和鞘翅目害虫、耐草甘膦和草铵膦除草剂	Bt11×MIR162×MIR604×GA21	先正达生物科技股份有限公司	2012年
玉米	抗鳞翅目和鞘翅目害虫、耐草甘膦和草铵膦除草剂	MON89034×TC1507×NK603	陶氏益农股份有限公司	2012年
玉米	抗鳞翅目害虫和耐草甘膦除草剂	MON89034×NK603	孟山都公司	2012年
大豆	抗鳞翅目害虫和耐草甘膦除草剂	MON87701×MON89788	孟山都公司	2012年
大豆	耐咪唑啉酮除草剂	CV127	巴斯夫公司	2013年
玉米	抗鳞翅目害虫、耐草甘膦和草铵膦除草剂	TC1507×MON810×NK603yTC1507×MON810	先锋阿根廷股份有限公司	2013年

作物	性状	转化体	申请人	决议及审批时间
玉米	抗鳞翅目害虫、耐草甘膦和草铵膦除草剂	Bt11×MIR162×TC1507×GA21 和所有的中间复合性状转化体	先正达生物科技股份有限公司	2014 年
大豆	耐 2，4-D，草甘膦和草铵膦除草剂	DAS-44406-6	陶氏益农股份有限公司	2015 年
马铃薯	抗病毒	SY233	Tecnoplant S. A.	2015 年
大豆	高油酸和耐草甘膦除草剂	DP-305423×MON-04032-6	先锋阿根廷有限责任公司	2015 年
大豆	抗旱	IND410（HB4）	INDEARS. A.	2015 年
棉花	耐草甘膦和草铵膦除草剂	BCS-GH002-5×ACS-GH001-3 GHB614×LLCotton25	拜耳股份有限公司	2015 年
玉米	抗鳞翅目害虫、耐草甘膦和草铵膦除草剂	TC1507×MON810×MIR162×NK603	先锋阿根廷有限责任公司	2016 年
大豆	耐草甘膦除草剂	MON-89788-1	孟山都阿根廷股份有限公司	2016 年
大豆	抗鳞翅目害虫	MON-87701-2	孟山都阿根廷股份有限公司	2016 年
玉米	抗鳞翅目害虫、耐草甘膦和草铵膦除草剂	MON-89034-3×DAS-01507-1×MON00603-6×SYN-IR162-5	陶氏益农股份有限公司	2016 年
大豆	抗鳞翅目害虫、耐草甘膦和草铵膦除草剂	DAS-81419-2×DAS-44406-6 和 DAS-81419-2	陶氏益农股份有限公司	2016 年
玉米	抗鳞翅目害虫、耐草甘膦和草铵膦除草剂	SYN-BT011-1×SYN-IR162-4×MON89034-3×MON-00021-9	先正达农业科技公司	2016 年
大豆	耐草甘膦和 HPPD 抑制剂类除草剂	SYN-000H2-5	先正达农业科技公司和拜耳股份有限公司	2017 年
红花	Bovinepro-quimosin 在种子中的表达	IND-10003-4，IND-10015-7，IND10003-4×IND-10015-7	INDEAR	2017 年 12 月 7 日
玉米	耐 2，4-D，ariloxifenoxi、草甘膦和草铵膦除草剂，以及抗鳞翅目害虫	DAS-40278-9 MON-89034-3×DAS01507-1×MON-00603-6×DAS-40278-9 所有中间的复合性状转化体	陶氏益农股份有限公司和阿根廷 S. R. L	2018 年 3 月

续 表

作物	性状	转化体	申请人	决议及审批时间
大豆	耐异噁唑草酮、草甘膦和草铵膦除草剂	MST - FG072 - 2y MST - FG072 - 2 × ACSGM006 - 4	拜耳股份有限公司	2018 年 3 月
玉米	耐草甘膦和草铵膦除草剂、抗鳞翅目和鞘翅目害虫	SYN - 05307 - 1y SYN - BT011 - 1 × SYNIR162 - 4 × SYN - IR604 - 5 × DAS - 01507 - 1 × SYN - 05307 - 1 × MON - 00021 - 9 和所有中间的 复合性状转化体	先正达生物科技股份有限公司	2018 年 3 月
玉米	耐草甘膦除草剂和抗鳞翅目、鞘翅目害虫	MON - 87427 - 7, MON - 87411 - 9, MON87427 - 7 × MON - 89034 - 3 × SYNIR162 - 4 × MON - 87411 - 9 和所有中间 的复合性状转化体	孟山都阿根廷有限责任公司	2018 年 5 月
苜蓿	耐草甘膦除草剂与低木质素	MON - 00179 - 5, MON - 00101 - 8y MON - 00179 - 5 × MON - 00101 - 8	INDEAR	2018 年 7 月
大豆	仅用于加工（食品、饲料和加工）	MON - 87708 - 9 × MON - 89788 - 1	孟山都公司	2018 年 7 月
马铃薯	抗病毒	TIC - AR233 - 5	Tecnoplant S. A	2018 年 8 月
玉米	耐草甘膦除草剂与抗鳞翅目、鞘翅目害虫	MON - 87427 - 7 × MON - 89034 - 3 × MON - 88017 - 3	孟山都阿根廷有限责任公司	2018 年 8 月
大豆	耐草甘膦和草铵膦除草剂、抗旱	IND - 00410 - 5 × MON - 04032 - 6 （OCDE）	INDEAR	2018 年 10 月
棉花	耐草甘膦和 HPPD 抑制剂类除草剂	BCS - GH811 - 4	巴斯夫公司	2019 年 2 月
大豆	耐草甘膦和草铵膦除草剂	DBN - 09004 - 6	INDEAR	2019 年 2 月
玉米	耐 2，4 - D，草甘膦和草铵膦除草剂，抗鳞翅目害虫	MON - 89034 × DAS - 01507 × MON - 00603 × SYN - IR162 - 4 × DAS - 40278 - 9	陶氏益农股份有限公司	2019 年 4 月

作物	性状	转化体	申请人	决议及审批时间
棉花	耐草甘膦和草铵膦除草剂、抗鳞翅目害虫	SYN－IR102－7yBCS－GH002－5×BCSGH004－7×BCS－GH005－8×SYNIR102－7，与BCS－GH004－7yBCSGH005－8 的复合性状转化体	巴斯夫公司	2019 年 6 月
玉米	耐草甘膦和草铵膦除草剂、抗鳞翅目害虫	MON－89034－3×DAS－01507－1×MON－88017－3×DAS－59122－7	孟山都公司、陶氏益农股份有限公司和先锋阿根廷股份有限公司	2019 年 8 月
玉米	耐草甘膦和草铵膦除草剂、抗鳞翅目害虫	MON－87427－7×MON－89034－3×DAS01507－1×MON－88017－3×DAS59122－7	孟山都阿根廷股份有限公司	2019 年 8 月
玉米	耐草甘膦和草铵膦除草剂、抗鳞翅目害虫	MON－87427－7×MON－89034－3×MON－00603－6	孟山都阿根廷股份有限公司	2019 年 8 月
玉米	耐草甘膦和草铵膦除草剂、抗鳞翅目害虫	MON－87427－7×MON－89034－3×SYNIR162－4×MON－00603－6	孟山都阿根廷股份有限公司	2019 年 9 月
棉花	抗虫和抗鳞翅目害虫	SYN－IR102－7	先正达生物科技股份有限公司	2019 年 10 月

资料来源：国家农业生物技术咨询委员会（CONABIA）。

1.2.3　复合性状转化事件的审批

复合性状转化体的审批基于个案评估，根据评估，申请人必须同时向农业部（农业生物技术委员会）和 SENASA 提出要求，对特定复合性状进行技术和商业化批准。评估是基于复合性状转化体所包含的单一转化体之间可能存在的相互影响。同时，评估转化体对生态系统可能产生的影响，以及食用生物安全性评估，CONABIA 和 SENASA 将决定是否需要申请人提供额外信息。

1.2.4　田间试验

阿根廷的法规不要求对转基因作物进行田间试验。然而，对于大多数转化体来说，有必要提供在阿根廷进行田间试验所产生的科学信息。CONABIA 目前正在检测的大田作物是保密的。

1.2.5 创新生物技术

2015 年，农业部公布了植物创新生物技术/新育种技术（NBTs）的新监管框架。新法规并未改变适用于传统转基因转化体的监管框架。相反，它规定了诉讼程序，以确定 NBTs 获得的生物体受转基因规则和条例约束的情况。2019 年 3 月，阿根廷、巴西、智利、巴拉圭和乌拉圭农业部部长成员，在阿根廷布宜诺斯艾利斯召开会议并发表了基因组编辑宣言（见相关问题）。

1. 阿根廷对 NBTs 衍生产品的监管制度

阿根廷作为世界上最成熟的监管体系国家之一，其政策制定者和监管者争论了 3 年多，以澄清在现行转基因转化体法规下对来源于 NBTs 的产品的状况。在争论中，政策制定者和监管者指出，在解释"生物体"或"现代生物技术"（实际上，这意味着在育种过程的某个阶段使用重组 DNA）一词时没有出现任何困难，只有"遗传物质的新组合"一词在解释上存在争议。

总之，"遗传物质的新组合"是阿根廷决定从 NBTs（其中 NBTs 是在育种过程中使用 DNA 操纵作为辅助手段的新技术）衍生的产品是否为转基因事件的关键因素。以下是阿根廷新法规的主要基本标准：

2. 《卡塔赫纳生物安全议定书》定义

对于转基因作物和 NBTs 作物的越境转移，阿根廷目前的法规所依据的言语与《卡塔赫纳生物安全议定书》中的言语相似。

3. 未来技术的灵活性

由于不同技术的发展速度不同，没有统一的技术参考标准。例如，在 21 世纪初期创建的许多初始 NBTs 列表中，CRISPR Cas9 系统没有被包括在内，因为该技术没有得到广泛应用，但是，它目前是最有前途的 NBTs 之一。此外，尽管在科学论文中，技术名称可以被视为一个明确的名称，但阿根廷决策者的讨论表明，很难对各种技术有"满意"（技术上明确，符合目的）的法律定义。因此，阿根廷决定，对 NBTs 的新规定不应以固定清单或对特定技术的描述为基础，而应尽可能灵活地适用于现有或即将出现的技术。

4. 个案分析

尽管某些技术术语如"同源转基因""反向育种""定点核酸酶"的科学讨论可能是令人满意的，但当比较不同研究小组对 NBTs 的不同用途时，阿根廷难以采用不同的案例为监管目的去定义这些技术。出于同样的原因，阿根廷发现很难就最终产品的监管状况达成"技术广泛"的标准，因为这些标准可能存在重大差异。

阿根廷决定，只能逐个进行分析，以确定某种 NBTs 来源的作物是否受到转基因生物（GMO）法规的约束。迄今为止，阿根廷对 NBTs 生产的六种植物进行了评估，均被排除在 GMO 法规之外，并被认为适用于常规程序的审查。

5. 法规如何运作

农业、畜牧业和渔业秘书处第 173/15 号决议（见附录 1）制定了程序，以确定通过涉及现代生物技术的育种技术获得的作物不属于"转基因"法规的标准。

为此，申请人提交每种产品（NBTs 衍生作物）以确定育种过程的结果是否是遗传物质的新组合。

当作为特定遗传构建体一部分的一个或多个基因或 DNA 序列稳定且永久地插入植物基因组时，

遗传变化被认为是遗传物质的新组合。此外，如果适当的话，必须有足够的科学证据支持在作物育种过程中没有使用瞬时转基因技术。

该程序有 60 天的期限，在此期间申请人将收到来自当局的答复，说明所述产品是否符合转基因的规定。如果产品没有作为转基因事件进行监管，但其特性和/或新颖性将导致重大风险出现，则监管委员会也必须报告该产品。该报告将被提交给通过"常规"育种获得的品种的适当监管机构，以供考虑。

对于处于设计阶段的项目，申请人可以提出询问，以初步评估预期产品是否可能被规定为转基因转化体事件。当新作物最终产生时，申请人仍然必须提交有关转基因的事实认定。如果产品具有初步调查中预期的特性，则有关其监管状态的早期评估将会保留。

1.2.6 共存

阿根廷没有关于共存的规定。

1.2.7 标签和可追溯性

阿根廷没有关于转基因产品标签的规定。目前的监管体系是基于产品的特征和已识别的风险，而不是基于生产过程（见图 5 - 1）。

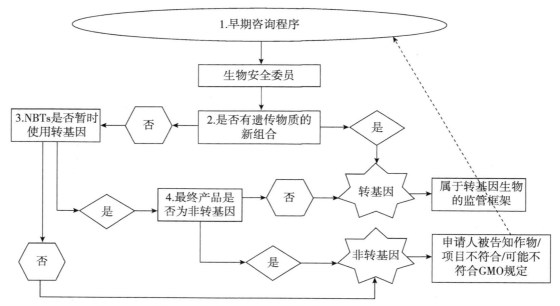

图 5 - 1 阿根廷 NBTs 申请监管状态决定的流程

注：NBPT 评估路线图资料来源于农业、畜牧业、渔业和食品部生物技术理事会。

农业部在国际论坛上对标签的立场是，标签应基于来自特定转基因事件的食品类型，并考虑到：

（1）任何通过转基因获得的食品，其实质等同于传统食品，都不应受到任何特定的强制标识的约束。

（2）任何通过转基因获得的食品，其特性与传统食品有本质区别的，都可以根据其作为食品的特性进行标识，而不是根据有关环境或生产过程的各个方面来标识。

（3）区别标签是没有道理的，因为没有证据表明通过转基因生产的食品可能对消费者的健康构成任何危险。

（4）就大多数农产品而言，鉴定过程将是复杂和昂贵的。由于标签而增加的生产成本将由消费者支付，而标签内容不一定能提供更好的信息或增加粮食安全。

1.2.8 监测和检测

目前还没有官方的追溯系统。出口商提供一份声明，说明货物的内容，由有能力的私营公司（经授权的实验室）进行必要的测试，然后，国家农业技术研究所（INTA）在此基础上进行分析。

自2016年以来，Bolsatech项目对部分出口货物进行了生物技术检测。这并不是为了确定未批准的转化体出现，而是为了帮助技术提供者弥补成本，因为阿根廷转基因种子的知识产权很难执行。Bolsatech是粮食贸易委员会实施的自愿系统，确保种子公司能够收取专利费，并为农民提供不同的选择来支付这项技术。农民可以选择预付款或在交货时付款。在交付时支付技术费用的农民是那些没有购买认证种子但未经许可使用种子的农民。如果检测到，他们可以选择在港口付款，Bolsatech提供其他的检测和仲裁。对于那些没有加入Bolsatech系统且在港口检测呈阳性的农民，根据种子公司和出口商之间的协议，付款将自动扣除（或拒绝发货）。

1.2.9 低水平混杂（LLP）政策

1. 南美市场规定缔约国之间应建立一种机制，以减少转基因生物低水平混杂的发生

根据南美共同市场成员国的建议，签署了 MERCOSUR/GMC/RES. N 23/19 决议（以下简称"决议"），以便建立一种机制来减少缔约国之间转基因生物低水平混杂的出现。成员们考虑到：

（1）目前，在成员国大面积范围内种植的转基因生物得到了很大发展。

（2）在内部流通和/或成员国出口的农产品中出现的转化体数量有所增加。

（3）成员国之间没有有效的协调机制，转化体批准的非同步性不断增加，至少一个成员国尚未批准的转化体低水平混杂造成贸易中断的风险增加。

（4）有必要巩固南美共同市场在农产品贸易方面的内部贸易。

2. 决议的范围和说明

本决议确立了成员国在转基因生物低水平混杂的情况下必须实施的运行机制。

本决议适用于任何成员国按照国际食品法典委员会制定的指南（CAC/GL45/2003）的风险评估程序用于授权人类和/或动物饲料的转基因生物，但还没有在至少一个南美共同市场成员国批准过。

3. 决议的执行情况

当在任何成员国的商业化批准包括转基因生物用于人类和/或动物饲料时，后者必须在批准之日起30日内，在农业生物技术委员会（CBA）N8农业工作小组（SGTN 8）的范围内，将上述批准通知其他成员国。

在就上述批准进行沟通时，成员国必须向CBA发送由负责转基因生物安全的国家机构提供的风险评估报告，主要出口市场的转化体批准情况信息，以及申请人提交的信息，不包括机密信息。

为了实现这一机制，获得批准转化体的研发商必须事先向其他成员国提交产品的商业化评估请求。

拥有所有上述信息后，CBA在每种情况下必须做到：

（1）分析区域内可能发生转基因转化体低水平混杂的情况。

（2）承认成员国的风险评估，作为决策的参考。

（3）准备一份报告，建议对转基因产品的低水平混杂情况进行单独审批。在该报告中，每个成员国可根据其方便程度，以及它认为有关的其他技术建议，确定最大容忍限度。该报告必须作为 CBA 会议纪要的附件记录下来。

（4）将报告提交给 SGTN 8，以便成员国的最高当局了解该报告。

1.2.10 附加监管要求

不适用。

1.2.11 知识产权（IPR）

对植物品种权缺乏有效的执行办法，加上对大量转基因研发技术或产品缺乏专利保护，从转基因产业的角度来看，阿根廷的知识产权制度是不够的。阿根廷知识产权法以 UPOV - 78 为基础，为保存和再种植种子的权利提供了强有力的保护。种子公司可以注册新品种，但对未经授权使用受保护的种子品种的处罚可以忽略不计。种子公司试图用合同来确保转基因种子只被授权的购买者使用。但是，事实证明，司法执行这种合同作为一种防止在阿根廷未经批准将转基因品种用于商业用途的机制是无效的。

1. 种子法

在阿根廷，种子使用费制度仍然是一个未解决的问题。尽管进行了激烈的辩论，但国会在2019年10月选举前没有通过新的种子法。由种子制造商（通过阿根廷种子协会）和一些主要农民团体发起的最新种子提案，似乎在种子技术营销和知识产权保护方面提供了更明确的规则。提案中的法律规定，生产者为种子支付的价格将涵盖该产品的知识产权，期限至少为三年，从而促进生产者自己使用种子。也就是说，当生产者购买一袋种子时，他将支付使用该种子所获得的生物技术、种质资源和产品的三年或更长时间的使用权费用。虽然法律没有限制种子技术的最终使用或转让，但它授予受保护种子技术的所有者在每次后续繁殖和/或种子繁殖中使用种子时要求支付费用的权利。在国家家庭农业登记处登记的原住民和生产者（低收入生产者）没有义务为种子技术支付费用。另一个例外是为研究和开发目的而使用种子的，也不需支付费用。该提案加强了国家种子研究所的权威，允许其获得任何作物或其产品来实施这项法律，并对任何限制这种努力或提供虚假信息的人予以制裁。然而，这并不是提交给国会的唯一一项提案，提交的其他一些草案没有得到种业和农民组织的共识。新的种子法未能在10月选举前通过，目前尚不清楚新一届国会将在什么时候开始就种子法展开辩论，也不清楚未来将以什么立法草案作为讨论的基础。

2. 生物安全法

阿根廷目前没有生物安全法。私人消息来源表明，由于国会目前的状况，短期内不太可能考虑制定生物安全法。

1.2.12 《卡塔赫纳生物安全议定书》的批准

阿根廷政府的官员非常积极地与该区域其他国家合作，以实现协调配合。阿根廷于2000年5月在肯尼亚内罗毕签署了生物安全议定书，但尚未批准。阿根廷仍在进行协商，同所有有关部门分析和辩论国家在这方面将采取的立场。而且，阿根廷在为该议定书将来能够被批准这项工作而做出的努力，已成为公开的事实。

1.2.13 国际条约和论坛

作为种植转基因作物的玉米出口国，阿根廷、巴西和美国在出口玉米和玉米副产品时面临许多相同的贸易壁垒。因此，这些国家的生产者组织成立了一个名为 MaizALL 的国际玉米联盟，在以下问题上做出共同努力：

（1）全球异步和不对等审批。阿根廷、巴西和美国需要向主要进口国的政府发出统一的声音，呼吁全球同步批准转基因产品，并促进制定政策来管理尚未批准的转基因事件的低水平混杂（LLP）情况。

（2）美洲监管政策的协调。认识到需要协调新的转基因事件的全球监管审批程序，美国和南美洲各国的玉米部门希望看到美洲监管政策的协调统一，最终目的是互认转基因事件批准。

（3）现代农业传播。人们一致认为有必要让消费者更好地了解农业生产，包括转基因的好处，促进全球对生产饲料、食品和燃料用谷物能力的接受度。

注：这些是 MaizALL 的立场。

1.2.14 相关问题

1. 专注于转基因作物的创新农业技术团体

2010 年，出口国的代表在阿根廷开会，旨在确定一个以克隆和转基因作物为重点的创新农业技术小组的范围、目标和优先议题。该小组认识到需要大幅度增加农业生产以满足全球粮食需求，理解创新农业技术需要继续在应对这些挑战方面发挥关键作用，并强调监管方法应以科学为基础，成功地为研究和教育领域的协同工作奠定了基础，促进了国际食品法典委员会法规的使用，支持了食品、饲料和环境安全性的科学评估。截至 2019 年，该团体仍然非常活跃。

2. 南美农业部长理事会（CAS）关于基因组编辑的宣言

阿根廷、巴西、智利、巴拉圭和乌拉圭（CAS 成员国）农业部部长于 2019 年 3 月在阿根廷布宜诺斯艾利斯举行会议，并一致同意：

（1）通过基因组编辑改良的作物有可能在应对农业生产挑战方面发挥根本作用，以可持续的方式增加粮食供应。

（2）基因组编辑可以产生类似于通过其他常规育种方法获得的作物。

（3）CAS 国家通过基因组编辑为改良作物提供了公共和私人投资。这是因为它具有可以加速农业生产者获得农业利益的新特性，同时为国家农业研究机构和中小型生物技术公司开发的技术提供转让机会。

（4）应避免基因组编辑和其他育种方法获得的产品之间随意出现不公正的区别。

考虑到上述情况，部长们宣布：

（1）他们将交换关于产品开发和适用于他们现有法规框架的资料，探讨有科学基础的区域和国际法规协调的机会。

（2）他们将寻求与第三国共同努力的机会，以避免在没有科学依据的情况下对基因组编辑改良农产品贸易产生阻碍。

1.3 市场营销

1.3.1 公众/个人意见

大多数阿根廷科学家和农民对利用这种既能够减少投入又能提高作物产量和营养价值的生物技术的前景感到乐观并充满热情。

1.3.2 市场接受度/研究

阿根廷消费者接受转基因产品的经济效益，但对支持这种技术用于食品生产仍持谨慎态度。由于阿根廷在采用转基因技术方面处于领先地位，因此有必要在科学家、农民、私营公司、消费者、政府和监管组织之间进行对话和交流。任何有关国家对转基因植物和植物制品营销的具体研究情况尚未可知。

第2章　动物生物技术

2.1　生产和贸易

阿根廷生产转基因动物和克隆动物。

2.1.1　转基因动物

2019 年，CONABIA 收到了两份评估转基因动物的申请，一份是针对在牛奶中含有产生人类生长激素基因的牛和含有抗轮状病毒蛋白质基因的牛，还有一份是羊的，目前还处于保密阶段。

来自美国国家农业研究所（INTA）和圣马丁大学的科学家们在 2011 年展示了第一头转基因牛，该转基因牛在其序列中引入了两个人类基因，这两个基因引导了人乳中的两种蛋白质（乳铁蛋白和溶菌酶）的产生。牛奶中这些蛋白质的存在为婴儿提供了比普通牛奶更好的抗菌和抗病毒保护作用。

2.1.2　转基因三文鱼

2018 年，总部位于美国的 AquaBounty Technologies 公司在阿根廷完成了"AquAdvantage"转基因三文鱼的田间试验。该公司表示，AquAdvantage 将能提高一种重要食品的生产率和可持续性，并为全球蛋白质生产应用类似的新方法打开大门。

2.1.3　动物繁殖和生物技术中心

2017 年，农业部与 INTA 和迈蒙尼德大学共同成立了新的动物繁殖和生物技术中心，开展转基因生物的研究。该项目使该国能够在动物健康和生产方面开展更广泛的干预，如从对某些疾病具有抗性的动物到提高饲料转化率的动物，甚至可以在其副产品（如牛奶）中产生活性成分的动物。

此外，该项目将产生 DNA 生物技术方面的新知识，以通过转基因或基因组编辑获得具有分化和基因改变能力的动物。

2.1.4　改良布兰格斯菜牛品种

Kheiron 公司是克隆和动物基因组编辑领域的领军者，其利用 CRISPR 使肌肉生长抑制素基因减少，以提高布兰格斯菜牛品种的肌肉产量。改良肌肉生长抑制素基因的预期结果是获得更多的肌肉数量，从而使每只动物产生更多的蛋白质。

2.1.5　贸易壁垒

阿根廷转基因动物或克隆动物贸易存在任何特定国家的贸易壁垒的情况尚未可知。

2.1.6　Recombinetics 和 Kheiron 合资企业

美国 Recombinectics 公司和阿根廷 Kheiron 公司于 2019 年 6 月签署了一项协议，重点是在阿根廷进行精准育种，在牛的优良遗传品系中引入新的商业化性状。这一战略调整的预期最终目标将是使精准繁殖的动物商业化，为全球市场生产高价值的优质产品，并初步强调气候变化的适应性。利用 Recombinectics 公司的基因组编辑平台，结合 Kheiron 公司的体外胚胎生产、克隆和基因组编辑平台和基础设施，可以在保留多样性和估计育种价值的情况下，实现市场化动物的生产一代。两家公司在阿根廷的一系列项目上签署了联盟，旨在生产多种动物产品，以解决牛产业中存在的问题。

使用基因组编辑和克隆方法对动物进行基因改良的挑战是对创新育种的商业化的接受。在阿根廷，这个挑战得益于 GOA 对基因组编辑动物的现代化管理方法。

2.1.7　克隆动物：研发活动

阿根廷有三家公司和一家公共机构提供商业化克隆服务，主要用于动物育种。阿根廷有 400 多只克隆动物，为了便于控制（主要是动物和种质资源的所有权），阿根廷农村协会设立了一个家系登记处。

由于生产成本高，克隆动物不太可能进入食物链。

2.2　政策

2.2.1　监管框架

2017 年，CONABIA 更新了适用于动物生物技术的现有法规，其中包括改进田间试验许可证申请表等。

2017 年 11 月在政府公报上发布第 79 - E/2017 号决议，更新如下：

（1）改进田间试验许可证申请表，这是根据使用经验和生物安全标准的改进确定的。

（2）包括动物育种的新技术，如基因组编辑和十年前未知的新特性。

（3）除哺乳动物外，包括鱼类或昆虫在内的新类型动物实施的可能性。

（4）管理和控制动物的形式多样化，如池塘。

（5）评估和控制机构，如 MINAGRO、CONABIA 和 SENASA 的生物技术理事会，在干预领域更加明确。

该法规的技术内容是由 CONABIA 制定的，允许动物生物技术领域前沿发展的法规，由不同的研究机构和国内外公司推广。例如，将由动物繁殖和生物技术中心执行家畜改良、生物药品生产和用于异种移植动物的项目。

随着这一改进，农业部简化和更新了程序，促进了农业部门的技术创新和安全采用新技术。

法规全文可在官方公报（西班牙语版）中找到：https：//www. google. com/search？q = google + translator&rlz = 1C1GCEA_enUS771US771&oq = googl&aqs = chrome. 1. 69i57j69i59l2. 2760j0j7&sourceid =

chrome&ie = UTF − 8。

通过生物技术应用于动物的法规体系与用于评估植物转化体的法规体系一样，即评估是根据个案分析进行的。在转化体用作药品的评估方面，国家药品、食品和医疗技术管理局（西班牙语为ANMAT）也参与了评估。

2.2.2　标签和可追溯性

阿根廷农村协会为克隆动物设立了家系登记处，以协助克隆动物的所有者和潜在所有者。但是，这并不是 GOA 采用的官方追溯系统。目前，还没有政府管理的官方追溯系统。

2.2.3　知识产权（IPR）

阿根廷没有任何关于动物生物技术知识产权法规。

2.2.4　国际条约和论坛

阿根廷在体细胞核移植（SCNT）克隆问题上一直积极主动，包括阿根廷不同研究中心（主要是布宜诺斯艾利斯大学、圣马丁大学和国际教育协会）的科学家之间的合作，与美国、加拿大、澳大利亚、新西兰和欧盟等国家和地区的同行合作。

2.3　市场营销

2.3.1　公众/个人意见

总的来说，转基因动物的发展在阿根廷并没有引起太多的公众评论。

然而，随着新育种技术的发展，阿根廷马球协会对可能生产用于运动和育种的基因操作、突变或编辑的马表示担忧。该协会特别关切的是，基因兴奋剂以及滥用基因疗法来改善马的性能，将是下一阶段马术运动面临的情况。他们要求开发一种有效和准确的检测方法，以阻止那些试图在马上使用基因兴奋剂并保持这项运动的真实性的人。

2.3.2　市场接受度/研究

阿根廷任何有关动物生物技术的市场研究尚未可知。

附录1　决议173

1.1　创新生物技术/新育种技术

布宜诺斯艾利斯农业、畜牧业、渔业和食品部登记处审查了第 S05：0001472/2015 号文件。鉴于：农业、畜牧业和渔业部 2011 年 8 月 17 日第 763 号法令（MAGYP）规定了涉及转基因生物活动的指南，阿根廷共和国转基因生物条例根据第 3 条，第 763/11 号决议的 A 项规定，本决议中转基因生物评估的每个阶段的风险评估、生物安全措施的设计和风险管理应由国家农业生物技术咨询委员会（CONABIA）进行，其执行秘书处由国家过程和技术理事会生物技术理事会负责，该理事会隶属于 MAGYP 的农业、畜牧业和渔业秘书处（SAGYP）下的增加的新技术秘书处。

2012 年 8 月 6 日第 437 号决议（SAGYP）第 3 条规定了与 CONABIA 有关的行动，其中包括就"风险评估"向农业、畜牧业和渔业部长提供意见，对生物安全措施的设计和风险管理的各个阶段进行评估，转基因生物进入农业生态系统的授权以及每一个问题都要提交其科学评价。

2011 年 10 月 27 日第 701 号决议（SAGYP）提出了将转基因植物释放到农业生态系统的生物安全评估必须满足的要求和程序。

第 701/11 号决议将转基因植物定义为通过现代生物技术应用获得的遗传物质组合的植物体。

这项法规将转化体定义为"一个或多个基因或 DNA 序列的组合稳定插入植物基因组中，这些基因或 DNA 序列是一个已定义的遗传构建体的一部分"。

农业生物技术的发展是阿根廷共和国增加农业业务价值链价值的关键工具。

阿根廷共和国和世界其他地方一样，在新育种技术（NBTs）的开发方面取得了重大进展。

这些技术所衍生的作物的特性具有异质性，因此需要事先进行科学评估，以便确定这种作物是否属于适用于转基因植物的规则和法规，或者是否不受这些法规的限制。

这一决议并不能改变适用于转基因生物的法规框架，而是提出了程序，以确定 NBT 获得的利用现代生物技术进行遗传改良的作物是否受转基因规则和法规的约束。

经过 2013 年和 2014 年的多次会议的广泛讨论，CONABIA 在 2014 年 11 月 25 日举行的第九次会议上同意了该法规。

农业、畜牧业和渔业部法律事务总局已表达了其法律意见。

农业、畜牧业和渔业部长有权根据 2002 年 2 月 21 日修订的第 357 号法令提交这项决议。

1.2　农业、畜牧业和渔业秘书处决议

第一条　采用现代生物技术的新育种技术（NBTs）获得的作物在何种情况下不属于 GMO 法规的程序，现制定 2011 年 8 月 17 日第 763 号决议（MAGYP）及其补充法规。

第二条　为了确定某一具体案件是否受本法庭诉讼的约束，申请人应根据第 701/11 号决议，通过事先咨询阶段（"ICP"）提交此类案件，以用于 CONABIA 评估。在 ICP 期间，申请人应提交用于获取和选择作物的育种方法、引入的新性状或特征以及最终产品中存在的遗传变化证据的数据。

在 ICP 中，申请人应要求 CONABIA 确定育种过程的结果是否是遗传物质的新组合。当一项遗传变异在评估中被确定为稳定的和联合的时，应视为遗传物质的新组合。"2015 – ANO DEL BICENTENARIO DEL CONGRESO DE LOS PUEBLOS LIBRES"插入一个或多个基因或 DNA 序列，这些基因或 DNA 序列是已定义遗传构建体的一部分，已被插入植物基因组中。

第三条　转基因植物后代应视为转基因植物，除非科学数据允许得出不同的结论。因此，除了第 2 条中包含的规定，申请人还应告知在育种过程中是否使用了将引入农产品生态系统的作物中不再存在任何转化体，并包括在 ICP 过程中考虑的不存在转化体的证据。

第四条　生物技术理事会将对申请人在不超过 60 个工作日内提供的数据进行初步评估，并在接下来的 CONABIA 会议上继续讨论这个问题。根据 ICP 期间提交的信息，CONABIA 将确定是否创造了一种新的遗传物质组合。同样，如适用，CONABIA 将确定是否有足够的科学证据支持作物育种过程中没有使用瞬时转基因技术。生物技术理事会和 CONABIA 均可要求申请人提交额外的数据和信息，以便完成评估。

第五条　当 CONABIA 发现尚未产生新的遗传物质组合时，并且在适用的情况下，作物中不存在未经授权的转化体时，SAGYP 应通过生物技术理事会通知申请人该产品不属于第 763/11 号决议及其补充法规的范围。尽管有上述规定，CONABIA 仍可建议农业、畜牧业和渔业部长要考虑到某一作物的特点或科学技术上的新颖性，对该作物采取后续措施。

第六条　在提交 ICP 前，申请人必须在 2004 年 1 月 7 日决议（ex – SAGPYA）第 46 号规定的国家转基因植物生物经营者注册处（RNOOVGM）进行注册。未注册的申请人应向生物技术理事会提交同等文件，以证明申请人的法律地位。如果该产品被认为是转基因植物，申请人在提交第一个转基因植物申请之前必须在 RNOOVGM 注册。

第七条　申请人可以申请初步调查，以预测仍在设计阶段的转化体中，一种假想的预期产品是否属于第 763/11 号决议及其补充法规 "2015 – ANO DEL BICENTENARIO DEL CONGRESO DE LOS PUEBLOS LIBRES" 的范围。在这些情况下，不需要根据 RNOOVGM 或同等文件进行登记，CONABIA 应进行初步评估，并提供指示性答复，生物技术理事会将通知申请人。如果获得了这种新作物，它们应受上述规定的约束，以便确定它们是否具有初步调查中预期的新特征。

第八条　本决议自政府公报公布之日起生效。

第九条　将其沟通、发布、提交国家官方登记理事会并备案。Sgd.：G DELGADO. 农业、畜牧业和渔业秘书处。

1.3　SAGYP 第 173 号决议

免责声明：本法规的英译本仅限于说明目的，不应视为官方翻译；由于英语不是阿根廷共和国的官方语言，如果西班牙语版与英文版有分歧，应完全以西班牙语版为准。

附录 2　家畜生产用动物克隆联合声明

（2011 年 3 月）

2010 年 12 月、2011 年 3 月和 11 月，以及 2012 年 4 月和 9 月在布宜诺斯艾利斯举行了政府间会议，继续就农业和粮食生产中家畜克隆的监管和贸易方面进行交流。阿根廷、巴西、新西兰、巴拉圭、乌拉圭和美国等国政府的代表都认识到：面对日益增长的有限资源的压力，为应对粮食安全日益严峻的挑战，创新对农业的重要性，以及农业技术在应对这些挑战、满足日益增长的世界人口需求方面发挥的重要作用。他们还指出，与农业部门的其他技术一样，有关体细胞核移植（SCNT）家畜克隆的法规可能会影响贸易和技术转让，因此请其他国家政府考虑支持这一文件。

声明中确定的几点要求：

（1）与农业技术有关的监管方法应以科学为基础，对贸易的限制不得超过实现合法目标所必需的程度，并应符合国际义务。

（2）世界各地的专家科学机构审查了 SCNT 克隆对动物健康和来自家畜克隆的食品安全的影响。没有证据表明克隆动物的食品或克隆动物后代的食品比传统饲养的家畜的食品更不安全。

（3）SCNT 克隆的有性繁殖后代不是克隆。这些后代与任何其他有性繁殖的动物一样，都属于自己的物种。在克隆后代与该物种其他动物之间进行区分，并没有科学的正当依据。

（4）针对克隆后代食品的限制——如禁令或标签要求——可能会对国际贸易产生负面影响。

（5）任何针对克隆后代的审计和执法措施都不可能合法适用，并将会给家畜生产者带来沉重的、不必要的负担。

⑥

欧盟

美国农业部

对外农业服务局

规定报告：按规定 – 公开

报告编号：E42020 – 0101

报告名称：农业生物技术发展年报

报告类别：生物技术及其他新生产技术

编 写 人：Dorien Colman 和欧盟生物技术专家

批 准 人：Elisa Fertig

全球农业信息网

发表日期：2020.12.31

报 告 要 点

　　欧盟（European Union，EU）复杂且冗长的生物技术政策框架研究创造了一个富有挑战性的研究环境，并限制了 EU 农民使用创新生物技术的机会。因此，EU 大量进口转基因（Genetically Modified，GM）饲料，而种植的 GM 作物却很少，公众对 GM 作物的接受度很低。2018 年 7 月，欧洲法院裁定，认为通过创新生物技术创造的物种在 EU 应被视为"GM 物种"等同监管。新委员会"绿色旗舰"协议同样旨在大幅减少植物保护产品的使用，并将可持续性标准纳入农业生物技术审批程序。这可能会进一步限制 EU 农民使用以上技术。此外，应某些成员国的具体要求，欧盟理事会已要求欧盟委员会于 2021 年 4 月前提交一份新的基因组技术的研究报告，并在必要时提交一份相关的立法提案。

内 容 提 要

　　欧盟大量进口转基因饲料以维持其畜牧业发展。美国是 EU 大豆的主要供应国，其中大多数为 GM 大豆。尽管 EU 及其成员国（MS）在 EU 种植蛋白质作物并实现饲料自给自足方面做出了努力，但 EU 农民仍需进口安全、可靠和价格合理的饲料。EU 农业生物技术的捍卫者为农业部门的科学家和专业人士，包括农民、种子公司和饲料供应链代表。

　　EU 的 GM 作物商业化种植仅限于 EU 玉米总种植面积的 1%（西班牙和葡萄牙的 GM 玉米种植面积为 10.2 万公顷）。在 19 个欧盟成员国中，部分或全部地区禁止种植已被批准的单一品种。激进分子的毁灭威胁和艰难的市场环境也阻碍了 GM 作物的种植。

　　二十多年来，欧洲消费者一直受反生物技术组织不断散布的恐慌情绪的影响，对 GM 产品的态度大多是负面的。EU 食品业和零售商调整了产品供应，以迎合消费者的心理。平时更多是在零售时通过使用自愿的无 GM 标签来区分非 GM 食品。几家大型超市宣传只销售非 GM 产品。

　　EU 对 GM 产品的审批程序包括科学风险评估阶段和易受政治影响的风险管理阶段。前者由欧洲食品安全局（European Food Safety Authority，EFSA）执行，后者由欧盟委员会（European Commission，EC）负责，以确定各 MS 的意见。这一安排令欧洲议会（European Parliament，EP）不满，他们反对欧盟委员会的决定，并试图完善风险管理。2020 年仅 1 种 GM 作物获得完全的进口许可，2021 年有 8 种 GM 产品正在等待欧盟委员会的最终许可。

2019 年 9 月，EU 通过了一项《食品法规通则》修订案，旨在提高风险分析流程的透明度，以及所使用研究方法的可靠性、客观性和独立性；加强对负责执行风险评估流程的机构——EFSA 的管理和资源的利用。该法规将于 2021 年 3 月生效，EC 目前正在为其实施做准备。

EU 主要对与动物转基因技术相关的基础医学研究感兴趣。某些 MS 同样出于农业用途研究，重点关注改善牲畜育种。由于消费者的接受度低，EU 尚无任何通过动物克隆或 GM 动物生产的食物。

2018 年 7 月 25 日，欧洲法院（European Court of Justice，ECJ）裁定，以新型诱变方法（基因组编辑）产生的物种应受《转基因生物指令》的监管。这些新型诱变方法将受到目前适用于转基因产品的风险评估和审查要求、标签和监测义务以及溯源法律的约束。2019 年 11 月，EU 理事会要求 EC 于 2021 年 4 月 30 日前提交一份 EU 新型基因组技术现状的研究报告，以及一份关于如何监管这些新育种技术（NBTs）的立法提案（如适用），或后续所需的其他举措，并且提案必须附有影响评估。

欧洲法院还发现，只要行为（尤其是商品的自由流动）遵守 EU 法律的首要义务，EU 成员国有权监管不受《转基因生物指令》约束的常规诱变（化学和辐射）培育的物种。2020 年 5 月，法国通知 EC，拟按照法国国务委员会 2020 年 2 月的裁决，将化学或物理试剂的体外随机诱变剔除。若法国确定需采取额外举措来执行 ECJ 的裁决，则美国使用 NBTs 开发的农产品的出口可能会受到不利影响。

2020 年 5 月 20 日，根据 EU "绿色旗舰" 协议，EC 制定并发布《从农场到餐桌（F2F）战略》和《2030 年欧盟生物多样性战略》，以期提高粮食和农业可持续性。这标志着旨在从根本上改变 EU 农业经营以及为 EU 消费者生产和提供食品方式的多步骤立法发展过程的开始。在《从农场到餐桌（F2F）战略》的第 10 页上，EC 特别指出：新兴技术，包括生物技术和生物产品的开发，只要对消费者和环境安全，同时为整个社会带来益处，就可以在提高可持续性方面发挥作用……农民需要获得一些适应气候压力变化的优质种子。

2021 年，EC 对新型基因组技术的研究将可能在确定农业生物技术如何支持《从农场到餐桌（F2F）战略》目标以及将何种可持续性标准纳入 GM 作物审批流程中发挥作用。

缩略语定义

CGFM：玉米麸质饲料及粗粉

ECJ：欧洲法院

DG SANTE：卫生和食品安全总局

DDGS：玉米酒糟

EC：欧盟委员会

EFSA：欧洲食品安全局

ENVI：欧洲议会环境、公共卫生与食品安全委员会

EP：欧洲议会

EU：欧盟

GE：基因工程（美国政府使用的官方术语）

GMO：转基因生物（EU 使用的官方术语，在引用特定法规用语时使用）

JRC：欧盟委员会联合研究中心

LLP：低水平混杂

MS：欧盟成员国

NBTs：新育种技术

PPP：公私合作

RASFF：食品和饲料快速预警系统

PAFF：欧盟植物、动物、食品及饲料常务委员会

UK：英国

术语

"基因工程"是指在植物或动物育种中使用转基因技术。转基因是将外源基因从一种生物体导入另一种生物体的过程，目的是使后者表现出新的性状。在欧洲，这些由此产生的生物被称为转基因生物（GMO）。

"创新生物技术"在这里用作欧洲术语"新育种技术"（NBTs）的同义词，通常是指基因组编辑，它不包括传统的基因工程（转基因）。

本报告中，欧盟（EU）是指欧盟 27 个成员国（MS）和英国（UK），除非另有说明。

第1章 植物生物技术

1.1 生产和贸易

1.1.1 产品开发

在植物生物技术方面，有相当一部分国际知名的政府和私企研究人员来自欧洲。然而，由于不利的政治和监管环境，这种生物技术短期内不太可能促使 GM 农作物在 EU 实现商业化。

包括巴斯夫、拜耳、KWS 和利马格兰在内的几家主要的私营开发商均来自欧洲。然而，私营机构对于开发适合欧盟种植的 GM 植物品种的兴趣已经减弱。激进人士一再破坏试验田，加上 EU 审批程序的不确定性和延迟，使得基因工程成为一项不具吸引力的投资项目。因此，欧盟企业将投资方向放在欧洲以外的市场，并且其大多数植物生物技术方面的研究场所均在欧洲以外。历史上几家主要的欧洲私营开发商已将其研发业务转移至美国（拜耳于 2004 年、巴斯夫于 2012 年、KWS 于 2015 年分别在美国开设了新的研究中心），创新生物技术的研发正面临同样的命运。2020 年 2 月，荷兰最大的马铃薯种子生产商 HZPC 宣布，鉴于 EU 对 NBTs 的严格规定，该公司将于 2021 年将其部分研究和田间试验转移至加拿大。

政府机构和大学只进行基础研究和有限的产品开发。

在未来几年内，由于极少企业重视产品开发，且大多数政府机构无力承担 EU 监管审批系统的高额成本，研发生产终止。包括几个 EU 研究机构和美国农业部农业研究局（USDA ARS）在内的国际研发团队，开发了一种名为"蜜糖"、可抵抗李痘病毒的转基因李树。虽然已成功完成了许多田间试验，但预计仍需数年才可获得欧盟 MS 的最终商业化许可。

对于创新生物技术，包括比利时、德国、匈牙利、意大利、荷兰、波兰、西班牙和瑞典在内的一些 EU 国家以及英国正在利用这些技术开发新的植物品种。例如，比利时某个研究小组正在开发顺式基因晚疫病抗性的 Bintje 马铃薯。在荷兰，瓦赫宁根大学（Wageningen University）对马铃薯和苹果开展了顺式基因研究。然而，由于监管环境的不确定性，未来几年内这些植物不太可能在 EU 商业化。更多信息，请参见 1.2.5 创新生物技术。

在植物生物技术方面，EU 大多采用公私合作制（PPPs），但大多侧重于工业应用，而非农业应用。例如，2014 年生效的《生物产业 PPP》，旨在开发新型生物精炼技术，将生物质转化为生物基产品、材料和燃料。该项目计划于 2014—2020 年投资 37 亿欧元（42 亿美元，其中 25% 由政府资助）用于研究和创新，目标是到 2030 年，生物基和可生物降解的化学品和材料替代至少 30% 的油基化学品和材料。生物技术是 PPP 项目涵盖的研究领域之一。

对于植物生物技术的医学应用，EU 正在开展一些实验室研究。在实验室中，GM 植物和植物细胞被用于开发具有药用价值的蛋白质。GM 微生物可以生产结构简单的蛋白质，如胰岛素和生长激素，其中部分已商业化。GM 植物和植物细胞可用于开发更复杂的分子，如生产疫苗、抗体、酶等。

EU 国家开展的植物生物技术研究的其他实例见田间试验和附录 2。

1.1.2 商业化生产

2020 年仅有两个 MS 种植 Bt 玉米。唯一被批准在 EU 种植的 GM 植物为 MON810 玉米，为抗欧洲玉米螟（一种害虫）的苏云金芽孢杆菌（Bt）玉米。

2020 年，EU Bt 玉米的种植面积减少了 8.5%，达到 10.2 万公顷（见表 6-1），西班牙占 96%，葡萄牙占 4%。MON810 玉米被种植于有玉米螟的地区。

表 6-1		EU Bt 玉米种植面积				单位：公顷
年份	2015	2016	2017	2018	2019	2020
西班牙	107749	129081	124197	115246	107130	98152
葡萄牙	8017	7069	7036	5733	4718	4216
捷克共和国	997	75	0	0	0	0
罗马尼亚	2.5	0	0	0	0	0
斯洛伐克	400	112	0	0	0	0
EU Bt 玉米种植总面积	117166	136337	131233	120979	111848	102368
EU 玉米种植总面积	9255560	8561930	8271640	8259470	8923970	8980000（估算）
Bt 玉米在玉米种植总面积中的比例	1.27%	1.59%	1.59%	1.46%	1.25%	1.14%

资料来源：FAS/欧盟办事处和欧盟统计局。

EU 生产的 Bt 玉米在当地用作动物饲料。西班牙和葡萄牙的饲料谷仓不具备 GM 和非 GM 玉米单独的生产线，因为几乎所有市售饲料都含有转基因大豆作为其蛋白质来源，因而默认标记为"含 GM 产品"。在许多情况下，通过身份保留程序，进入食品链的玉米加工企业使用非 GM 玉米进行生产，食品玉米加工企业支付价格更高，导致一些农民选择种植传统玉米品种。

2017 年以来，捷克共和国和斯洛伐克停止种植 Bt 玉米（罗马尼亚于 2016 年停止种植）。尽管捷克政府以科学的态度采用生物技术，但由于 GM 产品销售困难，农民停止了种植。捷克共和国国内生产的 GM 玉米被用于沼气生产和农场牛饲养。同时在捷克共和国和斯洛伐克，零售商都在推销不含 GM 的产品和未经 GM 饲料喂养的动物制品。

2015 年以来，已有 19 个 EU 国家根据指令（EU）2015/412"选择退出"在其全部或部分领土种植 GM 作物。该法规也称为"选择退出"指令，允许任何 MS 出于社会经济而非科学原因"选择退出"种植许可的 GM 作物。出台该法律的理由是防止 MS 利用"虚假科学"援引保障条款。选择退出种植并未引起农业的变化，因为 2015 年选择退出的国家在实施该法规时均未种植 GM 作物，也未导致授权过程中 MS 对种植文件投票的改变①。

表 6-2 概述了 MS 执行"选择退出"指令的情况。

---

① 有关本指令的更多信息，请参阅：EU-28-Biotechnology Annual Report 2017。

表 6 - 2　　　　　　　　　　　　**MS 执行"选择退出"指令的情况**

情况	国家和地区
N　[N = 新的] 之前未禁止种植的 8 个国家和 4 个地区根据 2015 年指令选择退出 GM 玉米种植。这一决定并未引起农业变化，出于各种原因，包括不适应当地生长条件、抗议威胁和行政限制，2015 年选择退出的国家均未种植 GM 作物	8 个国家：克罗地亚[1]、塞浦路斯、丹麦[2]、拉脱维亚、立陶宛、马耳他、荷兰、斯洛文尼亚 2 个国家的 4 个地区：比利时瓦隆；英国北爱尔兰、苏格兰和威尔士
9 个已依照多个程序禁止种植的国家根据新指令选择退出 GM 玉米种植	奥地利、保加利亚、法国、德国[3]、希腊、匈牙利、意大利、卢森堡和波兰
2 个于 2019 年种植 GM 玉米的国家	西班牙、葡萄牙
其他国家和地区，仍然允许种植，但由于各种原因，包括不适应当地生长条件、抗议威胁和行政限制，未种植 GM 玉米	7 个国家：爱尔兰、罗马尼亚、瑞典、芬兰、爱沙尼亚、斯洛伐克[4]、捷克共和国 2 个地区：比利时佛兰德斯，英国英格兰

[1] 在选择退出之前，克罗地亚并未在全国范围内禁止种植 GM 作物。然而，克罗地亚关于"GMO"的旧法律禁止在保护区及其缓冲区、有机农业地区和对生态旅游具有重要意义的地区种植 GM 植物。这项法律提供了一个将全国大部分地区排除在 GM 植物种植之外的法律措施。

[2] 丹麦只选择退出了 MON810 的种植，以及当时筹备的 7 种玉米中的 3 种。卢森堡和丹麦执行同样的指令。

[3] 德国新政府于 2018 年春季发布的联合协议指出，将在全国范围内监管禁止种植 GM 植物（选择退出），该项立法尚未生效。

[4] 斯洛伐克尚未正式选择退出，但立法极大阻碍了 GM 作物的种植。

1.1.3　出口

EU 不出口任何 GM 作物或植物，其生产的 GM 玉米在当地用作动物饲料和用于沼气生产。

1.1.4　进口

EU 每年进口：超过 3000 万吨的大豆产品（包括 GM 和非 GM 产品）；1200 万 ~2500 万吨的玉米产品（GM 和非 GM 产品）；300 万 ~600 万吨的油菜籽产品（GM 和非 GM 产品）。据估计，EU 进口的 GM 产品中，大豆产品占 90% ~95%，玉米产品占 20% 多，油菜籽产品占不到 25%。

贸易数据未区分传统和 GM 品种，因此本节中的图表包括这两个类别。表 6 - 3 列出了 EU 主要供应国中 GM 作物在大豆、玉米和油菜籽/油菜总产量中的份额。

表 6 - 3　　　　**EU 主要供应国中 GM 作物在大豆、玉米和油菜籽/油菜总产量中的份额**

大豆	
阿根廷	100%
巴西	96%
加拿大	95%

大豆	
巴拉圭	99%
乌克兰	估计占出口的 50% ~65%
美国	94%
油菜籽/油菜	
澳大利亚	22%
加拿大	95%
俄罗斯	0%
乌克兰	估计占出口的 10% ~12%
玉米	
巴西	89%
加拿大	100%
俄罗斯	0%
塞尔维亚	0%
乌克兰	估计占出口的 1%
美国	92%
越南	3%

资料来源：ISAAA 报告和 FAS/Kyiv（2020）。

1. EU 每年进口超过 3000 万吨的大豆产品

EU 缺乏蛋白质产出，其产量不足以满足动物饲料需求，所以每年必须进口超过 3000 万吨的大豆和豆粕，主要用于动物饲料。

在过去 5 年中，EU 每年平均进口大豆约 1400 万吨，豆粕约 1900 万吨（见图 6 - 1 和图 6 - 2）。目前，EU 进口的大豆约占其供应量的 77% ~78%[①]，大部分大豆由本土设施粉碎。

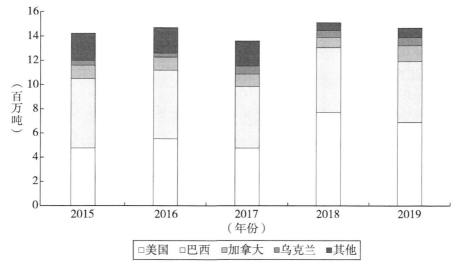

图 6 - 1　EU 进口大豆量（按公历年）

资料来源：贸易数据监测（欧盟统计局）。

① 请参阅 GAIN 有关 EU 油菜籽的最新信息。

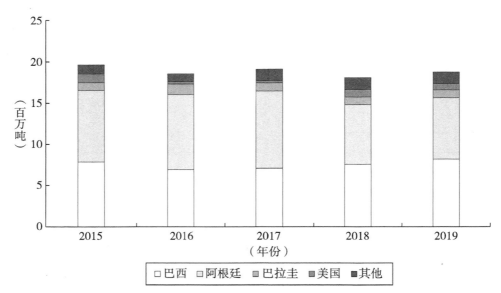

图 6-2　EU 进口豆粕量（按公历年）

资料来源：贸易数据监测（欧盟统计局）。

由图可知，EU 大豆的主要供应国为美国和巴西，豆粕的主要供应国为巴西和阿根廷。豆粕的最大用户（德国、西班牙、法国、比荷卢经济联盟[①]和意大利）也是畜禽的主要生产国/组织[②]。

EU 对非 GM 豆粕的需求是由有机产业、某些按地理标志销售的产品以及各种无 GM 标识举措推动的。非 GM 豆粕主要由国内种植的大豆和从巴西和印度进口的大豆供应。预计未来几年欧洲非 GM 大豆产量将增加。

2. 一些旨在减少 EU 对进口大豆产品依赖的举措

EU 对进口大豆和豆粕的依赖一直存在争论，总体而言，相对于动物饲料的总需求，目前 EU 大豆的生产潜力仍然很小。2020/2021 销售年度 EU 的大豆产量估计为 280 万吨，仅占需求的一小部分。[③] 相比之下，每年进口的大豆产品超过 3000 万吨。

2018 年 11 月，欧盟委员会发布了欧盟植物蛋白发展报告。然而，此报告并未讨论 EU 对农业生物技术限制这一行为对欧盟植物蛋白发展产生的不利影响，如改良的种畜和适应 EU 气候和环境条件的更具弹性的蛋白质作物。

某些 EU 国家补贴当地非 GM 蛋白质生产，如法国、德国和西班牙等制定了蛋白质作物国家战略，旨在鼓励作物轮作，同时减少对进口蛋白质的依赖。如采取激励措施，向农民提供配套支持或将蛋白质作物作为固氮作物（生态重点领域）用于农业生产，以符合 2014—2020 年欧盟共同农业政策（CAP）的环保要求。

多瑙河大豆协会是由奥地利政府支持的非政府组织，促进了多瑙河地区（奥地利、波斯尼亚和黑塞哥维那、保加利亚、克罗地亚、德国、匈牙利、罗马尼亚、塞尔维亚、斯洛伐克、斯洛文尼亚和瑞士）非 GM 大豆的生产。根据该协会的数据，多瑙河地区大豆的生产潜力可达 400 万吨。

自 2017 年 7 月以来，已有 15 个 MS 签署了旨在提高 EU 大豆产量的《欧洲大豆宣言》。（更多

---

① 比利时、荷兰和卢森堡三国共同建立的联合经济组织。

② 见 2019 年报告所述：https：//www.fas.usda.gov/data/eu-27-agricultural-biotechnology-annual。

③ 请参阅 GAIN 有关 EU 油菜籽的最新信息：https：//www.fas.usda.gov/data/european-union-oilseeds-andproducts-upda。

信息，请参阅政策相关问题）

3. EU 每年进口 1200 万~2500 万吨的玉米产品

在过去 5 年中，玉米平均进口量为 1700 万吨，目前 EU 进口的玉米占其供应量的 20%~25%。据估计，GM 玉米仅占玉米进口总量的 20% 多一点。最大的玉米进口国/组织（西班牙、比荷卢经济联盟、意大利和葡萄牙）拥有大量的畜禽业，但其国内谷物产量有限[①]。在过去 5 年里，乌克兰一直是 EU 主要的玉米供应国，2019 年占比 64%，因为乌克兰政府不允许 GM 作物生产（见图 6 - 3）。

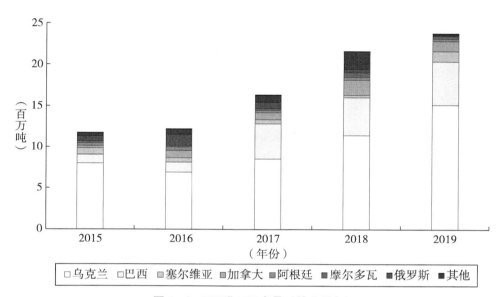

图 6 - 3　EU 进口玉米量（按公历年）

资料来源：贸易数据监测（欧盟统计局）。

在过去 10 年中，美国玉米出口量平均占 EU 玉米进口总量的 5%（见图 6 - 4）。1998 年美国开始种植 GM 玉米，导致美国对 EU 的出口急剧下降。这是由于与美国的审批（异步审批）相比，EU 审批 GM 性状的滞后性，以及 EU 缺乏 "低水平存在" 的政策。此外，美国生产的大多数 GM 玉米品种均为一个品种中转入多个基因，这些品种被称为（转入）复合基因的作物。EU 从美国进口的玉米主要用于动物饲料和生物乙醇生产。迄今为止，西班牙是美国玉米在 EU 的主要进口国。由图可知，2011 年、2014 年和 2018 年 EU 从美国进口的玉米量有所增加。然而，由于 2018 年 6 月 EU 对从美国进口的玉米征收额外关税，2019 年 EU 从美国进口玉米的市场份额降至近 0%。

4. 美国是 EU 玉米加工副产品的主要供应国

2019 年，EU 进口了 90.5 万吨玉米酒糟（DDGS）[②] 和玉米麸质饲料及粗粉（CGFM[③]，见图 6 - 5），GM 产品约占进口总额 80%。美国是欧盟 DDGS 和 CGFM 的主要供应国，过去 5 年平均占 80% 的市场份额。根据价格和 EU 审批 GM 玉米新品种的速度，玉米进口量每年都有所不同。

---

① 有关 EU 谷物市场的更多信息，请参见 GAIN 有关 EU - 28 谷物和饲料年报（2020）。
② DDGS 为玉米蒸馏过程的副产品。
③ CGFM 为玉米湿法制粉的副产品。

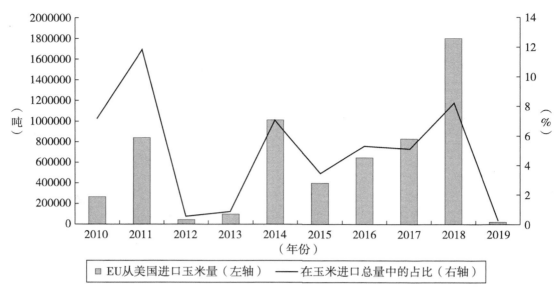

图 6-4 EU 从美国进口玉米量及其在进口总量中的占比（按公历年）
资料来源：贸易数据监测（欧盟统计局）。

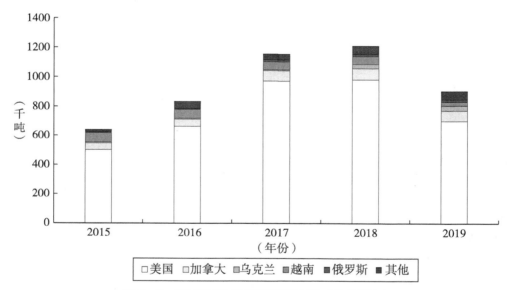

图 6-5 EU DDGS 和 CGFM 进口量（按公历年）
资料来源：贸易数据监测（欧盟统计局）。

5. EU 每年进口 300 万~600 万吨的油菜籽产品

过去 5 年，EU 平均每年进口 400 万吨油菜籽和 36.1 万吨菜籽粕（见图 6-6 和图 6-7）。据估计，GM 产品占进口总额的比例不到 25%。EU 三大油菜籽供应国（加拿大、澳大利亚和乌克兰）种植 GM 油菜籽（见表 6-3），俄罗斯是 EU 主要菜籽粕供应国，但俄罗斯不种植 GM 油菜籽。

虽然 EU 是世界上最大的油菜籽生产国，但当地需求超过国内供应，需进口大量的油菜籽用于榨油，菜籽粕被用作动物饲料。

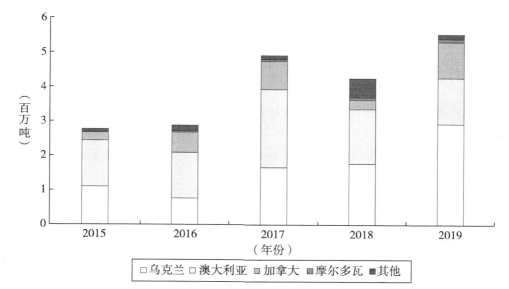

图 6-6 EU 进口油菜籽量（按公历年）

资料来源：贸易数据监测（欧盟统计局）。

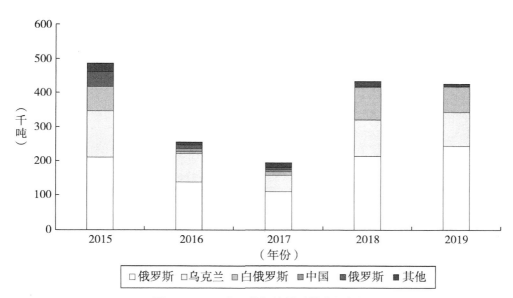

图 6-7 EU 进口菜籽粕量（按公历年）

资料来源：贸易数据监测（欧盟统计局）。

1.1.5 粮食援助

EU 以食品、货币、代金券、设备、种子或兽医服务等形式提供粮食援助，不包括转基因产品，更多信息请访问欧盟委员会网站。

MS 并非外部粮食援助的接受国，但"欧洲最贫困者援助基金"会在 MS 内部进行一些再分配，其中不包括 GM 产品。

1.1.6 贸易壁垒

请参阅本报告的以下部分：审批所遵循的时间表；低水平存在策略；选择退出种植（GM 作物）的国家。

此外，某些国家禁止销售 EU 许可的 GM 作物：自 2007 年以来，奥地利禁止进口和加工 1 个 GM 玉米品种和 4 个 GM 油菜籽品种；保加利亚禁止在学校销售含 GM 产品的食品。

1.2　政策

1.2.1　监管框架

1. 政府部门对 GM 植物的监管职责

在 EU，进口、分销、加工或种植食用或饲用 GM 产品，都必须经过许可。获取进口、分销或加工许可所需的步骤见（EC）1829/2003 号法规。获取种植许可必须遵循的程序见 2001/18/EC 号指令。

在这两种情况下，欧洲食品安全局（EFSA）在许可流程的风险评估阶段必须得出结论，即产品与传统品种同等安全。一旦 EFSA 给出正面意见，MS 将对是否应当许可该产品作出政治决定。EC 卫生和食品安全总局（DG SANTE）负责该程序后期的风险管理，其间应将决议草案提交给欧盟植物、动物、食品及饲料常务委员会（PAFF）GMO 产品分委员会或执行《GMO 有意环境释放》指令的 MS 专家。

MS 政府职责部门包括农业与食品、环境、卫生和经济部门。

2. 生物安全主管部门的职责和成员

EFSA 的核心任务为独立评估 GM 植物对人类和动物健康及环境的任何可能风险，其职责仅限于提供科学建议，而非许可 GM 产品。EFSA 的 GM 生物小组的主要任务包括：

GM 食品和饲料应用的风险评估：EFSA 小组对 GM 生物（依据 2001/18/EC 号指令）及衍生食品或饲料［依据（EC）1829/2003 号法规］的安全性提供独立的科学建议。风险评估工作是基于对科学信息和数据的审查。

制定指南：旨在阐明 EFSA 风险评估方法，以确保工作透明度，并为企业在准备材料和提交申请方面提供指导。

根据风险管理人员特定要求提供科学建议：例如，EFSA 小组就可能出现或现存于 EU 的尚未许可的 GM 生物的安全性提供科学建议。

自行任务：主动确定需进一步关注的与 GM 生物风险评估有关的科学问题，例如，利用动物喂养试验编写 GM 生物风险评估科学报告。

EFSA 小组汇集了来自欧洲不同国家的风险评估专家，成员专业领域涵盖：食品和饲料安全性评估（食品和遗传毒理学、免疫学、食品过敏）；环境风险评估（昆虫生态学与种群动态、植物生态学、分子生态学、土壤学、目标害虫抗性演化、农业对生物多样性的影响）；分子表征和植物学（基因组结构与进化、基因调控、基因组稳定性、生物化学与代谢）。成员简介和利益声明见 EFSA 网站。

随着时间的推移，EFSA 制定的指南因为已被编入法律而变得更加严格。其影响如下：

（1）随着知识和经验的增长，降低了风险评估人员、研究人员和开发人员采用最科学合理方法的能力。

（2）阻碍了风险评估人员采取灵活、假设驱动、证据权重的方法。

（3）提供了缺乏科学依据或预测价值的数据和信息，给申请人增加了不必要的成本和负担。

（4）直接导致风险评估过程不断延长和带来不必要的延迟——目前 EFSA 对生物技术产品的意见总体平均需六年。

3. 可能影响植物生物技术相关监管决策的政治因素

引进农业生物技术 30 多年以来，EU 始终处于矛盾状态。欧盟委员会（EC）持续采取不一致和不可预测的方式监管该技术，一定程度上归因于对生物技术抱有强烈情感和意识形态立场的 EU 消费者和反生物技术团体，他们不断向 EP 代表施压，给 GM 作物品种的种植和使用的审批程序带来影响。相反，EU 农业却依赖大量进口 GM 饲料用于其庞大的畜牧业，阿根廷、巴西、加拿大和美国帮助其解决了这一需求，主要供应 GM 玉米和大豆。有关 EU 反生物技术团体及其对监管决策影响的更多信息，请参阅 1.3.1 公众/个人意见。

2019 年 12 月 1 日，由乌尔苏拉·冯·德莱恩（Ursula von der Leyen）领导的新一届欧盟委员会正式就任，为获得环保团体的支持，解决许多 EU 公民对环境的担忧，欧盟委员会的首要行动便是制定 EU 绿色协议。

该协议包括两个战略：生物多样性战略①和从农场到餐桌战略②，均旨在大幅限制农药和其他农业投入品的使用。欧盟委员会表示，将根据 EU 绿色协议为 GM 许可流程增加可持续性标准，目前正在研究如何实施。

4. 食品、饲料、加工和环境释放审批监管的区别

EU 法规提供了 GM 产品详细的审批流程，根据 GM 产品是否用于 EU 进口、分销、加工或种植，要求有所不同：（EC）1829/2003 号法规规定了获取进口、分销或加工许可所需的步骤。2001/18/EC 号指令提出了获取种植许可必须遵循的程序，（EC）2015/412 号指令允许 MS 在其领土内以非科学原因限制或禁止种植 EU 许可的 GM 植物（"选择退出"指令）。

为了简化申请程序，EC 根据（EC）1829/2003 号法规制定了一套独特的申请程序，允许企业就一种产品及其所有用途仅提交一份申请。按照该简化程序，对于食品、饲料或工业产品的种植、进口和加工，仅开展一次风险评估和许可。然而，由于种植申请的不可预测性及过程缓慢，申请人倾向于避免这一程序，仅申请食品和饲料审批。

（1）将生物技术项目投放食品和饲料市场的许可③。

获取进口、分销或加工生物技术项目的许可步骤如下：

第一步：向 MS 主管部门提交申请④，主管部门在收到申请后 14 天内以书面形式告知申请人收

---

① 请点击此处了解更多 EU 生物多样性战略：https：//www. fas. usda. gov/data/european – union – eu – member – states – adopt – their – position – biodiversity – strategy。

② 请点击此处了解更多 EU 从农场到餐桌战略：https：//www. fas. usda. gov/data/european – union – eu – member – states – adopt – official – position – farm – fork – strategy。

③ 欧盟委员会（EC）1829/2003 号法规。

④ 申请必须包含：申请人名称和地址；食品名称及规格，包括所用的转化项目；已进行的研究和其他任何可用材料的拷贝，以证明对人类或动物健康或环境无不利影响；转化项目的检测、采样和鉴定方法；食品样本；上市后监测方案（如适用）；标准格式的申请摘要；（EC）1829/2003 号法规的第 5（3）条食用和第 17（3）条饲用中所列随附信息的完整清单。

悉，并将申请转交至 EFSA。

第二步：EFSA 立即通知其他 MS 和 EC 该申请情况，并通过互联网公开发布申请书的摘要。

第三步：EFSA 有义务遵守从收到有效申请到发布意见的 6 个月期限，当 EFSA 或国家主管部门通过 EFSA 要求申请人提供补充信息时，可延长期限。

第四步：EFSA 向 EC、MS 和申请人提交申请意见，并在公布后 30 天内完成公众征询。

第五步：收到 EFSA 意见后 3 个月内，EC 向 PAFF 提交 EFSA 意见的决议草案，以供表决。

2011 年 3 月 1 日之后提交给 PAFF 的决议草案，受《里斯本条约》规定的程序规则约束。根据规则，如果决议草案未获得多数票支持，被委托人可向委员会提交修订草案，或向申诉委员会（由 MS 官员组成）提交原始草案。如果申诉委员会在提交之日起两个月内未通过或否决决议草案，则 EC 可通过该决议。《里斯本条约》之后，程序规则赋予委员会更多的自由裁量权。《里斯本条约》之前，委员会必须通过决议草案。按照新规则，委员会可选择是否通过。

许可在整个 EU 的有效期为 10 年，最迟在许可到期前 1 年，许可持有人可向 EC 申请续期 10 年。除其他事项外，许可续期申请必须包含自先前决议以来，消费者或环境的安全和风险评价有关的任何新信息。如许可到期前未作出续期决定，则许可有效期自动延长，直至作出决定。

有关授权产品清单，请参阅 1.2.2 审批。

（2）生物技术项目种植许可①。

各 MS 相应主管部门在项目商业化种植前，必须提供书面同意。商业化前释放的标准许可程序如下：

第一步：申请人必须向 MS 相应国家主管部门提交一份在其境内将实施释放的通知②。

第二步：MS 主管部门利用 EC 建立的信息交换系统，在收到通知后 30 天内，向委员会提交所收到各通知的摘要。

第三步：委员会必须在收到摘要后 30 天内将其提交给其他 MS。

第四步：MS 可在 30 天内通过委员会或直接提交意见。

第五步：国家主管部门有 45 天时间评估其他 MS 的评论，通常评论与国家主管部门的科学意见不一致，则将其提交给 EFSA，EFSA 将在收到文件后 3 个月内给出意见。

第六步：委员会随后将 EFSA 意见的决议草案提交给监管委员会，以供表决。

与前面将生物技术项目投放食品和饲料市场的许可情况类似，2011 年 3 月 1 日之后提交给监管委员会的决议草案，受《里斯本条约》规定的程序规则约束。

有关许可产品清单，请参阅 1.2.2 审批。

此外，（EC）2015/412 号指令允许 MS 在其领土内以非科学原因限制或禁止种植 EU 许可的 GM 植物（"选择退出"指令）。关于该指令的更多信息，请参阅 1.1.2 商业化生产。

（3）EC 修订专家委员会规则的提案。

2017 年 2 月 14 日，EC 提议修订（EU）182/2011 号法规规定的专家委员会规则。该提案由理事会和议会共同决定，旨在通过下列方式让 MS 负责决策：在申诉委员会中仅投赞成或反对票；允许第二次向部长级申诉委员会提交；公布 MS 投票结果；允许向部长会议申诉。

---

① 欧盟委员会 2001/18/EC 号指令。

② 除其他外，通知应包含：提供开展环境风险评估所需信息的技术资料；环境风险评估和结论，以及所用方法的任何参考文献和说明；完整细节见 2001/18/EC 号指令第 6（2）条。

尽管理论上该提案适用于 EU 立法的所有区域，但显然这主要是针对敏感的生物技术领域作出的决定。一旦通过，该提案将使决策过程延长 6 个月。

2020 年 1 月 31 日，EP 法律事务委员会（EP JURI）报告员 Jozsef Szajer（欧洲人民党，匈牙利人）提交了一份报告草案，提议对 2014 年专家委员会提案进行 11 项修订，主要旨在告知 EP 和公众风险管理流程，以及 MS 特定表决的理由。其他 5 个 EP 委员会通过了修订案，将被纳入 JURI 委员会最终报告中。这些委员会分别为：国际贸易委员会（INTA），农业和农村发展委员会（AGRI），产业、研究与能源委员会（ITRE），环境、公共健康和食品安全委员会（ENVI）以及宪政事务委员会（AFCO）。2020 年 12 月 16 日欧洲议会举行全体投票，但截至目前尚无结论。

理事会的工作仍处于停滞状态，产业利益相关者分析预测，大多数 MS 不会将改革作为立法重点。2020 年 WTO 生物技术咨询会期间，欧盟委员会表示，由于 MS 的不情愿，该提案预计无法推进，但并未打算撤回专家委员会的改革提案。

5. 可能影响美国出口的法律法规

请参见本报告 1.1.2 商业化生产和 1.1.6 贸易壁垒。

6. 审批时间表

新的 GM 作物正以越来越快的速度进入全球市场，EU 审批生物技术植物的监管程序比供应国漫长很多。这已导致在供应国解除管制并种植的与在 EU 许可的 GM 产品之间的差距扩大，使得相关农产品和加工产品的贸易被部分或完全中断。

这给农产品贸易企业带来了麻烦，因为它限制了采购选择，并增加了与种植尚未许可国家开展业务的风险。如在入境口岸检测到这些品种，则运往 EU 的农产品被拒绝入境。欧洲饲料制造商及谷物和饲料贸易商，一再批评 EU 冗长的许可流程，因为拖延会导致贸易中断，以及 EU 动物饲料业所需高蛋白产品的价格上涨。

EU 审批时间的拖延也会影响农民的种植决定，主要出口国审批不同步会阻碍农民选择先进的种子。EU 以外国家的农民也可能为继续作为或成为 EU 农产品供应商，而选择不种植 GM 品种。

图 6-8 和图 6-9 给出了按照 EU 法规应当遵循的审批时间表，EU 监管审查流程应尽量为 12 个月：EFSA 开展环境、人类和动物健康安全性评估需 6 个月，欧盟委员会审批需 6 个月，但实际上 GM 项目的审批需 6 年以上。相比之下，加拿大、巴西和美国的审批流程平均需 2 年左右，韩国需 3 年。EU 审批流程冗长的主要瓶颈在于 EFSA，尽管 GM 产品在全球已有 25 年的安全使用历史，且 EFSA 拥有监管 GM 产品全面的制度性记录，但 2018 年许可项目交付安全性评估平均需 4.7 年，2019 年平均需 4.9 年。2020 年仅许可 1 个项目，EFSA 所花时间约为 2019 年平均时长的一半。

在 EU 申请 GM 产品审批的第一步，通常需 6 个月以上。申请人向 EFSA 提交 GM 资料，然后等待数月到约 2 年（例外时长达 4 年），由 EFSA 审查申请和开展"完整性检查"。成功通过 EFSA 的"完整性检查"时，已过去 6 个月。EFSA 工作组随后审查资料，开展环境、人类和动物健康安全性评估；工作组可随时暂停工作，要求申请人提供额外信息——进行问题答复和/或开展附加研究。当申请人提交答复或完成所要求的研究时，EFSA 重启工作。因此，EFSA 可能主张能满足 6 个月期限，但其可无限期超时。

每年提交的生物技术申请数多于许可决定数，造成 EFSA 和委员会工作的积压，行业组织不断向 EC 和 MS 施压，要求其遵循法定审批程序。2014 年 9 月，3 个 EU 行业组织（COCERAL、FEFAC

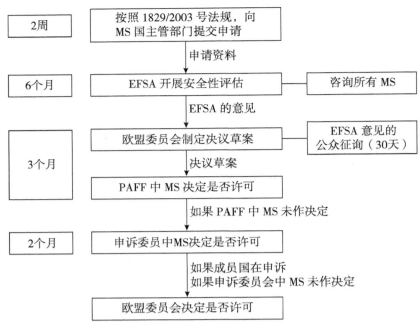

图6-8　EU 食品和饲料审批流程

资料来源：USDA/FAS。

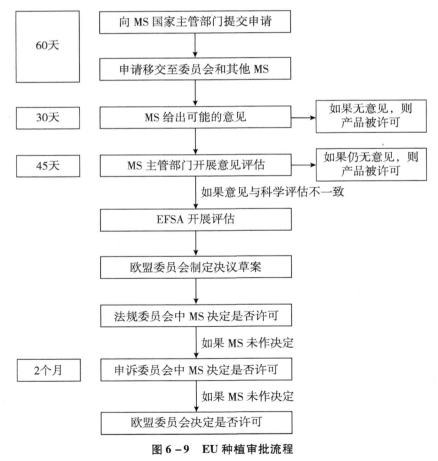

图6-9　EU 种植审批流程

资料来源：USDA/FAS。

和 EuropaBio）就许可的重大延误向 EU 监察机构提出诉讼。EU 监察机构为负责调查 EU 组织机构管理不当投诉的实体组织。2016 年 1 月，监察机构代表 EC 裁定：存在管理不当，且拖延许可是不合理的。

此后，EU 开始更接近时间表。但由于 2020 年的新冠肺炎疫情，新一届委员会首先关注其标志性的"EU 绿色协议"，然后不断受到疫情的限制，导致积压了大量工作。委员会组织网络会议的行动迟缓，投票不得不以书面程序开展，增加了数周时间。

1.2.2　审批

欧盟委员会官网提供已许可及待许可 GM 产品的完整清单，EFSA 官网提供待许可 GM 产品的清单。

MON810 Bt 玉米是唯一获得种植许可的 GM 植物。截至本报告发布，在 EU 获得食用或饲用许可的 GM 产品包括玉米、棉花、大豆、油菜籽、甜菜和微生物的几个品种。许可决定的有效期为 10 年，如果提交给 EFSA 的申请有效，则许可延期直至有新的许可。

到目前为止，2020 年仅有 1 个 GM 项目获得许可。9 月 28 日，EC 批准了拜耳公司耐除草剂大豆 MON 87708 × MON 89788 × A5547 – 127[①]。EC 上次许可 GM 作物的时间为 2019 年 11 月。由于 EU 希望减少农药尤其是草甘膦的使用（根据"EU 绿色协议"[②]），所以这一许可给出了积极的信号，表明新一届委员会仍将遵循 EU 法规。截至本报告发布，EC 已处理了其接收的所有 GM 产品进口申请；然而，仍有 8 项申请尚待最终许可。

由于 PAFF（植物、动物、食品和饲料常务委员会）会议受新冠肺炎疫情影响而暂停，MS 有约 20 种 GM 作物待 EFSA 许可，其中 8 种处于最后阶段。截至本报告发布，PAFF 组织了 3 次会议：9 月 15 日、10 月 7 日和 12 月 16 日；但受疫情限制，MS 被迫召开电话会议。因此，只能通过书面程序进行投票，MS 需约两周时间。

完成 EU 完整的 GMO 许可程序后，EC 才许可 GM 项目。已许可 GM 项目生产的产品，须遵守 EU 严格的标签和溯源规则。

1.2.3　复合性状转化事件的审批

复合性状转化事件的审批流程与单一转化事件的审批流程相同，按照（EU）503/2013 号法规附录二的规定开展风险评估。申请人应提供每个单一转化事件的风险评估或引用已提交的申请。复合性状转化事件的风险评估还应包括基因稳定性、基因表达、基因之间潜在相互作用的评估。

与大多数国家大多数 GM 产品的审批流程不同，EU 审批复合性状转化事件时独立于已审查的单一转化事件；这一政策延缓了玉米审批速度，随着复合性状大豆的日渐普及，还可能开始延缓大豆审批流程。

---

① 拜耳公司的 XtendFlex® 大豆，更多信息请参阅该 GAIN 报告：https：//www. fas. usda. gov/data/european – union – european – commission – approves – import – ge – soybean。

② FAS/布鲁塞尔通过 GAIN 系统定期发布 EU 绿色协议的最新信息。请访问：https：//www. fas. usda. gov/data/european – u-nion – eu – green – deal – september – 2020 – update。

1.2.4 田间试验

任何机构若因开展田间试验将 GM 作物释放到环境，必须首先获得计划释放或田间试验的相关 MS 主管部门的许可。11 个 MS[①]和英国允许开展田间试验，但 2020 年仅 6 个 MS 和英国开展了野外田间试验，包括比利时、捷克共和国、荷兰、罗马尼亚、西班牙和瑞典。阻碍田间试验的主要因素包括：激进分子的反复破坏、烦琐的许可流程以及对种子公司的投资缺乏吸引力。

在欧盟，GM 作物的田间试验被称为"出于上市以外的任何其他目的、有意地将 GMO 植物释放到环境（试验性释放）"。田间试验不被视为"限制性释放"，且与产品上市的 GMO 许可流程无关。

EC 联合研究中心（JRC）保存了一份根据 2001/18/EC 号指令 B 部分提交给 EU 国家主管部门的 GM 植物和植物以外 GM 生物的田间试验通知清单，西班牙累计田间试验通知总数最多。最近几年（2015—2020 年），通知数量最多的国家为西班牙（125 份）、德国（98 份）、荷兰（87 份）和瑞典（28 份），比利时有 20 份，英国和匈牙利各有 17 份。某些开展实验室研究的政府机构与私企合作，在其他国家开展田间试验。实际开展的田间试验数量可能低于通知数量。此处可查询田间试验的管理报告。

关于选定国家田间试验的更多信息，请参阅附录 2。

1.2.5 创新生物技术[②]

自 20 世纪初以来，包括诱变和杂交育种技术在内的多种手段，拓宽了培育新植物品种的可能性。最近 30 年，随着更多生物技术和分子生物应用的涌现，许多创新生物技术得以发展，使得作物改良更加快速和精准，可作为基因工程的补充或替代技术。此外，其中大多数技术可通过传统育种方法培育植物，进而消除消费者对 GM 作物的顾虑。由于现行法律框架，EU 2001/18/EC 号指令无法反映新技术开发取得的进展，因此 EU 科学家、植物育种家和部分 MS 已敦促 EC 澄清创新生物技术及其应用的合法地位。

2018 年 7 月 25 日，欧盟法院（ECJ）裁定，根据 EU 法规，通过新型基因组编辑技术培育的物种，将按照 GMO 进行监管。该判决使得这类物种及其衍生的食品和饲料产品，都必须经历 EU 昂贵且漫长的许可流程，并履行溯源、标识和监测义务。这对 EU 创新和农业具有重大的潜在负面影响，这一裁定未来可能会造成贸易中断。

根据 ECJ 的裁决，EC 要求联合研究中心（JRC）及欧洲 GMO 实验室网络（ENGL）发布一份关于"通过新型诱变技术获得的食品和饲料植物产品的检测"的报告。与预期一致，报告发现"目前尚无法解决基因组编辑产品的检测、鉴定和定量等问题"，例如，无法证明单核苷酸突变并非自然或通过传统诱变发生。

2019 年 5 月 14 日，在 EU 农渔业理事会会议期间，邀请新一届委员会在其工作计划中增加对 EU "GMO" 法规的审查[③]，12 个 MS 支持要求采取 EU 统一方法并审查现行法规。2019 年 9 月 6 日，基于 2019 年 5 月 14 日的理事会会议，EU 理事会轮值国芬兰要求 EC 提交一份诱变现状的研究

---

① 比利时、德国、捷克共和国、斯洛伐克、丹麦、芬兰、葡萄牙、荷兰、罗马尼亚、西班牙、瑞典。
② "创新生物技术"指除转基因之外的新育种技术（NBTs）。"基因工程"指转基因。
③ 参见"理事会会议成果"。

报告和提案，并对潜在决策对该项目的影响展开研究。[①] 2019 年 11 月 8 日，理事会一致通过一项决议，要求 EC 于 2021 年 4 月 30 日之前提交一份 EU 新型基因组技术现状的研究报告，以及后续所需的提案或其他措施，提案必须附有影响评估。

部分 MS 的补充声明已经公开：塞浦路斯、匈牙利、拉脱维亚、卢森堡、波兰和斯洛文尼亚表示，应保持目前的保护水平；荷兰和西班牙表示，该研究需"解决现行法律框架的充分性、效率和一致性等问题"；荷兰强调采取行动的紧迫性；瑞典补充认为，该研究应当包含成本估算。

委员会已通过问卷调查收集了 MS 和利益相关方的意见，以协助本研究。利益相关方的名单，可点击链接 https：//ec. europa. eu/food/plant/gmo/modern_biotech/stakeholder－consultation_en。支持从 EU "GMO 指令"中豁免创新生物技术的欧洲利益相关方团体，也为本研究做出了充分的贡献。

如欲进一步了解 EU 利益相关方对 ECJ 裁决的反应，请参阅 1.3.2 市场接受度/研究。

另一重要贡献是 EFSA 对其现行 GMO 危害评估指南适用性的研究，该指南对通过某些类型基因组编辑培育的植物产品进行监管[②]。EFSA 于 2020 年 11 月 24 日公布了意见，确定并非所有指南都适用于通过基因组编辑培育的产品，尤其是不含其他物种 DNA 的产品。这预示着，EU 最重要的食品安全主管部门至少在一定程度上承认某些基因组编辑产品与通过转基因技术培育的产品有本质区别。根据 EFSA 的报告摘要，"GMO"小组未发现通过 SDN－1、SDN－2 或 ODM（基因组编辑技术不会使产品含其他物种的 DNA）产生的基因组修饰存在特定的新危害。

如欲了解这一主题的更多背景，请参阅 EU 2019 年农业生物技术发展年报。

根据 ECJ 的裁决，由于 EU 尚未制定诱变相关的法规，法国政府如今希望禁止培育耐除草剂的传统诱变作物。然而，正如 FAS/巴黎的报告所述，这可能不符合单一市场的需求[③]。

1.2.6 共存

由 MS 主管部门（而非 EU）制定 GM 植物与传统植物和有机作物共存的规则。在欧盟层面，欧洲共存管理局针对共存的最佳农业管理方法组织进行技术和科学信息交流，在此基础上，制定了特定作物共存措施指南。

西班牙农场层面的共存由国家育种专家协会 2017 年制定的良好农业实践来管理，以避免基因工程给毗邻 MS 造成可能的跨境影响。欧盟某些地区，比如比利时南部和匈牙利，共存规则非常严格，并限制 GM 作物的种植。

如欲了解各国共存规则的更多信息，请参阅附录 2。

1.2.7 标签和可追溯性

1. 欧洲法规：GM 产品的强制性标识和溯源

（EC）1829/2003 号法规和（EC）1830/2003 号 EU 法规要求对来源于或含有 GM 成分的食品和饲料进行标识，适用于原产于 EU 和从第三国进口的产品，包装食品、饲料、散装货物和原料必须贴有标识。

---

① 参见"理事会决议草案"。

② EFSA 意见：https：//www. efsa. europa. eu/en/efsajournal/pub/6299？

③ 请查阅 FAS/巴黎的 GAIN 报告，了解该主题有关的更多信息：https：//www. fas. usda. gov/data/france－french－implementa-tion－european－court－justice－ruling－jeopardizes－exports－rapeseed－france。

实际上，消费者很少能看到含 GM 成分的食品标签，因为许多生产商为避免销售损失已经改变了产品成分。尽管产品通过安全性评估，仍需有标签来告知消费者。但这种标签往往会被解读为警告，所以生产商认为贴有这种标签的产品不会赢得市场青睐。

免于标识义务的产品有：使用 GM 饲料喂养动物的动物产品（肉、乳制品、蛋）；因偶然或技术上无法避免的原因，掺入比例不高于 0.9% 的痕量已许可 GM 成分的产品（参见本报告的"低水平混杂政策"章节）；根据 2000/13/EC 号指令第 6.4 条，法律未定义为成分的产品，例如加工助剂（由 GM 微生物生产的食品酶）。

2. 食品标识法规见（EC）1829/2003 号法规第 12 ~ 13 条

如果食品中含有一种以上的成分，则"转基因"或"由转基因（成分名称）生产"字样必须紧跟在相关成分后的括号内。含 GM 成分的复合成分应标识为"含转基因（生物名称）生产的（成分名称）"。例如，含 GM 大豆提取豆油的饼干必须标识为"含转基因大豆提取的豆油"。

如果成分以类别名称（如植物油）命名，则必须使用"含转基因（生物名称）"或"含由转基因（生物名称）生产的（成分名称）"字样。例如，对于 GM 油菜籽生产的含菜籽油的植物油，配料表中必须显示"含 GM 菜籽油"字样。

标识可放在配料表脚注中，前提是字体至少与配料表相同。

如果无成分清单，标签必须清楚标识"转基因"或"由转基因（成分名称）制成"字样。例如，无成分清单的产品标识"转基因甜玉米"或"含转基因玉米生产的焦糖"。

如果产品无包装，标签必须清晰标识在产品附近（如超市货架上的说明）。

3. 饲料标识法规见（EC）1829/2003 号法规第 24 ~ 25 条

对于含 GM 成分或由 GM 成分组成的饲料，"转基因"或"由转基因（生物名称）生产"字样必须紧跟在饲料名称后的括号内。

对于使用基因工程生产的饲料，"转基因（生物名称）生产"字样必须紧跟在饲料名称后的括号内。

或者，标识可放在饲料列表脚注中，打印字体应至少与饲料列表相同。

此外，（EC）1829/2003 号法规定义的溯源规则要求，所有相关经销商应传输和保留 GM 产品信息，以便识别产品的供应商和购买方。经销商必须以书面形式向消费者提供以下信息：标明产品或某些成分含 GMO，由 GMO 组成，或由 GMO 加工而成；关于这些 GMO 唯一标识的信息；如果由 GMO 组成或含 GMO 混合物的产品仅用于食品、饲料或加工，经销商可以使用用途声明代替该信息，必须附有一份所含所有 GMO 唯一标识的列表；供应链中每笔交易后的 5 年内，各经销商必须记录这些信息，并能够确定产品销往和购自何处。

4. 自愿性无 GM 标识系统

EU 尚无无 GM 标识的统一立法。如果不会误导消费者，允许自愿性使用非 GM 标识，主要用于动物产品（肉、奶制品和鸡蛋）、甜玉米罐头和大豆制品。

奥地利、捷克共和国、法国、德国、匈牙利、意大利、波兰和斯洛伐克已立法或制定指南，以推进非 GM 标识。瑞典政府尚未实施无 GM 标识，认为可能会产生误解，因为大多数食品通常不含 GM 成分。

在几乎所有 EU 国家，都有一些针对无 GM 标识的企业倡议。在捷克共和国和斯洛伐克，肉类和奶制品零售商经常要求农民保证其牲畜未饲喂 GM 作物。

2015 年，EC 发表了一份研究报告，评估了在整个 EU 内采用统一方法的可能性。研究着眼于 7 个 MS 和包括美国在内的几个第三方国家的无 GM 标识和认证制度。更多信息请参考 EC 研究报告。

各国无 GM 标识系统的更多信息，请参阅附录 2。

1.2.8　监测和检测

1. 环境影响和用作食品或饲料的强制性监测计划

2001/18/EC 号指令和（EC）1829/2003 号法规规定：

（1）获取转基因生物[①]上市许可的第一步是提交申请，必须包括环境影响监测计划[②]，监测计划的期限可能与建议期限不同。

（2）在适当的情况下，申请书必须包含一份用作食品或饲料上市后的监测提案[③]。

（3）上市后，申请人应确保根据主管部门书面同意书所定条件进行监测及报告，监测报告应提交给 EC 和 MS 主管部门。基于报告，根据同意书并在其规定的监测计划框架内，收到原始通知的主管部门可在首个监测期限后调整监测计划[④]。

（4）监测结果必须公开[⑤]。

（5）许可可续期 10 年。除其他信息外，延长许可的申请还必须包括监测结果报告[⑥]。

2. 食品和饲料快速预警系统

食品和饲料快速预警系统（RASFF）用于报告可能的食品安全问题。根据 RASFF 最新的年度报告，由于 GM 食品或饲料的偶然存在，2019 年有 9 批货物被 EU 拒绝入境，还有 1 条"关注信息"和 3 条"跟进信息"。这些信息通报并不意味着存在实际风险，但由于存在 EU 尚未许可的 GM 产品（可能其他国家已许可），因此存在不确定性。

RASFF 信息流程如图 6 - 10 所示，只要 RASFF 网络的一个成员（EC、EFSA、MS、挪威、列支敦士登或冰岛）有任何有关食品或饲料可能存在风险的信息，会立即传送给其他成员。MS 应立即将任何旨在限制饲料或食品上市的决定，以及任何与人类健康风险相关的入境拦截，通报给RASFF。货物禁止进口时，大多数通报涉及入境点或边境检查点的管制。

最新的通报列表见 RASFF 网站。

1.2.9　低水平混杂（LLP）政策

过去 20 年，全球 GM 作物种植面积的稳步增长，导致更多的 GM 作物偶然出现在交易的食品和饲料中，造成贸易中断，进口国封锁货物并将其销毁或退回原产国。

1. 出现两种类型的事件

低水平混杂（LLP），定义为检测出低水平的 GM 作物，其已被至少一个国家许可，但进口国尚未许可。这类事件大多与审批系统不同步有关。

偶然存在（AP），定义为未经任何国家许可的 GM 作物的偶然存在（这种情况下，混合作物来

---

① "生物"是指任何可复制的生物实体。对于不含任何可复制实体的食品和饲料，无须纳入环境影响监测计划。

② 2001/18/EC 号指令：第 5 条和附件Ⅲ用于试验性释放，第 13 条和附件Ⅶ用于上市。

③ （EC）1829/2003 号法规第 5 和第 17 条。

④ 2001/18/EC 号指令第 20 条。

⑤ 2001/18/EC 号指令第 20 条，（EC）1829/2003 号法规第 9 条。

⑥ 2001/18/EC 号指令第 17 条，（EC）1829/2003 号法规第 11 条和第 23 条。

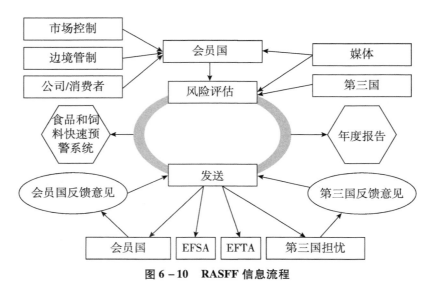

图 6-10 RASFF 信息流程

资料来源：RASFF 年报。

自田间试验或非法种植）。

2. 饲料、食物和种子中偶然存在的阈值

2011 年，EC 发布了一项法规，只要向 EFSA 提交申请，即允许运输含 0.1% 上限的尚未许可的生物技术项目的饲料（定义为零的技术解决方案）。

2016 年，PAFF 未能成功为食品中生物技术项目 LLP 限额制定技术解决方案。因此，对运往 EU 的食品中尚未许可的生物技术项目的绝对零容忍仍在继续，这使得许多食品难以出口到 EU 市场，因为很难保证不含痕量的生物技术项目。食品生产商随后调整了配料，以避免这一情况。

至于种子，GM 材料偶然存在的阈值水平尚未设定。EU 不得不在国内生产种子，或从数量有限的原产国（塞尔维亚、智利、土耳其、美国、新西兰和南非等）进口，这些国家的种子在限制性条件下生产，从而防止出现任何尚未许可的项目（玉米种子进口情况见图 6-11）。

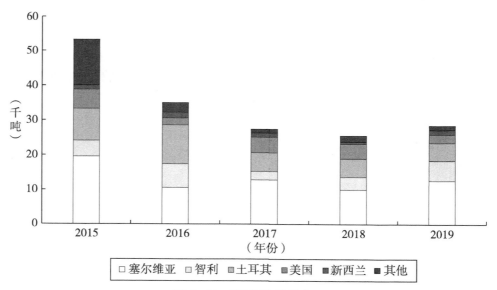

图 6-11 EU 玉米种子进口

资料来源：贸易数据监测（欧盟统计局）。

3. 关于非 EU 进口饲料和食品中低水平 GM 植物材料风险评估的新指导文件

2017 年 11 月 20 日，EFSA 根据（EC）1829/2003 号法规发布了关于进口食品和饲料中低水平存在的转基因植物材料风险评估的新指导文件。

1.2.10 附加监管要求

除西班牙外，在几乎所有的 MS 中，生产 GM 作物的农民必须向政府登记田地①。在某些国家，这一义务往往会阻碍农民种植 GM 作物，因为激进分子可以利用其定位田地。

1.2.11 知识产权（IPR）

1. 植物品种权与专利权的比较

某些知识产权系统适用于 EU 的植物相关发明。表 6 - 4 对植物品种权（也称为植物育种者权利）和专利权进行了比较。

表 6 - 4 　　　　　　　　　　　　　　　植物品种权与专利权比较

	植物品种权	专利权
产权包括什么	植物育种者权利包括 1 个植物品种，由其整个基因组或 1 个基因复合物定义	专利包括 1 项技术发明。专利要素包括：植物，如果植物分组并非品种，如果本发明可以用于制造 1 个以上的特定植物品种，并且专利权要求中未提及各植物品种；从自然环境中分离出来或技术生产的生物材料（如基因序列），即使其以前在自然界存在；微生物过程及其产品；技术流程。 植物品种和生产植物和动物的基本生物过程不可申请专利
需满足的条件	如果植物品种与任何其他品种有明显区别，其相关特性足够一致且稳定，则可以授予品种权	专利只能授予新的[1]发明，涉及创造性的步骤，并易于产业应用
保护范围	单一品种及其衍生品种在欧盟受到保护	所有拥有专利发明的植物在欧盟都受到保护
豁免	育种者的豁免允许自由使用受保护品种开展进一步的育种和新品种的自由商业化（基本衍生品种除外）。 某些条件下，生产者可选择使用农场保存的种子	根据欧洲专利局，植物的所有用途在欧盟都受到保护[2]
保护期	自发布之日起 25 年（某些植物为 30 年，如树木、藤蔓、土豆、豆类等）	自申请日起 20 年

---

①　在西班牙，总面积是基于 GM 种子销售记录计算的，可在农业部网站上公开获得。自 2019 年起，农民在提交 CAP 支付申请表时，必须申报其持有的所有农业地块，出于统计目的，一并申报是否种植 GM 玉米品种。

	植物品种权	专利权
主管部门	欧盟植物品种局（CPVO）负责植物品种权系统的管理	欧洲专利局（EPO）审查欧洲专利申请
法律依据	CPVO网站提供了所有现行立法，包括关于植物品种权的（EC）2100/94号法规。 UPOV网站提供了UPOV公约（保护植物新品种国际公约）的文本以及根据该公约通知的MS立法	在EU申请生物技术发明专利的法律依据包括：欧洲专利公约（EPC），由所有MS批准的国际条约，为EPO授予专利提供了法律框架；EPO申诉委员会的判例法，规定了如何解释法律；关于生物技术发明法律保护的98/44/EC号指令，自1999年起在EPC中实施，并应作为补充解释手段；执行EPC和98/44/EC号指令的国家法律（自2007年起在所有MS中实施，见USDA/FAS国家报告）

资料来源：CPVO、EPO。

[1] 根据欧洲专利局的说法，这些年对新颖性有了一个具体的法律定义，"新的"意指"向公众提供"。这意味着，例如，一个基因以前存在，但在未公认存在的意义上对公众隐藏，当其从环境中被分离或通过技术流程生产时，可申请专利。

[2] 这一点在某些EU国家一直存在争议。

2. 国际组织对植物品种权和专利权的立场

国际种子联合会（ISF）的立场为，最有效的知识产权系统应平衡创新动力保护与其他参与人可进一步改进植物品种的途径。ISF支持植物品种权。

欧洲种子协会（Euroseeds）支持专利权和植物品种权共存，以及支持将植物品种和基本生物学流程排除在可专利性之外。此外，Euroseeds通过延长研究豁免期，促进保障所有植物遗传材料的自由获取，以供进一步育种，法国和德国专利法既是如此。

2017年7月，EPO修订了《欧洲专利公约实施细则》，规定欧洲专利不得授予仅通过"基本生物学流程"获得的植物或动物。"基本生物学流程"是指自然发生的过程，如整个基因组的杂交和随后的植物或动物筛选。然而，EPO技术申诉委员会于2018年12月驳回了这一决定，认为《欧洲专利公约》优先于EPO的《欧洲专利公约实施细则》，最终决定将由EPO扩大的申诉委员会作出。

2019年9月19日，EP通过了一项关于"植物和基本生物学流程可专利性"的无约束力决议，呼吁EU委员会尽最大努力说服EPO不授予通过基本生物学流程获得的产品专利，还敦促EPO立即恢复对此事的法律澄清，强调签署《欧洲专利公约》的38个国家不得允许传统育种产品获得专利。

1.2.12　《卡塔赫纳生物安全议定书》的批准

《生物多样性公约（CBD）》为1992年里约全球首脑会议开放签署的一项多边条约，有三个主要目标：保护生物多样性、可持续性利用生物多样性，以及公平公正的分享利用遗传资源所产生的惠益。此后通过了CBD两项补充协议：《卡塔赫纳生物安全议定书》（2000年）和《名古屋遗传资源获取议定书》（2010年）。

1. 《卡塔赫纳生物安全议定书》

《卡塔赫纳生物安全议定书》旨在确保活的改良活生物体的安全操作、运输和使用。EU于2000年签署该协议，2002年批准，并且实施CPB的法规已就位（完整列表见CPB网站）。

主管部门为 EC 的 JRC、EFSA 的 GMO 小组、EC 环境总局和 DG SANTE。

（EC）1946/2003 号法规规定了 GM 产品的跨境流动，并将《卡塔赫纳生物安全议定书》纳入 EU 法律。LMO 跨境流动的程序包括：给进口方的通知；向生物安全信息交换所提交的信息；标识和随附文件的要求。

更多信息，请参阅 CPB 网站上的 EU 简介。

2. 《议定书》

《名古屋遗传资源获取议定书》旨在公平分享利用遗传资源所产生的惠益，包括适当获得遗传资源和转让相关技术，EU 于 2011 年签署了该协议。

实施议定书强制性内容的（EU）511/2014 号法规于 2014 年 10 月生效。根据该法规，用户必须确定其获取和使用遗传资源合规，这要求寻找、保存和传递所获取遗传资源的信息。

Euroseeds 认为，鉴于培育植物品种时使用了大量的遗传资源，"这将造成巨大的行政负担"，以及"欧洲种子行业绝大多数的小型企业将发现不可能合规"。

1.2.13 国际条约和论坛

EU 为国际食品法典委员会成员，包括其 27 个 MS（英国除外）。EC 在委员会中代表 EU，DG SANTE 为联络点。

所有 MS 都签署了《国际植物保护公约（IPPC）》这一国际条约，旨在防止植物和植物产品害虫的传播和引入，推进采取适当措施控制害虫。DG SANTE 为 IPPC 在 EU 的官方联络点。EU 及其 MS 最近未表明任何对 IPPC 中植物生物技术的立场。

1.2.14 相关问题

1. 《欧洲大豆宣言》

2017 年 7 月以来，15 个 EU MS 和 5 个非 EU 欧洲国家（科索沃、摩尔多瓦、马其顿、黑山和瑞士）签署了旨在推进 EU 大豆生产的《欧洲大豆宣言》。虽然该宣言不是 EU 具有约束力的政策，但奥地利、保加利亚、克罗地亚、芬兰、法国、德国、希腊、匈牙利、意大利、卢森堡、荷兰、波兰、罗马尼亚、斯洛文尼亚和斯洛伐克的农业部长们签署了《欧洲大豆宣言》，并同意自愿执行《欧洲大豆宣言》的规定。该宣言还包括一项关于无 GM 饲料的规定，即签署国"支持市场的进一步发展，以可持续性种植非 GM 大豆和大豆产品"。该宣言还赞同类似于多瑙河大豆协会和欧洲大豆协会的产品标签系统。

2. 无 GM 地区

除种植选择退出和种植禁令外，某些 EU 自治区、省、地区或联邦州已宣布自身为无 GM 地区，且是"欧洲无 GMO 地区网络"成员。这些地区由政策声明制定，大多数为农业生产型地区，无法从 EU 当前 GM 项目的种植中获益。除非禁止或正式选择退出，尚无声明相关的法律强制机制可以阻止农民在这些地区种植 GM 植物。

3. 允许 MS "选择退出"使用 EU 许可的生物技术作物的提案

2015 年 4 月，卫生和食品安全专员 Andriukaitis 宣布，对 EU 生物技术许可流程进行审查，允许 MS "选择退出"使用 EU 许可的 GM 植物或其产品（如饲料）。2015 年 10 月，EP 拒绝了这一"选择退出"使用的提案。支持和反对增加使用生物技术的 EP 成员均谴责这一提案，认为不符合 EU

单一市场和世贸组织义务。技术支持者担心提案会导致进口禁令，绿色和平组织认为提案力度不够。因此，EP 要求 EC 撤回提案（577 票赞成，75 票反对，38 票弃权），但遭到委员会拒绝。这促使 EP 要求委员会提出新的提案，但委员会声称没有"B 计划"。被 EP 否决后，尽管 MS 投票通过的可能性很小，目前该提案已正式提交给议会审议。基本上，在无一致同意的提案的情况下，委员会声称，EP 和 MS 不愿支持提案生效是对现有规则的认可。作为回应，EP 通过了各种反对 GM 项目的不具约束力的决议，这些决议无法律效力，更像是 EP 的政治立场。

4. EFSA 透明度倡议

2019 年 6 月 20 日关于 EU 食品链风险评估透明度和可持续性的（EU）2019/1381 号法规，是对《一般食品法》的修订，旨在确保更高的透明度、增加研究的独立性、加强 EFSA 的管理以及开发全面的风险沟通，将影响整个农业食品行业 8 个部门的立法行为，包括"GMO"2001/18/EC 号指令和（EC）1829/2003 号法规。

大多数利益相关方欣然接受更高的透明度和额外的资源以供 EFSA 审查，但申请人同时也有些担忧。其中大部分围绕着从 EFSA 审查中披露科学信息和研究的时间，以及获取这些信息的方式，例如通过需注册的门户网站或全球可开放访问的数据库。虽然尚无完整细节，但立法要求 EFSA 在其认为申请有效或可接受时，应立即主动披露申请有关的非机密数据。这一过程处于风险评估流程的早期阶段，业界担心可能导致非专家对科学数据的错误解释，从而在 EFSA 评估完成前将其结果政治化。

立法还要求 EFSA 推进风险沟通策略，以更好地提高公众对风险分析和管理的理解力，这可能有助于 GM 产品许可的去政治化。委员会将与 EFSA 共同制定一项实施法案，详细说明其"风险沟通总体计划"。

1.3 市场营销

1.3.1 公众/个人意见

自 20 世纪 90 年代农业生物技术首次引入 EU 以来，不同类型民间社会组织一直在抗议。这些团体普遍反对经济增长和全球化，在技术进步和预防原则广泛应用的运动中，他们看到的风险大于机遇。某些人捍卫仅专注于理解现象的假想科学，而非开发有用和有益的应用；其他人与 Hans Jonas 和 Bruno Latour 等哲学家的观点一致，拒绝或强烈批评科学进步。总的来说，他们对新技术特别是生物技术持怀疑态度，认为其危险且几乎无公共益处，是由牺牲公众利益谋求私利的企业开发的。作为其政治战略之一，他们的行为包括游说政府部门、破坏研究试验和种植田地，以及加强公众恐惧的宣传。这些组织虽然是少数，但对自身事业充满热情，在媒体上非常活跃。虽然他们被各国接受的程度不同，但其沟通能力非常强，其行为效果被媒体放大，对舆论产生了强烈的影响。当今全球种植的 GM 植物大多为抗虫或抗除草剂植物，给农民而非消费者带来直接利益，这一事实使得反生物技术组织的宣传更易受到公众的欢迎。这些组织直接通过游说、间接通过影响公众舆论，在制定限制 EU 采用生物技术的法规方面发挥了重要作用。他们的行为使生物技术成为一个敏感的政治问题；民选官员现在很难对生物技术保持中立，迫使其选择支持或反对的公共立场，并承受政治后果。

在 EU 为使用 GM 植物辩护的利益相关者包括农业领域科学家和专业人员，如农民、种子公司以及包括进口商在内的饲料供应链的代表。与生物技术反对者相比，他们受到媒体的关注较少。

科学家们强调，生物技术反对者的行为导致了 EU 的科学知识的损失，包括公共研究和风险评估领域的科学知识。2018 年 ECJ 对基因组编辑作出裁决后，成立了一个名为 EU－SAGE（通过基因组编辑实现欧洲可持续性农业）的科学家网络，以提供基因组编辑相关信息，推进欧洲和 EU 成员国政策的制定，使基因组编辑能够用于可持续性农业和食品生产。EU SAGE 代表 131 个欧洲植物科学研究所和学会。更多信息，请查询网站 www. eu－sage. eu。

农业领域专业人员担心限制性政策的负面经济影响，包括欧洲种子、牲畜和家禽领域竞争力的丧失。实践证明，由于可增加产量和降低投入，大多数 EU 农民支持使用 GM 品种。目前主要阻碍因素如下：

（1）EU 仅许可了 1 种 GM 作物的种植。如果有其他更适合转基因作物农艺条件的性状，更多的农民会种植 GM 作物。

（2）19 个 MS 对唯一许可种植的 GM 作物实施了禁令。然而，如果允许，这些国家的一些农民会种植 GM 作物。

（3）激进分子的抗议威胁或破坏行为吓坏了许多农民，因为除西班牙外，大多数 MS 都强制登记商业种植 GM 作物田地的详细位置。

（4）在某些 MS，零售商要求或政府/企业倡议，如《欧洲大豆宣言》阻碍了 GM 作物的种植和销售。

（5）某些 MS 对非 GM 产品的兴趣越来越高，农民倾向于提供溢价的无 GM 产品而非数量竞争的市场环境。

EU 是 GM 产品的主要进口国，主要用于畜禽业饲料。GM 产品在动物生产领域及其饲料供应链中的市场接受度很高，包括动物饲料企业，以及依赖进口产品生产均衡动物饲料的畜禽养殖户。

欧洲进口商和饲料生产商一再批评 EU 的政策（许可流程冗长、缺乏商业可行的 LLP 政策），认为可能导致饲料短缺、价格上涨，以及在育种领域失去竞争力，被进口生产标准较低的动物肉类替代。EU 生物技术政策对大宗商品贸易企业来说是一个挑战，因为限制了采购选择，增加了与尚未许可项目的国家开展业务的风险。

一些 MS 的饲料行业也采取了行动，旨在根据当地政府的蛋白质战略和/或满足消费者需求，使用较少的 GM 产品。奥地利、克罗地亚、捷克共和国、法国、德国、希腊、匈牙利、爱尔兰、荷兰、斯洛伐克、斯洛文尼亚和英国即是如此，尤其是乳制品行业，但家禽、鸡蛋、牛肉和猪肉生产亦是如此。

近 20 年来，欧洲消费者一直受声称 GM 作物有害的反生物技术组织负面信息的影响，消费者对 GM 产品的态度大多是消极的，担心种植和消费这类产品的潜在风险，GM 产品在食品中的使用已成为一个备受争议和政治化的问题。此外，舆论普遍表示对国际企业不信任。尽管政府研究被认为比企业研究更加可信和中立，但政府研究虽然存在，却不明显。在种植 GM 作物的欧洲国家（西班牙和葡萄牙），消费者的认知不那么消极，公众的认知各不相同：针对预期性状，GM 作物对消费者和环境均有益，在一定程度上改变了争论的动态；针对预期用途，纤维和能源使用比食品使用的争议更小，对 GM 植物的医疗用途并无争议。

某些发展可能开始改变消费者的认知，如为消费者提供营养或其他效益的 GM 作物；创新生物技术，如同源转基因和基因组编辑，被认为比转基因更"自然"；以及提供环境效益的 GM 作物。

2019 年发布的新《欧盟食品安全民意调查》显示，食品中是否存在 GM 成分远不是 EU 消费者的主要担忧。图 6－12 反映了媒体对不同主题的报道，肉中的抗生素和农药残留是近年来媒体关注最多的话题，仅 27% 的 EU 消费者将"食品或饮料中的 GM 成分"列为其在食品方面的五大担忧之一。

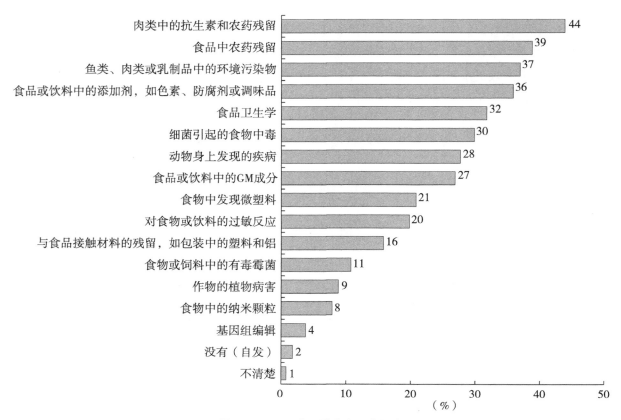

图 6－12　EU 食品的安全民意调查

资料来源：2019 年欧盟食品安全民意调查。

EU 研究项目"消费者选择"旨在将个人购买意向与实际行为进行比较，结果显示，消费者在收到有关 GM 食品问卷时的回答，并不能可靠地指导其在杂货店购物时的行为。事实上，大多数购物者不会回避有 GM 标签的产品。

EU 食品行业调整其产品供应以满足消费者的认知，EU 已许可 50 多种 GM 植物用于食品。然而，由于消费者的负面认知，食品制造商继续重新制定，以避免含 GMO 的说法。与往常一样，各国情况有所不同，越来越多的例子表明，带有 GM 标签的进口食品在英国和西班牙销售取得了成功。

大多数食品零售商，特别是大型超市，都宣传自己仅售非 GM 产品。EU MS 有几个举措，零售时通过自愿使用无 GM 标签进行区分。例如，在捷克共和国和斯洛伐克，肉类和奶制品的零售商要求农民保证其牲畜未喂养 GM 作物。一些零售商还担心激进分子的行动可能会针对提供 GM 标签产品的零售商，这意味着不被接受的品牌风险，将会阻碍 GM 标签食品的推出。

1.3.2　市场接受度/研究

EU 各国对 GM 的接受度差异很大。根据对 GM 农业应用的接受程度，MS 可分为三大类。

"应用者"的 MS 政府通常比较务实，且其社会行业对这项技术持开放态度。这一类包括 GM 玉米种植者（西班牙和葡萄牙），以及如果其他更适合其条件的性状被 EU 许可种植后，可能会生产 GM 作物和/或饲料严重依赖进口的 MS（捷克共和国，比利时北部的佛兰德斯和英国的英格兰）。葡萄牙是两个种植生物技术作物的 EU 国家之一，但与西班牙不同，葡萄牙政府存在分歧。英国脱离欧盟进一步缩小了这一支持创新生物技术国家集团的规模。罗马尼亚的农民仍支持使用 GM 作物，但在其社会其他行业对此观点不一。

"存在分歧"的 MS 的大多数科学家、农民和饲料企业都愿意采用这项技术，但消费者和政府在反生物技术组织的影响下拒绝了这项技术。例如，法国、德国和波兰过去种植 Bt 玉米，但之后实施了国家禁令。比利时南部（瓦隆尼亚）、保加利亚和爱尔兰受到其他国家的影响，特别是受法国和波兰的影响，也实施了国家禁令。瑞典自 2011 年起自愿禁止 GM 饲料。至于北爱尔兰、苏格兰和威尔士，自 2016 年决定选择退出 GM 作物种植后，一直存在分歧。在这类群体中，德国越来越反对农业生物技术，丹麦、芬兰和荷兰的农业组织对 GM 的认知存在分歧。

"强烈反对"的 MS 的大多数利益相关者和政策制定者都反对这项技术，这些国家大多位于中欧和南欧（如奥地利、克罗地亚、塞浦路斯、希腊、匈牙利、意大利、马耳他和斯洛文尼亚），拉脱维亚和卢森堡反对 GM 技术，政府通常支持有机农业和地理标志产品，少数农民支持种植生物技术作物。斯洛伐克自 2017 年以来，由于政治变化一直"强烈反对"。立陶宛和爱沙尼亚的政府、农业领域和消费者目前均反对 GM。

EU 正在进行一场关于创新生物技术的辩论，从整个欧洲的科学家、农业和食品领域专业人士、普通公众和反生物技术激进分子来考虑，各国之间存在差异，但总体趋势如下：

绝大多数科学家对 ECJ 关于基因组编辑的判决深感担忧，警告可能会终止 EU 一个有前景的研究领域。

农业领域的大多数专业人士（农民、种子公司和包括进口商在内的饲料供应链）支持使用创新生物技术，并对 ECJ 的裁决可能带来的负面经济影响感到担忧。一些小型农民组织和食品企业与反生物技术组织关系密切，但仅占 EU 农业和食品领域的一小部分。至于有机农民，其运动的政治派别包括认为只有自然发生的才是有益和道德的教条主义个人或团体，以及利用有机农业最大化经济收益的以市场为导向的团体。教条主义团体拒绝一切其认为"非自然"的事务，拒绝现代技术，倾向于使用传统技术培育的品种。对于以市场为导向的有机农民来说，"无 GMO"是一种营销策略；如果能带来环境效益并在消费者中具有明显的正面形象，他们可能会接受使用一些创新生物技术生产的种子。

食品行业和零售商的首要任务是使其产品适应消费者的认知。然而，目前普通民众对创新生物技术的农业应用认识不足。

反生物技术组织在法国、德国、希腊、爱尔兰、意大利、斯洛伐克和英国积极开展活动，反对创新生物技术。

新一届委员会并未表示赞成或反对创新生物技术。在欧洲绿色协议的早期草案中提到了"创新技术"，如果不考虑这些技术，"绿色协议"的目标——减少农药等农业投入，将很难在生产力无大幅下降的情况下实现。根据 2018 年 ECJ 的裁决，卫生专员 Kyriakides 和委员会都指出了 2021 年 4 月关于这些技术法律地位研究的潜在结果。

表 6-5 引用了 EU 对 GM 植物和植物产品认知的相关研究。

表 6 – 5   EU 对 GM 植物和植物产品认知的相关研究

报告	评论
2019 年 EU 食品安全民意调查	EFSA 委托的涉及食品安全问题的欧洲风险认知民意调查（2019 年）
新鲜食品和加工食品中生物技术认知对比	佛罗里达大学食品和资源经济系开展的一项跨文化研究（2013 年）
2010 年 EU 生物技术民意调查	EC 关于生物技术的民意调查（2010 年）
2010 年欧洲和生物技术，变革之风	提交给 EC 研究总局的报告（2010 年）
2010 年 EU 食品相关风险民意调查	EC 关于消费者对食品相关风险认知的民意调查（2010 年）

资料来源：USDA/FAS 编制。

第2章 动物生物技术

2.1 生产和贸易[①]

2.1.1 产品开发

大多数 MS 开展了 GM 动物的基础研究，包括奥地利、比利时、捷克共和国、丹麦、法国、德国、匈牙利、意大利、荷兰、波兰、斯洛伐克、西班牙和英国。大多致力于开发 GM 动物，用于医学和药物研究：通过生物技术，如基因组编辑和 GM 建立人类疾病的动物模型；利用 GM 猪生产组织或器官（异种移植）；利用哺乳动物乳汁或鸡蛋清生产具有药用价值的蛋白质（血液因子、抗体、疫苗），蛋白质也可在实验室环境中由动物细胞生产。其中某些国家（如德国、波兰、匈牙利、西班牙和英国）还利用动物生物技术开展农业研究：改进动物育种（如高产绵羊、福利性状、奶牛和猪的基因组学、抗病家禽），牲畜免疫研究，研究家禽家畜繁殖的分子过程，以及用于农业害虫的生物控制。

EU 用于研究的 GM 动物包括苍蝇、线虫、蛾子、热带青蛙、热带鱼、小鼠、大鼠、母鸡、猫、兔、猪、山羊、绵羊、奶牛和马。

以下为 EU 开展的动物生物技术研究项目的部分实例。

波兰国家动物育种研究所的动物繁殖和生物技术部开展胚胎克隆、体细胞克隆（猪、兔、山羊、牛、猫、马）以及动物转基因等科学和实验研究。

匈牙利 NAIK 农业生物技术研究所有三个研究小组，分别从事应用胚胎学和干细胞研究、反刍动物基因组和兔基因组生物学研究。

英国 Oxitec 公司正在开发 GM 昆虫，以解决人类健康和农业问题。例如，作为生物防治剂开发的 GM 橄榄蝇，可保护油橄榄树免受虫害；GM 果蝇，可保护水果、坚果和蔬菜免受虫害；GM 粉红棉铃虫，可改善棉花虫害防治效果；GM 蚊子，可减少登革热和寨卡等病毒媒介的蚊种群数量；等等。

英国爱丁堡罗斯林研究所的研究人员（1996 年培育出克隆羊多莉）已经培育出可抵抗非洲猪瘟病毒的小猪。研究人员使用了基因组编辑技术，该技术可非常接近地模拟自然的基因突变，以至于与利用传统方法产生的自然基因变异无法区分。基因组编辑也不涉及抗生素耐药基因的使用，科学家们希望这一突破能使 GM 更被公众接受。罗斯林研究所发育生物学负责人怀特劳（Whitelaw）教授认为，抗病动物可在 5~10 年内商业化。罗斯林研究所致力于利用基因组编辑来提高牲畜对传染病的抵抗力，并培育出不会传播禽流感的鸡。

[①] 动物 GM 和基因组编辑修改动物 DNA，引入新的性状并改变该物种一个或多个特征。动物克隆为辅助生殖技术，不会修改动物 DNA，因此与动物 GM 不同（无论在科学方面，还是在对该技术和/或其衍生产品的监管方面）。研究人员和企业利用其他动物生物技术时经常使用克隆技术，因此本报告中包括克隆技术。

2018 年，西班牙猪研究中心报告了关于 GM 猪的研究活动。2017 年，公共农业研究所（INIA）通知国家生物安全委员会（CNB）开展 GM 兔、山羊和绵羊繁殖的分子过程的研究。2013 年已开展 CRISPR – Cas9 小鼠的基础研究；动物基因组编辑研究由国家生物技术中心（CNB）等政府机构开展。

比利时佛兰德斯（Flemish）生物技术研究所（VIB）在创新生物技术方面非常活跃，并参与提高 CRISPR 技术的效率。VIB 大量的生物医学研究项目广泛使用植物和动物模型，开发人类和动物新的诊断工具和治疗方案。

有关 MS 研究的更多信息请参阅附录 2。

2.1.2　商业化生产

EU 没有用于食品的 GM 动物被商业化，迄今为止，尚未向 EFSA 提交 GM 动物环境释放或上市的申请。

2019 年，Oxitec 公司（总部位于英国）推出了几项新举措，培育生物技术蚊子以防治传播疾病的蚊子。其他细节请参阅 Oxitec 公司的新闻稿。2020 年 5 月 1 日，Oxitec 公司宣布其在美国的试验项目获得美国环保局的批准，其精心设计的田间试验将在佛罗里达州门罗县和得克萨斯州哈里斯县进行，为期两年。

2020 年 8 月 19 日，Oxitec 公司宣布最终一项协议被批准，在佛罗里达群岛开展利用安全、不咬人的埃及伊蚊消灭蚊子的示范项目。

更多信息请参阅 https：//www. oxitec. com/en/news/oxitecs – friendly – mosquito – technology – receives – us – epa – approval – for – pilot – projects in – us。

此前，法国 Cryozootech 公司培育了克隆马，但该公司已停止运营该业务。

2.1.3　出　口

英国（UK）出口 GM 蚊卵，用于开发和后续在巴西等非 EU 国家的释放。Oxitec 公司的技术将与登革热控制计划合作，于 2020—2021 年蚊虫季节，将转基因蚊子在巴西圣保罗州因达亚图巴市各地放生野外。更多详情请参阅 Oxitec 公司的新闻稿。

2.1.4　进　口

EU 已进口了克隆动物的精液和胚胎，具体数量不详。美国是 EU 最大的牛精液供应国，平均市场份额超过 60%，其次为加拿大（超过 30%）。

2.1.5　贸易壁垒

公众和政治反对是利用动物生物技术改良动物育种的主要障碍。

2.2　政　策

2.2.1　监管框架

1. 政府主管部门

监管动物生物技术的三个欧洲实体分别是：EC 卫生和食品安全总局（DG SANTE）；EU 理事

会；欧洲议会，特别是以下委员会：环境、公共卫生和食品安全（ENVI）、农业和农村发展（AGRI）、国际贸易（INTA）；EU 对 GM 动物的监管框架与 GM 植物相同。此外，EFSA 于 2013 年发布了《GM 动物环境风险评估指南》，于 2012 年发布了《GM 动物食品和饲料风险评估及动物健康和福利指南》。有关 GM 动物的其他信息、相关文件和报告可在 EFSA 网站查询。

2. 影响监管决议的政治因素

影响动物生物技术监管决议的利益相关者包括动物福利激进分子、当地食品组织、生物多样性激进分子和消费者协会。

3. 可能影响美国贸易的立法和法规

EU 现行新型食品法规（EU）2015/2283 号法规已于 2015 年 12 月公布，大部分条款于 2018 年 1 月 1 日起生效，（EC）258/97 和（EC）1852/2001 号法规失效。虽然 EU 目前尚无动物克隆生产的食品，但理论上，在通过动物克隆特定法规之前，此类食品仍被（EU）2015/2283 号法规涵盖。

EP 多年来一直试图利用新型食品立法来推动 EU 动物克隆禁令，以及动物克隆及其后代衍生产品的销售禁令。最终，通过了新型食品法规，其中包括一项声明，来自动物克隆的产品在通过动物克隆特定法规前仍受新型食品法规的约束。

2013 年 12 月，欧盟委员会发布了关于动物克隆的立法提案，目的是只要动物福利问题仍然存在，就禁止以养殖为目的的克隆。2015 年 6 月，欧洲议会的农业（AGRI）和环境、公共卫生和食品安全（ENVI）委员会通过了关于欧盟委员会提案的联合报告。该报告呼吁修订原提案，包括全面禁止动物克隆、进口动物克隆体、原始产品，以及销售和进口来自动物克隆体和后代的食品。报告还呼吁将提议的两项委员会克隆指令合并为一项提案，以便根据共同决定的程序通过一项条例。

在 2015 年 9 月的全体会议批准后，AGRI/ENVI 联合报告去理事会进行一读。在共同决定程序的一读阶段，安理会的行动没有最后期限或时间表。安理会可以接受欧洲议会的修正案，或者如果他们不接受欧洲议会的立场，则采用一个共同的立场。但是，安理会对这些建议的讨论尚未超过技术水平。鉴于这一问题的政治敏锐性，安理会不愿意对这些建议进行充分讨论。

2020 年 1 月 29 日，欧盟委员会通过了工作计划，阐明了欧盟在 2020 年的目标行动。与此同时，欧盟委员会还审查了目前等待欧洲议会和安理会决定的所有提案，并建议撤回和废除其中的 34 项，包括关于克隆牛、猪、绵羊、山羊和马等动物的提案，以及关于将动物克隆食品投放市场的提案。

2.2.2 创新生物技术①

欧洲农业、食品和自然应用科学研究院联盟（UEAA）报告称，2019 年 6 月，法国兽医学院（UEAA 的成员）一致投票支持一份关于家畜基因组编辑的立场文件。科学院建议在各级鼓励开展利用现代基因组工程技术的研究项目，并给予充分的资助。然而，迄今为止，与农业生产有关的项目并没有增加，但与动物健康和减轻疾病有关的一些研究仍在继续。

UEAA 还建议欧盟立法在适应转基因家畜的情况下，应该迅速引进家畜，制定一个函数类型的基因改造监管框架并考虑到快速进化技术在该领域的应用，以促进创新。这项立法应考虑到，大多数旨在生产经过定向修改基因组的动物的研究，只有在它们实际上能带来可观的经济、健康、动物福利或环境效益时才有意义。

---

① "创新生物技术"是新育种技术（NBTs）的同义词，它不包括转基因技术。

2.2.3 标签和可追溯性

欧盟法规（EC）1829/2003 号和（EC）1830/2003 号要求生产食品和饲料从转基因动物身上获得标签。

关于动物克隆，欧盟法规（EU）2015/2283 号新食品条例第九条规定："动物克隆欧盟名单中的新食品条目……应包括新食品的规格和在适当的情况下……具体的标签要求，告知最终消费者任何特定特性或食物特性，如成分、营养价值或营养价值食品的作用和预期用途，使一种新食品不再等同于现有食品对特定人群健康的影响。"

2.2.4 知识产权（IPR）

通过生物技术生产的动物专利的立法框架与转基因植物相同。

以下任何一项欧洲专利都不能被授予：动物品种；通过手术来治疗动物身体的方法，以及在动物身体上实施的诊断方法；改变动物的遗传特性的程序，这种程序可能使动物遭受痛苦，并且对人类或动物以及由此产生的动物没有任何实质性的医疗好处[1]。

2.2.5 国际条约和论坛

欧盟是国际食品法典委员会的成员，拥有 28 个成员国。国际食品法典委员会设有工作组，并制定有关生物技术动物的准则。例如，它制定了对源自转基因动物的食品进行食品安全评估的指导方针。欧盟及其成员国就法典中讨论的问题起草欧盟立场文件。

世界动物卫生组织（OIE）没有关于转基因动物的具体指南，但是它有动物克隆生产的指导方针。欧洲共同体积极参与 OIE 委员会的工作并组织来自成员国的输入。

欧盟目前 28 个成员国中有 22 个[2]是经济合作与发展组织（OECD）的成员，该组织设有工作组并制定生物技术政策准则。

欧盟是《卡塔赫纳生物安全议定书》的缔约国，该议定书旨在确保转基因活生物体的安全处理、运输和使用。

2.3 市场营销

2.3.1 公众/个人意见

欧盟畜牧业不支持克隆或转基因动物商业化并用于农业。然而，在一些欧盟成员国中，其畜牧业对动物基因组学和标记辅助选择的动物育种感兴趣。一般公众对动物生物技术的兴趣有限，如果被问的话，人们通常对动物生物技术比对植物生物技术更有敌意。媒体覆盖率低，报道内容偶尔包括关于欧盟一级的监管决定或关于在欧盟以外国家销售此类产品的报告。另外，公众对动物生物技术不同的用途有不同的意见。如果对动物积极福利性状的认知水平较高，可能会增加对技术的接受程度。然而，相当一部分人仍然会拒绝接受，认为这是反自然的。一些组织正在欧盟积极反对这项

---

[1] 资料来源：欧洲专利办公室。
[2] 非经合组织的欧盟成员国包括保加利亚、克罗地亚、塞浦路斯、立陶宛、马耳他和罗马尼亚。

技术，包括动物福利活动家、当地食物团体和生物多样性活动家。

医疗应用是动物生物技术最被接受的用途。使用动物进行医学研究，目的是寻找疾病的治疗方法或濒危物种的恢复，这普遍被认为是有利的。公众对生物技术昆虫的认识较低。

2.3.2 市场接受度/研究

在欧盟，公众对动物生物技术的认识很少，但总体而言，政策制定者、行业和消费者的市场接受度很低。动物生物技术是一个没有被广泛讨论的有争议的问题。

欧洲关于生物技术的最新调查可以追溯到 2010 年。报告指出，克隆动物作为食品甚至不如转基因食品受欢迎，有 18% 的欧洲人表示支持。图 6 – 13 反映了消费者对每个成员国中来自转基因植物和克隆动物的食品的接受程度。

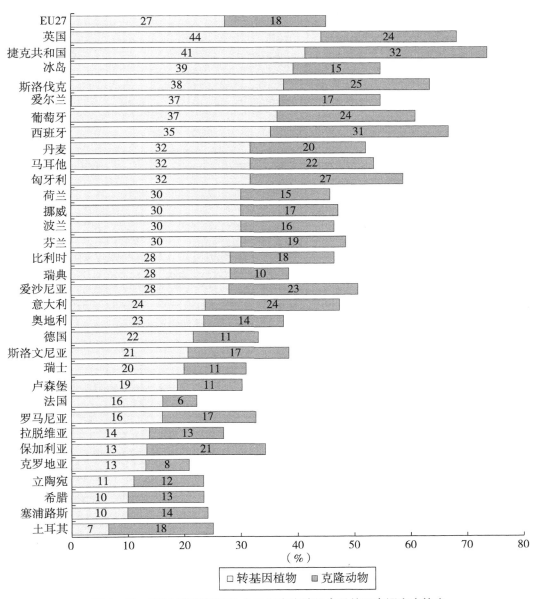

图 6 – 13　EU 对转基因植物食品和克隆动物食品的民意调查支持度

资料来源：欧盟委员会 2010 年生物技术调查。

第3章　微生物生物技术

3.1　生产和贸易

3.1.1　商业化生产

很难获得有关转基因微生物开发和生产实践的信息。然而，微生物的基因工程和基因组编辑在整个欧盟的实验室都被广泛使用。利用发酵生产食品酶和食品添加剂比化学生产这些成分具有许多优点，而且在未来可能会变得更加重要。微生物的基因工程是成功的关键。

3.1.2　出口

欧盟向美国或其他国家出口含有微生物生物技术衍生食品成分的产品。在欧盟，如果最终产品不含转基因微生物及其转基因遗传物质，则不需要贴上含有转基因生物的标签。

3.1.3　进口

欧盟进口的微生物生物技术衍生的食品成分或加工产品与不含转基因微生物的类似食品没有区别。因此，没有可用的定量数据。欧盟一些国家在进口管制期间发现了转基因微生物的痕迹，导致欧盟转基因立法进行食品饲料快速预警系统（RASF）通知和制裁；然而，根据欧洲食品安全局（EFSA）的指导方针允许使用 DNA。

3.1.4　贸易壁垒

必须不存在转基因微生物及其转基因遗传物质，否则欧盟将其视为转基因生物。如果不满足这一条件，产品必须贴上含有转基因生物的标签，并且转基因微生物必须根据欧盟转基因指令获得批准。

3.2　政策

3.2.1　监管框架

1. 负责的政府部门及其在 GM 工厂监管中的作用

请参见本报告 1.2.1 监管框架。

2. 微生物生物技术和/或衍生食品成分的监管与转基因植物或动物的监管有何不同

转基因微生物及其产品属于两项转基因指令的范围，即第 2009/41/EC 号指令——包含"转基因微生物"的用途，以及第 2001/18/EC 号指令，该指令涵盖了故意将转基因生物释放到环境中的行为。

"封闭用途"指令（第 2009/41/EC 号指令）将"封闭用途"定义为任何微生物经过基因改造或以任何其他方式培养、储存、运输、销毁、处置或使用转基因微生物的活动，并为此采取特定遏制措施，以限制其与普通人群和环境不接触，并为其提供高水平的安全。为了符合本指令的要求，有两个标准非常重要。第一个标准是最终产品中必须没有转基因微生物（生产微生物）。第二个标准是缺少用于遗传改变生物体的重组 DNA（rDNA）。

如果不符合这些标准，转基因微生物的产品就属于第 2001/18/EC 号指令中关于"转基因生物"故意释放到环境中的范围——转基因植物和动物也是如此。这种微生物生物技术产品必须符合第 1829/2003 号法规（EC），该法规涵盖了转基因食品和饲料的市场准入要求和授权程序，以及第 1830/2003 号法规（EC），该法规涉及转基因生物的可追溯性和标签及食品的可追溯性以及由转基因生物生产的饲料产品。

在许多情况下，行业倾向于根据"封闭用途"指令（第 2009/41/EC 指令）申请微生物生物技术高纯度产品的授权，这样产品不必贴上"转基因"标签。美国食品公司 Impossible Foods 根据"故意释放"指令提交了一份申请，要求用转基因微生物生产一种调味品，使其素食汉堡具有肉味。他们生产的含大豆血红蛋白的转基因微生物目前正在接受欧盟的"转基因"审批程序。该公司报告称，他们相信欧盟公众不会因其产品上的"转基因"标签望而却步。

3. 微生物生物技术和/或衍生食品成分在使用前的附加产品注册或批准要求

如下文所述，使用转基因微生物生产的产品可能会根据其用途进行进一步监管。无论生产过程是否涉及基因工程，欧盟都有一套针对食品酶、食品添加剂、食品调味料和新型食品的横向法规。有关这些法规的更多信息，请参阅美国农业部/国外农业服务的年度欧盟食品和农产品进口法规和标准报告。

（1）食品配料。

欧盟保留了一份被称为"联盟名单"的认可食品添加剂和食品调味品的正面清单，它们分别出现在法规（EC）1333/2008 和法规（EC）1334/2008 的附件中。欧盟委员会在第 1332/2008 号法规（EC）中引用了欧盟食品酶清单，但尚未公布。根据 2015 年 3 月 15 日截止日期前提交的所有申请，委员会编制了一份登记册[①]。一旦欧洲食品安全局对登记册中的某种食品酶发表意见，欧盟食品酶清单将被采纳。同时，有关食品酶和用食品酶生产的食品投放市场和使用的现行国家规定继续适用。在欧盟成员国中，只有丹麦和法国有专门的食品酶立法。有关这些国家立法的更多具体信息，请查阅相应的 GAIN 报告。

要将产品添加到欧盟列表中，所有三个类别都必须遵循法规（EC）1331/2008 中描述的"通用授权程序"，每个类别都有自己的应用程序。欧盟委员会第 234/2011 号条例对其实施进行了说明。欧盟委员会网站在专门网页上为申请人提供指导[②]。

（2）新食物。

食品中使用的微生物生物技术衍生产品可能受欧盟关于新型食品的法规（EC）2015/2283 的约

---

① https：//ec. europa. eu/food/sites/food/files/safety/docs/fs_food – improvement – agents_enzymes_register. pdf.

② https：//ec. europa. eu/food/safety/food_improvement_agents/common_auth_proc_guid_en.

束①。欧盟术语"新食品"是指在 1997 年 5 月 15 日之前，无论成员国何时加入欧盟，在欧盟范围内未在很大程度上用于人类食用的任何食品，并且属于"新食品"立法第 3 条中提到的十类食品中的至少一类。该法规指出，新食品法规（EC）2015/2283 不适用于"属于（EC）1332/2008 法规范围内的食品酶、属于（EC）1333/2008 法规范围内的食品添加剂和属于（EC）1334/2008 法规范围内的食品调味品"。然而，制造商必须意识到，如果微生物生物技术衍生产品的生产方式是全新的，那么它就可以被视为一种"新型食品"。欧洲食品工业集团欧洲食品补充剂公司在其网站上以决策树的形式提供了有用的指导。EFSA 接受所有评估申请，并对任何产品的授权要求提出疑问。

4. 可能影响美国出口的未决立法或法规

最新的监管发展源于 2018 年 7 月欧盟法院（ECJ）的案例，该案例涉及通过较新的转基因技术开发的植物中的诱变应用②。这项裁决对转基因微生物有影响，因为欧盟主要的"转基因"立法更广泛地提到生物。该判决指出，新诱变技术产生的生物体属于欧盟转基因指令 2001/18/EC 的范围③。目前，欧盟委员会正在根据欧盟法律对"新型基因组技术"的地位进行研究④。

3.2.2 审批

微生物技术的其他产品——主要是食品成分——与之前提到的"聪明名单"中的传统生产的产品没有区别。

3.2.3 标签和可追溯性

对于符合欧盟"故意释放"指令的微生物技术产品，第 1830/2003 号法规（EC）适用于"转基因生物"的可追溯性和标签以及转基因食品和饲料产品的可追溯性。如果微生物生物技术产品经过彻底净化，且没有任何微量转基因微生物存在，同时欧盟的"封闭用途"指令适用，则不需要"转基因"标签。

3.2.4 监测和检测

进口加工产品中基因工程进行质谱检测。阳性检测结果提交至食品饲料快速预警系统。之后的结果可能是销毁或运出欧盟。

3.2.5 附加监管要求

不适用。

3.2.6 知识产权（IPR）

关于生物技术专利的法律保护的第 98/44/EC 号欧盟指令适用于转基因微生物，并在所有成员国中实施。有关更多信息请参见附录 2。

---

① 见 GAIN 报告 New EU Novel Food Regulation Applicable as of January 1 2018。
② 见 GAIN 报告 EU Court Extends GMO Directive to New Plant Breeding Techniques（2018）。
③ 见欧洲法院的新闻稿和裁决 https：//curia. europa. eu/jcms/upload/docs/application/pdf/2018 - 07/cp180111en. pdf。
④ 见欧盟委员会关于新基因组技术的研究报告 https：//ec. europa. eu/food/plant/gmo/modern_biotech/new - genomic - techniques _en。

3.2.7 相关问题

该行业面临的另一个挑战是从"封闭用途"的使用指令中删除重组 DNA。检测方法变得越来越敏感。事实上，微生物生物技术衍生的成分通常被少量地添加到食品中。然而现在，即使是残留在最终产品中的最小数量的重组基因材料也能被检测出来，一些成员国认为这是不合规的。因此，该行业需要一个检测阈值。

3.3 市场营销

3.3.1 公众/个人意见

欧盟没有公众对微生物生物技术的认识。如本报告第一部分所述，欧洲消费者更希望他们的食品不是转基因食品。由于欧盟的转基因微生物一般都包含在最终消费产品中，因此欧洲公众可能并不反对使用这种技术。

通过绿色协议和刺激循环经济，欧盟已经明确承诺要变得更加环保。① 消费者对动物替代品和无乳制品的需求以及对新型食品包装材料的需求正在上升。转基因微生物能够通过发酵产生新的复杂分子。与化学工艺相比，发酵使用较少的投入和产生较少的废物，再加上技术成本的下降，这将为微生物生物技术提供动力。

3.3.2 市场接受度/研究

没有可用的市场接受度/研究。

---

① 见 GAIN 报告 "Green Deal Strategies for the EU Agri - Food Sector Present a Politically Ambitious Policy Roadmap"。

附录 1

表 A1   欧盟的 27 个成员国和英国[1]

缩写	国家名称	缩写	国家名称
AT	奥地利	IE	爱尔兰
BE	比利时	IT	意大利
BG	保加利亚	LT	立陶宛
CY	塞浦路斯	LU	卢森堡
CZ	捷克共和国	LV	拉脱维亚
DE	德国	MT	马耳他
DK	丹麦	NL	荷兰
．EE	爱沙尼亚	PL	波兰
EL	希腊	PT	葡萄牙
ES	西班牙	RO	罗马尼亚
FI	芬兰	SE	瑞典
FR	法国	SI	斯洛文尼亚
HR	克罗地亚	SK UK	斯洛伐克
HU	匈牙利	IE	英国

[1] 英国在 2020 年 1 月 31 日离开欧盟（简称"英国脱欧"）。

附录 2

USDA/FAS 撰写了关于个别欧盟成员国的综合报告。下列国家可以获得最新版本的农业生物技术年度报告。

奥地利

比利时

保加利亚

克罗地亚

捷克共和国

法国

德国

匈牙利

意大利

荷兰

罗马尼亚

西班牙

瑞典

USDA/FAS 还撰写了各种有关生物技术最新发展的报告。在 GAIN 网站的搜索选项下选择"生物技术"类别,或通过 FAS 网站查看这些报告。

⑦

西班牙

美国农业部

对外农业服务局

全球农业信息网

发表日期：2020.11.04

规定报告：按规定－公开

报告编号：SP2020－0039

报告名称：农业生物技术发展年报

报告类别：生物技术及其他新生产技术

编 写 人：Marta Guerrero

批 准 人：Jennifer Clever

报 告 要 点

西班牙是欧盟成员国中种植转基因玉米最多的国家，也是转基因玉米和大豆饲用产品的主要消费国。一直以来，该国都在践行科学的农业生物技术方法。那些与农业产业利益有关的人们非常关注欧洲联盟法院对于新育种技术（NBTs）的制定，以及该方法对于西班牙农业研究及其农业竞争力的潜在影响和后果。

内 容 提 要

西班牙是欧盟成员国中种植转基因玉米最多的国家（2020年种植 Bt 抗虫玉米达98152公顷）。西班牙和葡萄牙是所有欧盟成员国中仅有的两个转基因作物种植国，且西班牙从1998年就开始了商业化种植 MON810 转基因玉米。

西班牙冬季谷物产量极其不稳定，再加上其出口型畜牧业的驱动，使得西班牙成为欧盟最大的粮食进口国。与大多数欧盟成员国有所不同，西班牙由于蛋白膳食和谷物饲料极度短缺，进口的转基因产品不局限于转基因大豆及其豆制品，还有转基因玉米及其加工品，如玉米酒糟和玉米蛋白粉。每年谷物粮食进口总量达1200万~1700万吨，大豆及豆粕总量近600万吨。通常，所有转基因饲料产品包装上会贴有"含转基因成分"标签。相反，尽管西班牙消费者对农业生物技术具有一定接受度，但具有转基因标识的食品仍然极为少见，食品制造商仍会选择改变产品配方，来避免使用"含转基因成分"的标签。

长期以来，西班牙的饲料原料都极大地依赖于进口，相应地，其农业产业也以贸易为导向，因此，西班牙一直采取科学方法来监督和管理生物技术的应用。这极大地促进了西班牙对外贸易的持续性，也让农民获得了农业技术创新的机会。然而，西班牙如此公然地支持转基因作物种植和进口，越来越背离欧洲的整体大环境，显得有些格格不入。因此，很多时候，最终决策过程往往还取决于某些主观意向。

在西班牙，经过提前备案审批，在限定区域内开展转基因及基因组编辑的相关研究及田间试验是合法的。某些种子育种公司已敏锐地觉察到创新生物技术在育种中蕴含的巨大潜力。但据目前情况预测，在未来五年内，基因改造或基因组编辑开发在西班牙市场上不会出现新的动态进展。因为欧盟相关规章制度条条框框的限制，极大地阻碍了这些技术在西班牙的研究开发，难以使其充分发挥商业价值。为此，西班牙管理层也做了极大努力，2020 年上半年，就欧盟法院（ECJ）对新育种技术（NBTs）制定后果的应对措施问题，西班牙农业管理行政机构直接向欧盟委员会递交了问询意见。

在西班牙，与转基因植物一样，经过提前备案审批，在相关法规允许范围内，转基因动物相关研究也是可以正常开展的。目前，该领域研究大多是公立机构基于医药开发需要而进行的。动物克隆研究无须公开登记，也未强制要求公布通告，但克隆研究对象仅限于濒危物种、老鼠、猪和斗牛，也只用于研究活动，而不是供人们食用。

另外，在西班牙，微生物大量地应用于食物生产中。然而，为了避开相关规章制度严苛的条款约束，以及转基因标签标识要求，食品行业内仅会选择采用微生物基因工程技术制备的食品原料，而非直接含有转基因微生物的原料。

免责声明

西班牙作为欧盟成员国，遵守欧盟农业生物技术相关指令和法规。建议结合欧盟农业生物技术年鉴一起阅读本报告。

术语

"基因工程"即"转基因"。

"创新生物技术（IB）"与"新育种技术（NBTs）"同义，通常是指基因组编辑技术，但不包括传统意义的转基因技术（欧盟称为"GMO"）。

第1章 植物生物技术

1.1 生产和贸易

1.1.1 产品开发

在西班牙，提前备案、公告和审批后，在限定的范围内可以开展转基因研究和环境释放田间试验（Law 9/2003 – in Spanish）。同样，经过备案和审批，也可以进行基因组编辑相关研究。但由于欧盟相关规章制度条条框框的限制，极大地阻碍了这些创新生物技术在西班牙的研究开发，从而难以充分发挥其商业价值。因此，虽然在西班牙国内可以适度开展转基因相关的研究和环境释放试验，但估计在未来五年内，在西班牙市场上都不会有基因改造或基因组编辑研究的新成果上市。

限制性研究：2019年，一些权威机构被授权限制性地开展诸如拟南芥、番茄等转基因植物相关研究活动，如海梅一世大学（西班牙卡斯特利翁省）开展一些非生物胁迫的抗性研究。目前，农业基因组学研究中心（CRAG）正着力于欧盟资助的一项研究项目，旨在通过改变油菜素内酯的信号传导途径来研究抗旱植物的重要性。

2020年截至本报告发布，已有巴利阿里群岛大学（Universitat de Ies Illes Balears）对花青素含量高的转基因番茄、Barberet & Blanc 公司对转基因矮牵牛以及 Semillas Fitó 公司对其他转基因植物的研究报道。

1.1.2 商业化生产

西班牙是欧盟成员国中种植转基因玉米最多的国家，约占欧盟转基因种植总面积的95%。从1998年起，MON810转基因玉米就在西班牙实现了商业化种植（见表7-1）。

表7-1　　　　　　　　　　　西班牙玉米种植面积和产量

年度	2014/2015	2015/2016	2016/2017	2017/2018	2018/2019	2019/2020	2020/2021
面积（1000公顷）	421.6	398.2	359.3	333.6	322.4	357.6	345.7
产量（1000吨）	4811.5	4565.1	4069.5	3775.6	3842.5	4185.4	4083.4

资料来源：马德里对外农业服务局（FAS）及农业、渔业和食品部（MAPA）。

注：1. 以上数据包括转基因和非转基因；2. 表中的"年度"是指生产销售年度；3. 玉米销售时期为9—10月。

自2013—2014年度以来，西班牙玉米种植面积呈现持续下降态势，仅在2019—2020年度略微抬升，后又回落。2020—2021年度玉米种植总面积下降3%。粮食作物的低回报率及连续的春涝是种植面积持续降低的重要原因。欧盟关于作物多元化生产的绿色发展策略也是其中的诱因之一。

西班牙一共 17 个自治区，其中有 13 个自治区都种植了 MON810 玉米，而其中 80% 集中于埃布罗河盆地的阿拉贡、加泰罗尼亚和纳瓦拉等地的玉米螟高发区。在安达卢西亚、卡斯蒂利亚－拉曼查和埃斯特雷马杜拉等地，从 2003 年一直持续到 2013 年，MON810 玉米种植整体呈稳步增长之势（见表 7－2、图 7－1）。

表 7－2　　　　　　　2014—2020 年西班牙各地区转基因玉米种植面积统计　　　　　　单位：公顷

地区	2014 年	2015 年	2016 年	2017 年	2018 年	2019 年	2020 年
阿拉贡	54041	42612	46546	49608	44932	42646	40995
加泰罗尼亚	36381	30790	41567	39092	38752	36430	31833
埃斯特雷马杜拉	13815	9827	15039	13976	14138	12255	10718
纳瓦拉	7264	6621	8066	7778	8101	8253	8310
卡斯蒂利亚－拉曼查	7973	5734	5932	5039	3805	3101	2601
安达卢西亚	10692	11471	10919	8013	4972	3795	2724
其他	1371	695	1011	691	547	650	971
总计	131537	107750	129080	124197	115247	107130	98152

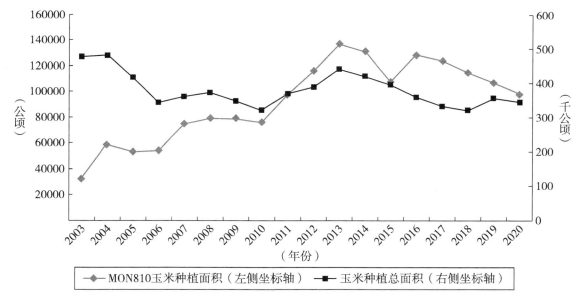

图 7－1　西班牙玉米种植总面积和 MON810 玉米种植面积

自 2019 年开始，人们一改之前的估算方式，根据每公顷 95000 粒种子的种植密度来估算西班牙国内转基因玉米种植面积，如此一来就改变了 MON810 玉米种植面积的估算绝对值。2020 年数据表明，MON810 玉米的总种植面积下降了 7%。这一降幅超过了前述登记值 3%。尽管 MON810 玉米所占份额随着整体行情有所下降（见图 7－2），但在埃布罗河盆地，MON810 玉米作为轮作作物可有效降低玉米虫害发生率，农民还可因此同获两份粮食收益，因此，MON810 玉米在当地仍然具有举足轻重的作用。

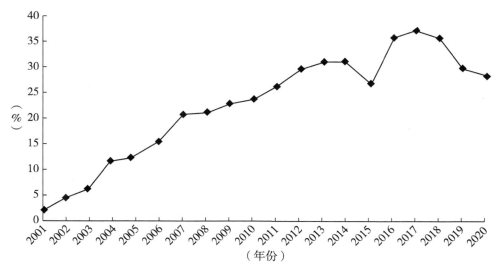

图7-2　MON810玉米种植面积在西班牙所占份额

资料来源：马德里对外农业服务局（FAS）及农业、渔业和食品部（MAPA）。

限制西班牙转基因玉米种植面积进一步扩大的因素分析：

（1）玉米种植面积长期持续下降：利润率低、与其他作物竞争激烈以及欧盟关于作物多元化的绿色发展策略等。在某些地区除了种植转基因抗虫玉米，没有其他选择，当地农民还在坚持种植转基因玉米（见图7-3）。

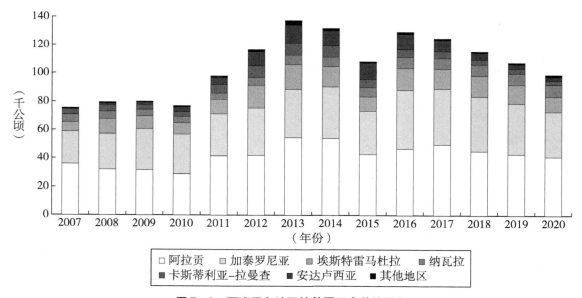

图7-3　西班牙各地区转基因玉米种植面积

资料来源：马德里对外农业服务局（FAS）及农业、渔业和食品部（MAPA）。

（2）转基因玉米主要集中在玉米螟虫害高发地区：MON810转基因玉米是欧盟唯一准许种植的转基因植物，种植区域也仅局限于玉米螟高发地区。其他性状转基因作物的准入引进可能会激发广大农民的种植兴趣。

（3）转基因玉米仅用于饲料加工：目前，除小部分定制专供外，多数情况下饲料生产线并未严格区分转基因和非转基因。事实上，几乎市场上在售的所有饲料蛋白原料都含有转基因大豆，因此，一律标记为"含转基因成分"。通常，为食品生产提供原料的玉米加工厂（包括湿磨坊和干磨坊），为了保障原料为非转基因玉米，会跟供应商签订真实性保证协议。大多数当地食品生产商通过这种方式规避转基因成分掺入食品原料中，以达到转基因标识的相关要求。同时，还将进一步限制转基因作物供应给动物饲料行业。

1.1.3　出口

西班牙是谷物类粮食和油菜籽的净进口国，其国内生产总量远不足以满足其出口型畜牧业的巨大需求。尽管西班牙是欧盟 Bt 玉米生产的主要力量，但其转基因产品出口量微乎其微，主要用于满足国内饲料行业的需求。

1.1.4　进口

美国出口西班牙的农产品主要是大宗商品和消费导向型产品，2015—2019 年，在美国出口值中占比分别为 36% 和 43%（见图 7－4）。大豆和坚果是其中最主要的两大类，分别占贸易总量的 23% 和 40%。

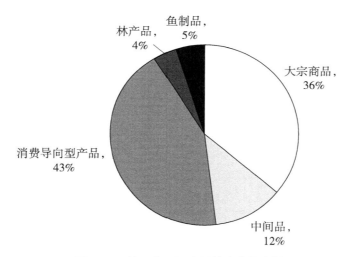

图 7－4　美国出口西班牙的农产品比例
资料来源：马德里对外农业服务局（FAS）贸易数据监测。

西班牙一直在进口大量的转基因产品，尤其对于谷物类粮食和油菜籽的依赖性极大。这些客观存在的依赖性及对于转基因作物控制的方法，使转基因技术在饲料产业链中接受度极高。多年来，这些因素导致了西班牙转基因作物种植规模和进口量的增长，而其中主要是从巴西、阿根廷和美国等国进口转基因玉米及加工品和转基因大豆及加工品。

西班牙每年粮食进口总量达 1200 万~1700 万吨，数值主要取决于国内粮食作物的产量、牧草的供应量以及畜牧业发展的消耗需求。在过去的 10 年里，西班牙进口的玉米量远多于其他饲料谷物，且总量呈上升趋势，以满足西班牙畜牧业稳态需求。

图 7－5 显示了自 20 世纪 90 年代以来美国向西班牙出口玉米的年度总量。从该图中可以看到，自 1998 年开始美国对西班牙的玉米出口量急剧下降，而这一年正是转基因玉米在美国种植的起始

之年。玉米出口量的变化也是美国和欧盟对于转基因认可度不同导致的直接结果。

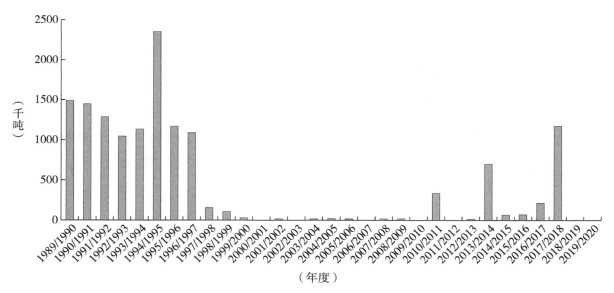

图7-5　美国向西班牙出口玉米的年度总量

资料来源：贸易数据监测公司。

接着，农业生物（转基因）技术在美国、阿根廷和巴西等国家逐步推行开来，迫使西班牙饲料进口商不得不在乌克兰等其他国家寻找新的玉米供应商（见图7-6）。欧盟自2018年6月开始对美国玉米征收25%的关税，因此，自2018—2019年度开始，西班牙对美国玉米的进口量跌落至零（见图7-5）。

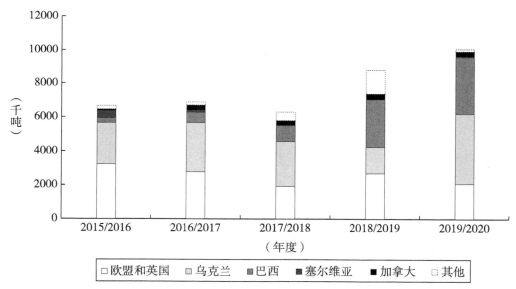

图7-6　西班牙玉米进口来源分布

资料来源：贸易数据监测公司。

关于玉米加工副产品进口情况，如图7-7所示。2016年和2017年，西班牙国内生物乙醇产量下降，以及具有竞争力的价格优势，为玉米酒糟（DDGS）进口迎来了新契机。然而，随着国内玉米酒糟（DDGS）供应量不断增加，以及豆粕的价格优势影响，2018 年开始对玉米酒糟（DDGS）的进口量逐渐回落。值得一提的是，现有数据显示，虽然 2020 年度玉米酒糟（DDGS）进口总量低于上一年水平，但从巴拉圭的进口量陡然增加了。

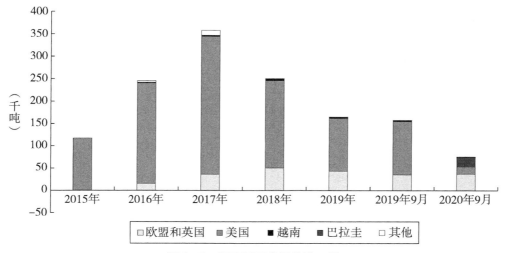

图 7 - 7　西班牙玉米酒糟进口量

资料来源：贸易数据监测公司，海关编码为 230330。

关于玉米蛋白饲料进口情况如图 7 - 8 所示，通过欧盟内部贸易（多为非转基因）基本上可以满足西班牙国内对玉米蛋白饲料的需求。

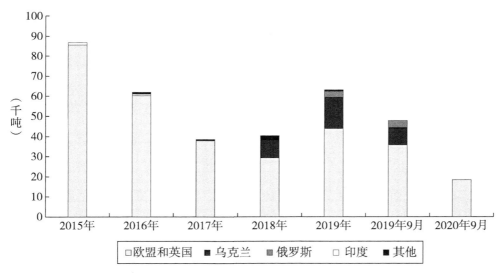

图 7 - 8　西班牙玉米蛋白饲料进口量

资料来源：贸易数据监测公司，海关编码为 230310。

西班牙食品油原料主要包括油橄榄和向日葵。西班牙油菜籽产量很小，通常出售到葡萄牙、法国等邻近国家，据统计，每年大豆和豆粕进口总量平均达 600 万吨。2019—2020 年度，由于油品和膳食消费需求的下降，大豆种子进口量也随之减少。

西班牙进口的大豆大多为转基因大豆，其中大部分来源于巴西，其次是美国（见图 7 - 9）。贸易统计数据显示，在 2018—2019 年度，价格上的优势使美国大豆在西班牙所占的市场份额有所增加，而在 2019—2020 年度，美国大豆所占的市场份额部分转移给了加拿大。

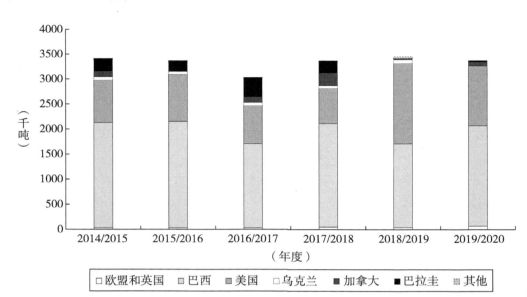

图 7 - 9　西班牙大豆的进口量

资料来源：贸易数据监测公司。

在西班牙，除了特殊定向产品，所进口的大豆制品都是来自转基因原料。非转基因豆粕需求量仅占总销售额的 5% 左右，而这其中部分来源于西班牙本土大豆（2020 年供应量 4300 吨）。相比而言，欧盟对转基因产品缓慢的审批效率影响了蛋白质饲料原料（主要是大豆）的进口贸易，但是对谷物类进口贸易影响没有那么大。

2018—2019 年度，西班牙大豆进口总量有所增长。友好的价格优势为美国大豆抢占到一些市场份额。然而，虽然 2019 年以豆粕为原料的饲料生产加工规模还在继续扩张，但估计这种势头延续不到 2020 年，豆粕进口量也可能有所降低。一直以来，阿根廷（约占 70% 份额）和巴西（约占20% 份额）主控着整个西班牙的豆粕市场（见图 7 - 10）。统计数据还显示，2019—2020 年度巴西在西班牙大豆市场的份额有大幅上升。

1.1.5　粮食援助

西班牙不是粮食援助对象，也不对外提供转基因产品用于粮食援助，仅在紧急情况下，提供食品援助，这样不会因此压低当地价格和阻碍受援国国内的生产发展。此外，西班牙更愿意选择在受援国当地采购消费。西班牙是 IFAD（国际农业发展基金会）的创始成员国，而该机构的成立是为了帮助贫困地区的人们克服贫困和饥饿。西班牙也是世界粮农组织（FAO）的成员和世界粮食计划的有力支持者。1988 年，西班牙在其外交与合作部设立了国际发展合作署（AECID），负责合作方案和项目制定、执行和管理工作，利用自身资源渠道，或通过与其他国家或国际组织/非政府组织（NGOs）合作的方式开展相关工作。

1.1.6　贸易壁垒

1. 大宗商品

西班牙各转化事件在美国已不同程度地实现合法商品化，但尚未获得欧盟的审批准许，这仍然

图 7 – 10   西班牙豆粕进口量

资料来源：贸易数据监测公司。

是目前主要的贸易壁垒。以往的粮食供应国扩大转基因作物生产，极大地影响了西班牙的贸易流向。例如，在玉米贸易方面，乌克兰、塞尔维亚和俄罗斯多年来通过减少从美国、阿根廷和巴西的进口量来逐步提升它们的市场份额。此外，一直以来对未经批准的转化事件检测的规定，也对各个贸易商起着约束作用，有可能给他们带来贸易风险。

2. 食品

在西班牙，基本上不存在转基因标签标识的消费品。多数食品制造商和食品进口商在食品生产中不使用含有转基因的原料，以避免在食品上标注或营销中声明"含转基因成分"。

3. 种子

对进口转基因的零容忍度极大地影响了种子贸易。事实上，欧盟目前只允许种植 MON810 玉米，这对美国种子（包括转基因种子或其他转化事件低含量混杂的种子）出口构成了贸易壁垒。目前，欧盟还没有对种子中掺杂转基因成分设定阈值，西班牙不得不从法国等其他欧盟成员国进口玉米种子，其中90%以上来自法国，其余的来自智利、美国、土耳其、塞尔维亚和南非的占玉米种子进口市场的5%。这些国家在限制性条件下生产种子，以防止未经批准的转基因品系的种子偶然混杂。

1.2   政策

1.2.1   监管框架

欧盟关于农业生物技术的政策和法规制定于布鲁塞尔。作为一个欧盟成员国，西班牙必须遵守欧盟相关规定。欧盟制定的相关管理条例直接适用于所有欧盟成员国，相关的政策指令也直接转化为国家法律。在不改变欧盟指令范围的前提下，各国政府可自由行使一定的裁量权。有关欧盟农业生物技术监管体系框架的更多信息，请参阅欧盟农业生物技术发展年度报告。

欧盟关于"转基因生物"环境释放的第 2001/18 号指令已转化为西班牙国家法律第 9/2003 号，

对转基因生物的限制性使用及环境释放两方面进行了规范。同时，该条款还界定了两个相关职能部门——国家生物安全委员会（CNB）和转基因生物委员会部际理事会（CIOMG）的职能和职责，对西班牙农业生物技术决策制定发挥了重要作用。在这样双层体系下，CNB 进行风险评估，CIOMG 根据 CNB 的评估结果确定国家决策定位。自 2018 年 6 月西班牙新政府成立及内阁重组以来，农业和环境事务被分别划定为农业、渔业和食品部（MAPA）以及生态过渡和人口统战部（MITECO）两个不同的部门系统管辖。CNB 隶属于 MITECO，而 CIOMG 则隶属于 MAPA。

1. 国家生物安全委员会（CNB）

CNB 是 MITECO 下属的一个顾问机构，其职责是对向国家或地区提交的转基因种植、限制性使用和销售申报资料进行科学的评估。由各部委代表、自治区代表和农业生物技术专家组成，环境质量和评估及自然环境总干事担任主席。

2. 转基因生物委员会部际理事会（CIOMG）

CIOMG 为全国生物技术产品限制性使用、释放和销售授权的技术主管机构，与 CNB 保持协调一致，并负责与欧盟及西班牙各自治区相关机构的沟通联络等事务。该委员会由农业部秘书长担任主席，成员由农业生物技术相关的各部代表组成，其中包括农业、渔业和食品部（MAPA）、消费部（MOC）、经济与企业部（MINECO）以及内阁事务部的代表。

3. 其他相关部门

西班牙农业生产和市场总局下属的植物品种办公室，负责登记和监测用于种植的转基因种子。在西班牙登记种植的玉米品种的相关资料，点击 https：//www. mapa. gob. es/app/regVar/BusRegVar. aspx？id＝es 查询。目前，已有 90 个转基因玉米品种被批准商业化种植。农业、渔业和食品部（MAPA）动物饲料和资源保护总理事会负责协调处理国家饲料计划，而消费部下属的食品安全和营养局（AESAN）负责监督食物链的控制。其他部级部门与 CIOGM 或 CNB 一起参与农业生物技术决策过程。

4. 民间社会组织——转基因生物咨询委员会（CPOGM）

虽然西班牙允许转基因作物商业化种植，但也很重视信息公开化和公众参与度。2010 年 10 月，根据西班牙第 2616/2010 号指令，CIOMG 下设立转基因生物咨询委员会（CPOGM）。该机构的宗旨是确保公众参与农业生物技术问题的讨论，以便 CIOMG 从民间组织及时获取第一手公众信息。CPOGM 可以对欧盟做出的决议发表意见，并且可向 CIOMG 提交组织审查的提案。该委员会由农民协会、农业合作社、消费者组织、工会、非政府环保组织、食品生产商、药企、创业组织和全国农村发展网络的代表组成。其中未包括种子育种行业代表。由于西班牙实行分散管理，中央和地方职权不同，中央主管"转基因生物"和含有"转基因生物"产品的上市许可，授权限制使用和研发需要的"转基因生物"环境释放（在国家计划下实施），审批含有"转基因生物"的人类或动物药品，并在商品目录注册前对田间试验实施监控。而自治区主管部门负责授权限制使用、研究开发需要的环境释放和"转基因生物"监测控制（属于国家政府部门责权范围以外）。

1.2.2 审批

1. 进口

进口转基因生物转化事件需经过欧盟批准。获得批准的转基因生物转化事件名单请参阅欧盟委员会网站。欧盟成员国有机会对欧盟委员会在技术和政治层面上对转基因生物批准决策进行参与和权衡。有关欧盟批准程序的更多信息，请参阅欧盟农业生物技术发展年度报告。除少数例外，西班牙一般情况下都会在布鲁塞尔食品链及动物健康常设委员会（SCFCAH）中投票支持新转化事件的进口活动。

　　2. **种植**

　　多年来，西班牙政府一直在努力推进收回转基因作物种植决策权的进程。在首轮辩论启动时，西班牙就此事谨慎地做出反应，对共同市场影响和遵守世贸组织规则提出了担忧。然而，对于种植决定权重新国有化，西班牙肯定投票赞成，因为这是西班牙想以此作为打开栽培新转化事件大门的契机。而在西班牙皇家法令 364/2017 号中，修订了法律 9/2003（西班牙语）将欧盟第（EU）2015/412 号指令转化为国家法律，其中国家法律规定，在靠近边境的地方种植转基因玉米，必须保持设置 20 米的隔离距离。

1.2.3　复合性状转化事件的审批

　　转基因单个转化事件、复合性状和聚合育种品系的程序是相同的，具体参见 1.1.2 部分所述。

1.2.4　田间试验

　　允许开展相关田间试验，但须事先通报。目前，西班牙相关主管部门接收的开放性田间试验申报非常少。因为，在严苛的市场监管准入环境下，不管是国营还是私营企业都难以激起利用转基因或基因组编辑开发作物生产的兴趣。联合研究中心（JRC）获悉，2020 年仅有一份环境释放申报登记，是由西班牙国家研究委员会（CSIC）提交的烟草田间试验通告。

1.2.5　创新生物技术

　　西班牙当局主管部门对创新生物技术（IBs）持有积极态度。在 2015 年西班牙发布的一份立场文件（见 https：//www.miteco.gob.es/es/calidad－y－evaluacion－ambiental/temas/biotecnologia/informe－cnb－ntmv－es－tcm30－481902.pdf）中，西班牙当局表达了对 IBs 采取逐案审查分析方法的支持态度，并支持以产品为审查重点。专注于过程的科学控制和分析方法更被认可，毕竟科学发展速度比监管体系框架的更新速度更快。西班牙一直以来对农业技术创新都主张采用以科学为基础的控制方法。

　　欧洲法院（ECJ）于 2018 年 7 月 25 日裁定，凡生产中涉及和引用创新农业生物技术的相关单位和组织必须遵守欧盟 2001/18 号法令。该项法令一出台，其在欧盟各成员国实施落实的可行性就引发了西班牙国内激烈讨论。

　　2019 年 1 月，针对欧洲法院对西班牙转基因生物部际委员会提交的申请做出的裁决结果，西班牙国家生物安全委员会（NBC）发布了一份报告。该报告明确指出，鉴于定向诱变具有特异性，应该将其作为一种低风险的技术。既然通过基因组编辑技术获得的产品与自然突变没有区别，就没必要对进口产品执行相关的限定性规定和进行强制检测。因此，建议对欧盟 2001/18 号法令进行重大修订。

　　2019 年 2 月，西班牙转基因生物委员会部际理事会（CIOMG）也针对欧洲法院的裁决做出了回应，提交了一份报告，对当前欧盟法规引发的后果进行了分析，呼吁欧盟对生物技术相关政策进一步加强审查工作，并与时俱进。

在 2019 年 5 月 14 日召开的欧盟农业理事会上，包括西班牙在内的 14 个欧盟成员国呼吁更新与创新生物技术有关的欧盟法律，并呼吁欧盟进一步明确细化利用创新生物技术开发产品的批准程序。

2019 年 11 月，欧盟理事会通过（EU）2019/1904 号决议，要求欧盟委员会根据法院对案件 C-528/16 的判决结果提交一份关于欧盟法律下新型基因组技术现状的研究报告，并根据研究结果提出合理建议。2020 年春季，西班牙回应了欧盟委员会的问卷调查，参与了这项研究。预计相关研究结果将于 2021 年 4 月发布。西班牙转基因生物委员会部际理事会（CIOMG）作为主管部门，综合了参与生物技术管理的不同实体机构（包括 MAPA、AESAN、大学部、MITECO、工业部、贸易和旅游部、官方控制实验室等）及利益相关的私营企业提供的信息、科学出版物相关评论以及其他国家当局的观点，对欧盟委员会的问卷调查表作出了答复。

1.2.6　共存

尽管西班牙是欧盟最大的转基因作物种植国，但仍未实施共存规则。2004 年西班牙公布了共存法令的初稿，但因其无法在各方达成共识，最终被放弃。尽管缺乏共存措施，西班牙农民仍然在种植转基因玉米，农民之间也未发生过任何矛盾冲突。西班牙内部的共存是通过遵循国家种子育种协会制定的良好农业规范来管理和协调的，该规范每年出版一次，并由种子经销商连同种子一起进行分发。最新版本参见链接 https：//www. anove. es/wp-content/uploads/2020/05/Guia-2020-cultivo-Maiz-Bt. pdf（西班牙语）。西班牙部长法令 APA/1083/2018 规定，在法国边境处，种植转基因玉米的农民必须设立 20 米的隔离带。其他关于审批相关信息见 1.2.1 部分。

1.2.7　标签和可追溯性

西班牙的转基因标识管理遵循欧盟统一制定的法律［欧盟条例（EC）1829/2003 关于转基因食品和饲料、条例以及（EC）1830/2003 关于转基因生物追溯和标识］。目前在国内尚未制定"非转基因"标识的相关法规。

欧盟食品标识法规定了 0.9% 的"偶然性"阈值，即允许在偶然和不可避免的技术意外情形下在非转基因食品或饲料中出现欧盟尚未批准的转基因事件。每种转基因成分含量超过 0.9% 的食品或饲料，必须贴上"含转基因生物"的标签。例如，西班牙种植收获的 Bt 玉米，主要用于国内生产复合饲料，而且饲料生产中使用的豆粕大多也为转基因的，这些饲料都直接标记为"含转基因成分"。为了避免在食品包装上贴上"含转基因成分"的标签，大多数食品制造商不会将转基因原料或产品用于食品生产中。目前，西班牙对不含转基因成分的标识还没有进行明文规定。然而，有的食品生产商为了促销，自发地在商品上标注了"不含转基因"的字眼。欧盟关于标识的统一法规条例的详细信息，请参阅食品和农业进口法规和标准报告 EU-28，以及 USEU 网站上关于标识的信息。

1.2.8　监测和检测

西班牙关于转基因的监测系统是基于欧盟法规条例进行建立的。但由于西班牙政府结构分散，检测和管控工作是在区一级进行的，而中央政府仅对关税（海关）进行把控。在国家相关主管部门的协调下，自治区在整个食品和饲料链上制订了自己的监测和抽样计划。抽样计划基于风险评估来设置，主要在批发和加工环节进行。西班牙通过食品和饲料快速预警系统（RASFF）数据库向消费者、经销商以及其他成员国发布食品安全问题的报告。自 2017 年以来，在西班牙边境检查点没有发现未获批的转基因产品。

1.2.9　低水平混杂（LLP）政策

作为欧盟成员国，西班牙遵守欧盟的法规指令，以及欧盟关于农业生物技术的相关规定。2011 年 7 月，欧盟立法对饲料产品规定阈值为 0.1%（该水平相当于欧盟标准实验室用于定量方法验证的转基因材料的最低水平。它只适用于待授权或授权过期的非法农业生物技术产品的"偶然"出现），而对食用产品的容忍度为零。因此，无论最终的用途是什么，贸易商在进货时都会奉行无风险政策。而西班牙食品产业允许食品中的低水平混杂（LLP）。在政府管理层面，西班牙的决策定位是由 CIOMG 汇集的参与农业生物技术监管的各个部门的代表意见而决定的。而在那些与消费者直接相关的事情上（如食品 LLP），食品安全和营养局（AESAN）则在 CIOMG 的决策中扮演着更重要的角色。就种子而言，目前尚未确定外源转基因物质存在的阈值水平。因此，西班牙只能从少数几个国家（美国、土耳其、南非和智利）购买转基因种子。而在国内则一直要求育种企业必须设定种子中转基因成分偶然混杂的阈值，才能与其他种子生产企业正常开展贸易往来。

1.2.10　附加监管要求

直到 2019 年，西班牙对于商业化转基因作物唯一公开的信息是在各省、各自治区和全国公布种植总面积。而这些数据也是根据转基因种子销售数量计算出来的，并在农业、渔业和食品部网站上进行公示（西班牙语）。另外，西班牙农业担保基金（FEGA）年度协调报告（https：//www.fega.es/sites/default/files/CIRCULAR - 2 - 2019 - SOLICITUD - UNICA2019.pdf）显示，为了便于统计，农民在提交限额支付申请表时，必须申报所持有的所有农地信息，不管是否用于种植转基因玉米品种。为了防止这些信息被滥用，西班牙农业主管部门一直不愿公布转基因作物商业化种植地块位置的相关信息。

1.2.11　知识产权（IPR）

《欧盟植物新品种权》（CPVR）是由设在法国昂热的欧盟植物品种办公室（CPVO）颁发的，为植物品种知识产权提供保护。但是在 1973 年 10 月颁布的《欧洲专利公约》中未包含植物品种专利。CPVR 使育种者在欧盟的所有成员国辖区内均能获得植物品种专有开发权。作为一种产权保护的替代方案，CPVR 与各成员国的国家植物保护相关的法规体系并存。

西班牙有自己的植物品种保护制度体系，但与欧盟法规一致，遵守共同市场规则。西班牙第 3/2000 号法律（西班牙语）规定了植物品种保护权利，体现了西班牙立法与欧盟法规以及欧盟保护种子新品种联盟规则的一致性。在西班牙，农业、渔业和食品部植物品种办公室（OEVV）负责处理进口需求、种子注册和认证，以及种子和苗圃产品的商品目录。西班牙植物品种登记的注册程序分为两个步骤，OEVV 主要负责国内自由销售的商业化品种目录和国家保护品种目录。在该注册系统中育种者可以对品种潜力进行评估，并被允许在品种保护注册之前，收集农民的反馈信息。

（1）商业品种的登记能够让育种者在西班牙进行种子繁殖和植物品种商业化生产。

（2）品种保护登记，使权利所有人能够拥有产权，并允许对一种植物品种在西班牙进行独家开发。

植物新品种需在提交申请表后，在商品品种目录上注册。在商品品种目录注册前，还需对新品种进行差异性、同质性和稳定性检验。《保护植物品种目录》的登记采取自愿原则。西班牙《植物品种保护权法》为登记在册的这些受保护植物品种的育种者提供 25 年的保护期。同一种植物品种不可能同时受到欧盟共同体和国家制度的双重保护。育种者必须选择是保留国家权利还是欧盟权利。育种企业更趋向于选择欧盟权利。当一个品种被授予 CPVR 时，则在 CPVR 的有效期内，该国家权利或专利将失效。

MON810 玉米是唯一可在西班牙商业化种植的转化事件，存在于杂交玉米品种，和西班牙种植的大多数玉米一样。在这里，转基因作物不存在知识产权的问题，因为杂交种子不用于繁种。

1.2.12 《卡塔赫纳生物安全议定书》的批准

欧盟是《卡塔赫纳生物安全议定书》的缔约方，西班牙作为欧盟成员国，也理应签署。西班牙于 2002 年 1 月批准了该议定书。在国家层面，农业、渔业和食品部，特别是农业生产和市场总局的支撑部门应遵循该议定书（protocolo. cartagena@ mapa. es）。西班牙定期出席《卡塔赫纳生物安全议定书》缔约方会议。

关于卡塔赫纳生物安全协议的更多信息可在其官方网站（http：//bch. cbd. int/protocol/）上查看。

1.2.13 国际条约和论坛

西班牙是多种国际条约和公约的成员，包括国际植物保护公约（IPPC）和食品法典（CODEX）。每一个组织的西班牙联络点可在其官方网站链接中找到。然而，作为欧盟成员国，每个成员国都有权投票，西班牙也须按照欧盟的规则投票。西班牙是美洲农业合作研究所的协约国，并在马德里安排接待美洲农业合作研究所驻欧洲的常驻代表。更多信息请参见欧盟农业生物技术年度报告。

1.2.14 相关问题

在转基因作物商业化生产和试验研究以外区域，西班牙一些自治区和省级都宣称自己为无转基因区。而这些区域是由各自治区、省或地区级的行政区确定形成的，其农业生产基本上无法从转基因作物种植中获益。从波斯特来看，没有与此声明有关的法律执行机制，这阻碍了农民在这些区域种植转基因作物。

1.3 市场营销

1.3.1 公众/个人意见

1. 主管部门

西班牙政府一直以来采取务实和科学的态度管理和规范农业创新技术。对于传统的农业生物技术（转基因技术），西班牙一直以科学作为管理决策的基础。负责生物技术事务的主要监管部门已经对欧洲法院的裁决提交了报告，作出了回应，并分析了该裁决引发的后果。西班牙主管当局一直将科学作为决策过程中的重要组成部分，并捍卫欧洲科研机构的绝对重要地位。

2. 农业利益关系人

从广义上讲，在农业领域，生物技术被当成通过提高产量和减少投入来提高农场竞争力的一种工具。鉴于西班牙对进口原材料的依赖，农业生物技术的使用也被认为对农业和食品产业都有利。大多数西班牙农民组织都赞成种植转基因作物。利用生物技术、灌溉系统等农业技术来提高竞争力和取得稳定的产出水平，这在农业领域得到大多数人的积极认可和支持。在西班牙饲料原料供应链、饲料和畜牧业尤其如此，它们一直是农业生物技术（转基因技术）的支持者。

西班牙拥有欧盟最大规模的畜牧业。就猪肉行业而言，西班牙将近 1/3 的猪肉产品出口到欧盟及第三方市场。因此，鉴于畜牧业面临全球的竞争压力，以及对于进口饲料的依赖，西班牙饲料和畜牧业界一再声称，增加转基因产品的准入将有助于畜牧业企业在全球市场上平等竞争。此外，在玉米螟虫危害严重的地区，玉米种植者普遍接受并愿意种植转基因玉米。

最初没有从转基因技术中受益的一些农民或食品生产商也逐渐对转基因技术产生兴趣，因为他们感受到了该技术对自己竞争力的影响。利用创新生物技术开发的新性状将产生新的利益关系人，因为这些技术可赋予作物在消费或环境方面新的优良性状，且不限于条播作物。然而，如果像对现有转基因生物技术作物这样的监管模式，就会导致新作物被其他农业生产国率先引进，甚至使西班牙农民因缺乏相关技术而面临更大的竞争。

3. 零售商和消费者

西班牙零售商和肉类消费者对于用转基因饲料喂养的肉类没有强烈反应。

1.3.2 市场接受度/研究

转基因标识的消费型产品在西班牙市场中非常少见。许多食品制造商在食品生产流程中不会使用转基因产品，以避免在产品标签上标识"含转基因成分"。相比之下，大多数牲畜饲养者都使用"含转基因成分"标识的复合饲料，因为市场中无转基因成分的饲料很少。采用转基因饲料喂养的动物的肉不需要贴上标签，这样消费者在购买肉类时就不用纠结如何选择。最近几年关于西班牙农业生物技术的营销或接受度问题的研究并不多。

2010 年欧盟关于公众对农业生物技术认知的民意调查结果显示，西班牙人对农业生物技术/基因工程的乐观指数是欧盟中最高的（74%）。同时，调查还表明，西班牙人对转基因食品持支持态度，35% 的受访者同意或完全同意鼓励发展转基因食品。

在 2011 年欧盟民意调查中，当被问及令大众担忧的环境问题时，西班牙人对转基因作物使用的担忧（13%）低于欧盟公民的平均水平（19%）。西班牙人和欧洲人对于化肥和杀虫剂的使用造成农业环境污染的担忧更甚于转基因作物的使用。

西班牙科学技术基金会（FECYT）针对西班牙科学和技术的社会认知每两年进行一次社会调查。2018 年调查结果显示，31.2% 受访者表示，对植物生物技术的担忧多过对该技术产生的效益。而这一比例相对于 2016 年的 33.4% 来说有所降低。据欧盟 2019 年关于食品安全的民意调查，仅 17% 的西班牙人对食品中的转基因成分表示担忧，而在整个欧盟有 27% 的公民表示担忧。

2015 年 7 月发表的一项题为《欧洲农业面临的挑战和可能的生物技术解决方案》的研究，确定并分析了 13 个欧盟国家（包括西班牙）的 9 种主要作物（包括玉米）的农业挑战。该研究考察了公立和私立研究机构如何利用传统育种、分子标记辅助育种、转基因技术、同源转基因技术、RNAi 技术或诱变来应对这些挑战。调查结果表明，对于欧洲的 9 种主要作物，有 40% 的问题无法从现有科学文献中找到解决方案，在近年开展的欧洲公共研究项目中也没有涉及。私营企业也仅解决了若干挑战中易被忽视的小部分问题。这也说明农民的需求与当前的育种和生物技术研究之间还存在相当大的差距。总的来说，欧盟某些国家当前的政治形势是转基因研究在未来应对各种农业挑战的巨大障碍。

安塔玛（Antama）基金会（一个公益性组织，旨在促进人们对新技术应用于农业的认识。该基金会受西班牙种子公司和拥护农业生物技术的机构支持）2016 年 11 月发起的一项题为《西班牙 Bt 玉米种植：经济、社会和环境效益（1998—2015）》的研究，其中强调了自 1998 年以来，西班牙 Bt 玉米的种植减少了 85.3 万吨以上玉米的进口。

在一项题为《转基因大豆：欧盟不可替代的原料——西班牙饲料和畜牧业原料的替代品及其经济影响评估》的研究中，英国雷丁大学教授 Francisco J. Areal 对此得出结论，大豆蛋白质含量高且具有价格优势，在饲料生产中具有重要作用。2000—2014 年，西班牙进口转基因大豆及其产品，与同期进口普通大豆及其产品相比，节省了 5550 亿欧元。根据本研究，用普通大豆产品替代转基因大豆产品，将使大豆和豆粕的价格分别上涨 291% 和 301%。

2016 年，英国雷丁大学教授 Francisco J. Areal 又发表了一篇题为《西班牙 Bt 玉米种植的经济、社会和环境效益（1998—2015）》（西班牙语）的研究。他在该研究中强调了西班牙转基因作物种植在提高作物产量及其利润率、减少进口需求量、改善玉米健康（降低霉菌毒素发生率），并提高额外的二氧化碳净固定量等方面产生的效益。

2019 年 6 月，PG Economics 的农业经济学家格雷厄姆·布鲁克斯（Graham Brookes）发表了一篇题为《在西班牙和葡萄牙使用抗虫（转基因）玉米 21 年来对农场水平的经济和环境贡献》的研究。在该研究中，他分析了西班牙和葡萄牙种植 Bt 玉米所产生的经济和环境效益，并得出结论：种植 Bt 玉米使伊比利亚半岛的农民获得了 189 万吨的增收产量，相应地增加了 2.834 亿欧元的收入。

2020 年 9 月，西班牙农业、渔业和食品部发布了一系列研究报告，其中包括阿根廷、澳大利亚、巴西、加拿大、中国、美国、日本和新西兰等国家的创新生物技术监管体系框架。

此外，西班牙农业、渔业和食品部还详细阐述了一份关于创新生物技术的文献综述，以及这些技术如何适应欧盟的政策制度，如共同农业政策（CAP）、气候变化、绿色新政和从农场到餐桌战略等，以及创新生物技术为满足社会新需求所呈现的可能性。这些评论，凸显了创新生物技术在提高农业部门的生产力和可持续性、提高作物抗性，减少对农业进口的依赖、减少农业对环境的影响、提高食品的营养成分或延长食品的保质期等方面所具有的潜力。

第2章 动物生物技术

2.1 生产和贸易

2.1.1 产品开发

在西班牙，使用动物生物技术开展相关研究是允许的，但必须像植物生物技术一样，需通过相关机构的备案审批等程序。根据西班牙 MITECO 管理的公共日志（见表 7 - 3），1998—2020 年开展过转基因动物限制性研究的动物有：猪、啮齿类动物、苍蝇和斑马鱼。其中大多数都是由公立机构为药学研究目的而进行的基础科学研究。

表 7 - 3 转基因动物限制性研究统计

年份	啮齿类动物*	斑马鱼	苍蝇	猪	其他农场动物**
1998				X	
1999	X				
2000	X				
2001	X				
2002	X				
2003	X				
2004	X				
2005	X				
2006	X				
2007	X				
2008	X			X	
2009	X				
2010	X				
2011	X	X			
2012	X	X			
2013	X				
2014	X	X		X	
2015	X			X	

续　表

年份	啮齿类动物*	斑马鱼	苍蝇	猪	其他农场动物**
2016	X			X	
2017	X	X	X		X
2018	X	X		X	
2019	X		X		
2020	X			X	

资料来源：马德里对外农业服务局（FAS）及农业、渔业和食品部（MAPA）。

注：*大老鼠、老鼠和仓鼠；**转基因兔子、山羊和绵羊。

　　2017年，西班牙公共农业研究所（INIA）以家兔、山羊、绵羊等家畜动物的繁殖分子过程开展相关研究。

　　目前，西班牙的一些公立机构，如CNB，正引领国内开展动物基因组编辑的研究。自2013年开始，对小鼠开展CRISPR－Cas9技术相关的基础研究。更多信息请参见http：//wwwuser.cnb.csic.es/－montoliu/CRISPR/。

　　西班牙自2003年开始通过体细胞核移植（SCNT）进行动物克隆研究。目前，公共研究中心和大学还在努力学习和改进这项技术。到目前为止，还没有私营企业参与这类研究。

　　目前，西班牙还没有克隆研究的登记信息，也没有强制性要求克隆研究进行通告。根据媒体提供的信息，在西班牙克隆技术仅限于科研活动，一些探索性研究包括：

　　（1）2003年，阿拉贡农产品技术研究中心（CITA）与INIA的科学家一起研究了野生山羊。

　　（2）2009年，巴塞罗那大学细胞生物学、生理学和免疫学系进行了克隆小鼠研究。

　　（3）2009年，穆尔西亚大学动物繁殖系开展了克隆猪研究。

　　（4）2010年，巴伦西亚兽医调查基金会和费利佩王子调查中心的研究人员克隆了斗牛。据报道，这头克隆公牛并没有预期的斗牛应有的行为表现，因此未用于斗牛的繁殖。

　　（5）2014年，CITA的科学家因未能筹集到足够的资金，终止了比利牛斯山野生山羊的第二次克隆研究。

2.1.2　商业化生产

　　在西班牙，转基因动物和克隆动物都没有商业化应用。没有生产食用的转基因动物或克隆动物。目前转基因动物仅允许用于实验研究。

2.1.3　出口

　　西班牙没有进行转基因动物、克隆动物及其产品的商业化生产，因此，这些类别中没有已知的出口。

2.1.4　进口

　　西班牙进口转基因动物仅用于研究。转基因动物的进口须符合海关当局相关的通知要求和规定。由于进口相关文件对于胚胎或精液是否来自克隆动物并没有明确规定，因此，西班牙有可能进口了克隆动物的精液和胚胎，用于畜牧业生产。

西班牙的牛精液进口总量在长期处于下降趋势之后，自2017年开始复苏。美国是仅次于其他欧盟成员国的第二大牛精液供应国。在2015—2019年，西班牙在进口牛精液数量上，美国市场份额平均占27%，而进口市场价值近52%。2019年，西班牙从美国进口的牛遗传物质达460万美元。

2.1.5 贸易壁垒

转基因或克隆动物在西班牙的贸易壁垒与欧盟相同。有关欧洲管理体系框架的更多信息，请参阅欧盟农业生物技术发展年度最新发布消息（https：//gain. fas. usda. gov/#/）。

2.2 政策

2.2.1 监管框架

转基因动物和转基因作物归由同一部门管理，关于其限制性使用、环境释放统一由相关管理规定进行规范。此外，西班牙皇家法令第53/2013号针对动物研究颁布了具体规定。关于克隆，由农业、渔业和食品部（MAPA）以及消费部两个部级部门具体进行管理。

1. 农业、渔业和食品部（MAPA）

在MAPA，由不同部门负责跟进有关克隆的决策过程。畜牧资源局负责协调克隆工作，以及将克隆技术作为育种手段的相关工作。动物卫生总局负责监管其对动物福利的影响。此外，如果要实施贸易限制，卫生协定和边境管理局负责执行边境贸易的限制性措施。

2. 消费部

AESAN是消费部的下属独立机构，由消费者代表组成，负责权衡食品风险相关问题，监管克隆动物源食品的市场投放情况。

西班牙国内适用于转基因植物的相关法规也同样适用于转基因动物。西班牙没有针对转基因动物或克隆动物的专门立法。

2.2.2 审批

在西班牙，转基因动物不允许用于饲料和食品生产。克隆动物源性食品属于新食品法规的范畴，在上市前须经批准。目前尚没有克隆源性食品相关的申请或审批。

2.2.3 创新生物技术

西班牙目前对创新生物技术在动物上的应用没有进行监管，与欧盟的立法规定保持一致。

2.2.4 标签和可追溯性

西班牙遵循欧盟相关法规实施转基因标识和追溯。有关这方面更多信息，请参阅欧盟农业生物技术发展年度报告。

2.2.5 知识产权（IPR）

西班牙遵循欧盟的立法规定。有关这方面更多信息，请参阅欧盟农业生物技术发展年度报告。

2.2.6　国际条约和论坛

西班牙对国际条约和论坛参与度与欧盟保持同步。作为欧盟成员国，西班牙是食品法典和世界动物卫生组织（OIE）的成员。有关这方面更多信息，请参阅欧盟农业生物技术发展年度报告。

2.2.7　相关问题

无。

2.3　市场营销

2.3.1　公众/个人意见

西班牙是一个畜牧业发达的国家，在农业和畜牧业生产领域使用新技术方面十分慎重。与其他国家一样，尽管有技术专家对技术把关，并倡导以科学为基础的方法，但在决策过程中，公众舆论压力仍然起着很重要的作用。虽然专家们一致认为克隆不会成为食品安全的问题，然而公众对于动物福利和伦理道德方面仍然存在担忧。

到目前为止，因为克隆的成本高昂，西班牙的牲畜饲养者对克隆技术的兴趣有限。此外，牲畜育种者认为虽然克隆技术对于保存动物优良生产特性是有益的，但从生物多样性的侵蚀角度来说又是该技术不好的一面。

西班牙FECYT针对科学技术的公众认知每两年开展一次社会调查。2016年调查结果表明，31.3%的受访者认为对克隆技术的担忧超过了该技术产生的效益。同比2014年的比例（42.6%）有所下降。值得注意的是，在2018年发布的调查报告中，已剔除了公众对克隆技术看法的调查项目。

2.3.2　市场接受度/研究

克隆或转基因动物并没有引发大众的广泛性争议。人们通常会利用动物进行医学研究，寻求疾病治疗方案或拯救濒危物种。欧盟各国乃至整个欧洲大众对于动物克隆的特定看法和态度在2008年欧盟民意调查报告中有所提及。

在西班牙，目前关于克隆动物市场化销售或认可度的全国性研究尚不多见。然而，最近《保护生物学》杂志上报道了利用克隆技术来保护濒危物种——比利牛斯山野山羊，具体内容参见https：//conbio. onlinelibrary. wiley. com/doi/abs/10. 1111/cobi. 12396（克隆比利牛斯山野山羊的争议）。

第3章 微生物生物技术

3.1 生产和贸易

3.1.1 商业化生产

在西班牙，微生物主要用于食品生产过程，如发酵（面包、啤酒、乳制品、葡萄酒等）。基因工程（GE）扩大了微生物在食品和饲料中的应用范围，用以生产添加剂、益生菌、食品安全物质检测工具、生物制品等。

西班牙生物工业协会（ASEBIO）一直维护着一个产品开发博客，该博客由其生物技术农业食品机构人员开设。根据生物工业组织统计信息，大多数研究活动集中于兽医产品。而微生物生物技术集中研究的第二大类别包括成分、添加剂、益生菌、生物制品以及生物工艺。根据 ASEBIO 2019 年年度报告（https：//www.asebio.com/sites/default/files/2020 - 06/Informe% 20AseBio% 202019. pdf），食品生物技术公司占西班牙生物技术公司的38%，是仅次于人类健康生物技术公司的第二大群体。

3.1.2 出口

西班牙目前尚无微生物生物技术产品出口的官方统计数据。然而，西班牙出口的酒精饮料、乳制品及加工品可能含有使用微生物生物技术衍生的食品成分。

3.1.3 进口

西班牙目前尚无微生物生物技术产品进口的官方统计数据。然而，西班牙进口的酒精饮料、乳制品和加工产品可能含有使用微生物生物技术衍生的食品成分。

3.1.4 贸易壁垒

在西班牙，针对转基因微生物及含有其衍生成分的食品的贸易壁垒与欧盟保持一致。有关欧洲框架的更多信息，请参阅最新欧盟农业生物技术发展年度报告。

3.2 政策

3.2.1 监管框架

欧盟针对转基因微生物是有意释放还是限制性使用分别进行了立法。

欧盟法令2009/41/EC对限制使用进行了相关规定①。为了符合限制性使用的条件，须保证最终产品中不含有转基因微生物及其衍生成分，以及用于改变基因的重组DNA（rDNA）。如果不满足限制性使用的标准，则该产品将按欧盟法令2001/18/EC15关于故意释放到环境的范畴执行相关规定②。

以上相关法令被西班牙第9/2003号法律和第178/2004号皇家法令（西班牙语）（经第452/2019号皇家法令修订）转换为西班牙国家法规。

实际上，西班牙食品企业愿意使用微生物生物技术获得的成分，但不愿最终产品中含有转基因微生物或重组DNA成分，以避开严苛的监管框架体系和转基因标识要求。

西班牙第9/2003号法律（西班牙语）文件规定了在西班牙微生物生物技术决策过程中发挥重要作用的两个主管部门及其职责。它们是国家生物安全委员会（CNB）和转基因生物委员会部际理事会（CIOMG）。在这种双层管理体系下，CNB进行风险评估，CIOMG根据CNB的评估结果决定国家的立场。

3.2.2　审批

在西班牙，限制使用是允许的，但需事先登记、公示和审批（参见西班牙第9/2003号法律文件）。

3.2.3　标签和可追溯性

在限制使用的条件下，最终食品中肯定不含有转基因微生物及其衍生成分，由于转基因微生物在最终产品中不存在，因此只适用普通食品标识规则。有关欧盟法律框架和西班牙食品标签的具体要求的更多信息，请参阅最新发布的欧盟FAIRS报告和西班牙FAIRS国家报告。

3.2.4　监测和检测

与植物生物技术的情况一样，消费部下属的西班牙食品安全和营养局（AESAN）对食品产业链进行协调监管。而各自治区则自主在整个食品和饲料产业链上制订了监测和抽样计划。

3.2.5　附加监管要求

西班牙关于食品添加剂、调味剂和加工助剂方面的监管参照欧盟相关法规执行和实施。有关欧盟法律框架体系和西班牙具体监管要求的信息可参阅最新发布的欧盟FAIRS报告和西班牙FAIRS国家报告。

3.2.6　知识产权（IPR）

生物技术研发部门可以选择通过欧洲专利局或专利合作条约在国际范围内保护其创新技术，也可通过西班牙专利局在国家级层面保护其创新技术。西班牙专利局（西班牙语）隶属于工业、贸易

---

①　这个法令将"封闭使用"定义为"任何对微生物进行基因改造的活动，或者在转基因微生物的培养、存储、运输、销毁或其他处理方式进行过程中，须采取有效控制措施来限制其与外界接触，为人类及其环境提供一个高水平的安全性"。

②　如果属于故意释放的范畴，转基因微生物还必须遵守欧盟法规（EC）1829/2003关于转基因食品和饲料市场准入要求和授权程序，以及法规（EC）1830/2003号关于转基因生物的标识和追溯以及由转基因生物生产的食品和饲料产品的追溯的相关规定。

和旅游部的一个公立机构，主要负责各种产权的注册和授予，包括品牌和商业名称（或独特标志）、发明和产品工业设计等。

3.2.7 相关问题

无。

3.3 市场营销

3.3.1 公众/个人意见

在西班牙，采用微生物生物技术生产食品原料并没有引发大众的广泛争议。

3.3.2 市场接受度/研究

在西班牙，公众对于源自微生物生物技术的食品成分相关信息知之甚少。

⑧

俄罗斯联邦

美国农业部		全球农业信息网
对外农业服务局		发表日期：2020.02.18
规定报告：按规定－公开		
报告编号：RS2019－0021		
报告名称：农业生物技术发展年报		
报告类别：生物技术及其他新生产技术		
批 准 人：迪安娜·阿亚拉		

报 告 要 点

2018 年 1 月 29 日，俄罗斯联邦政府发布第 81 号决议《关于修改俄罗斯联邦政府 2013 年 9 月 23 日第 839 号决议的决定》修正案，对 2017 年 7 月 1 日之前推出的饲料进行了"特权"注册，免除了每种转基因生物对此类饲料的事先注册。根据俄罗斯联邦 2016 年 7 月 3 日第 358－FZ 号联邦法律，俄罗斯继续禁止培育和种植转基因动植物。虽然俄罗斯允许进口已注册的转基因产品，但目前没有用于注册转基因产品以供饲料使用以及转入复合性状作物的方法指南，因此无法对这些转基因产品进行注册，故在某些情况下阻止其进口。

本报告包含美国农业部工作人员对商品和贸易问题的评估，但不一定是对美国政府官方政策的陈述。

本报告包含 USDA 员工所做的商品和贸易问题评估，而非美国官方政策的声明。

内 容 提 要

俄罗斯联邦不允许种植转基因作物，然而，没有禁止进口转基因商品、食品和饲料。就进口而言，俄罗斯政府（GOR）要求食品、饲料和商品中的基因工程品系在俄罗斯注册，还需要对含有这些注册基因工程品系的食品和饲料进行注册。食品和饲料的注册程序各不相同，由两个不同的 GOR 实体管理。用于种植的转基因作物的预定登记和用于饲料的转基因作物的实际登记均由联邦兽医和植物检疫监督局（VPSS）负责。联邦法律（佛罗里达州）第 358－FZ 号所做的修改停止了转基因作物种植登记机制的使用。此外，第 358－FZ 号暂停了新的基因工程品系的注册。

关于食品用的转基因产品，联邦消费者权益保护和人类福利监督局（Rospotrebnadzor）制定了食品用转基因生物注册的指导方针。目前，有 15 个玉米品系、9 个大豆品系、1 个水稻品系、1 个甜菜品系和 2 个马铃薯品系在俄罗斯和欧亚经济联盟（EAEU）注册为食品使用。

与此同时，农业部已经完成了饲料和饲料添加剂基因工程品系注册方法指南草案（MUK）。该文件目前正等待司法部登记，然后才能生效，但登记过程的时间表尚不清楚。然而，即使在指导方针颁布后，基因工程品系注册或重新注册仍需要一些时间，可能需要 2 年或 3 年。

饲用注册仅授予五年有效期，并且仅 2 个大豆品系和 4 个玉米品系的注册仍然有效，其余 13 个玉米和大豆品系于 2017 年注册过期，根据每个品系的过期时间进行续期。尽管政府正在努力为这些品系重新注册，但在转基因饲料注册监管机制生效之前，注册续期流程和时间表尚不清楚。

俄罗斯没有关于转基因动物和克隆领域的研究信息。俄罗斯联邦法律第 358 – FZ 号禁止转基因动物的繁殖。

注：所有俄罗斯立法和监管文件使用术语"GMO"（转基因生物）或"GMM"（转基因微生物）而不是转基因生物/微生物。因此，在整个报告中，当提到这些文档中的语言时，我们将默认使用文档中使用的术语。

第1章 植物生物技术

1.1 生产和贸易

1.1.1 产品开发

目前还没有关于俄罗斯转基因作物发展的公开信息。在 2016 年禁止种植转基因作物之前，俄罗斯科学家对转基因作物进行了一些实验室研究，但研究尚未达到田间试验阶段。尽管从技术层面上讲，俄罗斯不禁止进行田间试验，但开展田间试验需要获得农业部品种测试委员会的特别许可，并需要跨机构 GMO 委员会的批准。这些申请通常是不予批准的。

鉴于俄罗斯似乎不愿意种植或使用转基因作物，政府和私营部门采取了一些举措来发展"有机"农业，加之缺乏注册饲用转基因品系的实施机制，所以短期内不可能为俄罗斯的转基因作物的开发研究提供资金。

1.1.2 商业化生产

俄罗斯不种植任何转基因作物（包括转基因种子）。俄罗斯禁止在俄罗斯联邦境内种植转基因植物或饲养转基因动物（更多有关信息请参见本报告的 1.2.1 监管框架章节）。

1.1.3 出口

俄罗斯传统的非转基因大豆产量一直在稳步增长，预计大豆产量将打破当前销售年度（MY）的 403 万吨纪录，在 2019/2020 年度达到 430 万吨。然而，与 2018 年同期相比，2019 年 1 月至 8 月，由于远东地区产量下降，大豆出口量下降了 25% 以上（见表 8 - 1）。远东地区是俄罗斯向中国市场出口大豆的主要地区，所有的大豆都被认为是非转基因的，但没有任何认证。二次出口由进口大豆通过粉碎而制成的豆粕中可能含有 GM 品系。在玉米方面，俄罗斯于 2018 年出口了 480 万吨玉米，比 2017 年减少了近 8%。在 2019 年前 8 个月（1 月至 8 月），俄罗斯出口了约 183 万吨玉米，而 2018 年同期约为 390 万吨。然而，由于主要出口地区的产量反弹，预计俄罗斯玉米出口量将在 2019/2020 年度上升。由于在俄罗斯尚无批准的非转基因玉米和大豆生产认证的方法和/或实验室，因此生产商和出口商无法将其作物注册为非转基因作物。此外，出口商并没有因为售卖非转基因作物而获得额外的费用。随着远东地区和南部某些地区大豆产量的增长，俄罗斯希望将来增加大豆出口量。

表 8 - 1　　　　　　　　　　俄罗斯 2014—2018 年和 2019 年 1—8 月与
2018 年 1—8 月的玉米、大豆和豆粕出口量　　　　　　　　　　单位：吨

产品	2014 年	2015 年	2016 年	2017 年	2018 年	2018 年 1—8 月	2019 年 1—8 月
玉米（HS*编号 1005）	3418920	3699473	5334018	5193641	4787807	3895877	1832639
大豆（HS 编号 1201）	78732	383517	422492	519601	967950	642121	477834
豆粕（HS 编码 2304）	548037	458247	450814	300486	412618	291232	248980
玉米（HS 编码 1005）	688082	601076	861798	845555	853829	681377	394166
大豆（HS 编号 1201）	23761	119673	133156	168523	292704	199060	149111
豆粕（HS 编码 2304）	315915	226321	201713	142158	206363	145644	114768

资料来源：俄罗斯联邦海关。

注：由于俄罗斯不种植转基因作物，因此假设上表中的玉米和大豆出口都是非转基因作物，尽管这些产品没有被认证为非转基因作物，全部或部分由进口大豆生产的豆粕可能来自转基因大豆。

*HS 是由世界海关组织维持的国际标准，即商品名称及编码协调制度。

1.1.4　进口

俄罗斯不允许进口转基因的可种植种子。因此，俄罗斯禁止美国向其出口转基因的可种植种子，这样一来对于用于加工食品和饲料的进口转基因品系进行登记也变得越来越困难。部分原因是监管审查的加强。另外，由于没有生物安全或转基因饲料、饲料添加剂和兽医药品注册的最终监管文件，事实上也就暂停了对含有转基因或来自转基因的产品的饲料和饲料添加剂的新注册。目前世界局势的不确定性将继续对这些产品的贸易产生严重影响，特别是对大宗作物，如大豆、玉米和其他可能是转基因的作物，以及用转基因作物生产的加工产品。

如果这些产品已在俄罗斯进行食品或饲料用途试验和注册，并且是"无生物活性的"，那么俄罗斯允许进口转基因作物和含有转基因成分的加工产品。

俄罗斯海关数据没有将转基因产品与非转基因产品分开。然而，大多数进口到俄罗斯的玉米和大豆以及进口玉米和大豆生产的产品，可能含有转基因作物和转基因成分，但数量不超过俄罗斯和 EAEU 转基因的注册要求。更多信息见本报告 1.2.9 低水平混杂（LLP）政策。

2019 年 6 月 24 日，普京总统签署了第 293 号法令，将俄罗斯禁止从包括美国在内的对俄罗斯实施经济制裁的国家进口农产品的禁令延长至 2020 年年底。政府执行总统令，于 2019 年 6 月 25 日颁布了第 806 号法令，不更改涵盖的国家或产品清单。大豆、豆粕和玉米不在受禁产品之列。有关当前禁用产品的列表和其他详细信息，请参考 GAIN 报告 RS1907《俄罗斯延长食品进口禁令至 2020 年年底》（下载报告，请访问 https：//gain. fas. usda. gov）。

尽管玉米、大豆或其产品的进口不在此禁令范围内，但由于俄罗斯报道在这些进口作物中发现受管制杂草种子，自 2016 年 2 月 15 日起，暂时禁止从美国进口玉米（协调制度代码 1005）、甜玉米种子（协调制度代码 071290 1100）和大豆（协调制度代码 1201）。2016 年秋天，计划停止进口大豆（见表 8 - 2）。

表 8 - 2 　　　　　　　2014—2018 年，2018 年 1—8 月和 2019 年 1—8 月
俄罗斯可能含有转基因成分的产品进口量　　　　　　　　　单位：吨

产品	2014 年	2015 年	2016 年	2017 年	2018 年	2018 年 1—8 月	2019 年 1—8 月
玉米（1005）	52728	43844	41124	52640	44182	34685	27520
来自美国	3986	3435	370	0	0	0	0
玉米粒和玉米粉（1103 13）	5350	232	82	139	225	132	462
来自美国	0	0	0	0	0	0	0
玉米淀粉（1108 12）	18032	13253	14258	11375	4548	2799	2713
来自美国	0	0	1	0	1	1	0
大豆（1201）	2028163	2179998	2283314	2236745	2240089	1471002	1392903
来自美国	390008	526171	216018	0	0	0	0
大豆粉（1208 10）	344	277	194	140	224	120	252
来自美国	0	2	0	0	0	0	0
大豆粉（2304）	532933	532684	229139	70147	178155	124907	139738
来自美国	24171	7898	2833	0	0	0	0
大豆分离株（从 3504）							
总群 3504	58711	46245	43485	42199	41785	25985	27947
来自美国	485	120	126	168	136	88	46
玉米（1005）	221429	146812	141308	186285	156318	126646	93740
来自美国	4071	3202	343	0	0	0	0
玉米粒和玉米粉（1103 13）	2115	188	64	109	156	93	266
来自美国	0	0	0	0	0	0	0
玉米淀粉（1108 12）	11495	7242	6629	6543	4679	3089	3946
来自美国	1	4	6	5	11	6	0
大豆（1201）	1150758	941890	977489	966059	992624	656608	543362
来自美国	215294	219849	81541	0	0	0	0
大豆粉（1208 10）	383	252	164	119	207	113	222
来自美国	0	2	0	0	0	0	0
大豆粉（2304）	334379	257610	97666	32766	88263	61142	63001
来自美国	15673	4418	1030	0	0	0	0
大豆分离株（从 3504）	0	0	0	0			
总群 3504	165381	128136	103990	113068	108315	68889	67734
来自美国	4618	676	764	1124	910	574	453

资料来源：俄罗斯联邦海关。

1.1.5 粮食援助

俄罗斯向叙利亚等一些国家提供谷物、面粉、植物油以及谷物和油菜籽产品等实物进行粮食援助。据推测，由于俄罗斯不种植转基因作物，他们的粮食援助不含任何转基因产品。俄罗斯不是粮食援助的接受国。

1.1.6 贸易壁垒

俄罗斯禁止种植转基因作物，这阻碍了美国的大豆、油菜籽、甜菜和玉米等种植作物种子的出口。俄罗斯对高效抗旱品种及其杂交品种的需求非常高，但这些种子的市场未被开放。

1.2 政策

1.2.1 监管框架

事实上，因为不存在批准转基因作物用于种植的立法机制，俄罗斯以前就存在禁止种植转基因作物的禁令。2013 年年底，俄罗斯政府通过了第 839 号决议，"关于打算释放到环境中的转基因生物以及源自使用此类生物或含有此类生物的产品的国家登记"。随后，该决议的执行被推迟到 2017 年 7 月 1 日，但在 2016 年 7 月 3 日提前通过了禁止在俄罗斯联邦领土上种植转基因植物和饲养转基因动物的第 358 – FZ 号联邦法律。2017 年 6 月 29 日第 770 号政府决议修订了俄罗斯关于转基因生物及其衍生品或包含此类生物的产品的注册规则框架，使第 839 号决议符合 2016 年 7 月 3 日第 358 – FZ 号联邦法律。欲了解更多信息，请参考以下 GAIN 报告：RS1743 俄罗斯政府决议 770 修订了转基因生物注册规则（下载报告，请访问 https：//gain. fas. usda. gov）；RS1634 俄罗斯禁止种植和饲养转基因作物和动物；RS1833 俄罗斯联邦农业生物技术 2018 年年度报告（下载报告，请前往 https：//gain. fas. usda. gov）。

联邦消费者权益保护和人类福利监督局于 2017 年 7 月 1 日前制定了转基因食品登记监管文件，该文件正在致力于转基因食品登记。总的来说，转基因食品的注册程序自上一份报告来看是没有改变的，一旦获得批准，将给予无限期的注册（与五年内批准的饲料使用注册相比）。欧亚经济联盟（EAEU）批准的监管文件优先于国家层面发布的转基因食品注册监管文件。

然而，截至 2017 年 7 月 1 日，农业部和联邦兽医和植物检疫监督局尚未制定饲料、饲料添加剂和兽药的转基因注册监管文件。此外，欧亚经济联盟（EAEU）没有任何涉及转基因饲料的注册监管文件。因此，在 2017 年 7 月 1 日之后提交的任何转基因饲料注册申请都被联邦兽医和植物检疫监督局以缺乏转基因饲料和饲料添加剂注册方法指南（MUK）为由拒绝。故已有的 13 个玉米和大豆品种的饲料注册过期，阻碍了以下这些产品的进口，其中包括抗草甘膦大豆、抗虫大豆和 LL 大豆。

直到 2019 年 10 月，俄罗斯农业部才最终确定了自 2017 年开始起草的转基因饲料和饲料添加剂注册方法指南（MUK）草案。待司法部登记后该文件方可生效，但登记过程所需时间尚不清楚。然而，即使在指导方针颁布之后，转基因产品也可能需要两年或三年的时间进行注册或重新注册。

总体而言，虽然准则是在与行业协商后起草的，但似乎没有采纳包括美国政府在内的公众在意见征询期之后提出的任何进一步的建议。特别是提供"关于植物来源的转基因生物的不可行性的信息"和进行"对植物来源的转基因生物的可行性的研究"的问题仍然存在。应对 F2 代进行毒理学研究和生殖毒性研究，如果发现任何负面影响，应对 F3 代继续进行研究。该指南还规定，俄罗斯的所有研究"应由国家认证体系认证的组织（检测实验室）进行，其认证范围应与本方法中规定的研究相对应"，但未提供此类组织的名单。目前还不清楚营养研究所对食品注册进行的研究是否会被接受并且用于饲料注册。

转基因饲料和饲料添加剂注册方法指南（MUK）草案一旦获得批准，将对俄罗斯农业生物技术的发展和农产品贸易发展产生重大影响，科技公司也将能够恢复自 2017 年 7 月 1 日以来一直暂停的转基因饲料和饲料添加剂的注册。

1. 负责的政府部门

下列政府部门和机构负责转基因产品的监管（食品、饲料、种子和环境安全问题）。

（1）联邦消费者权益保护和人类福利监督局（以下简称"俄罗斯消费者保护监督局"）。具有以下功能：

——对新的转基因食品和含有转基因的新食品产品进行国家登记，包括首次进口到俄罗斯的产品；

——根据俄罗斯和欧亚经济联盟（EAEU）立法，对转基因食品的流向进行调查和控制；

——制定关于转基因食品的法规；

——监测转基因作物和产品对人类和环境的影响。

（2）俄罗斯联邦农业部与俄罗斯联邦经济发展部及科学和高等教育部一起参与农业生物技术政策的制定，其功能包括以下内容：制定在农业中使用转基因作物和生物的总体政策。根据 2013 年 9 月第 839 号政府决议（目前已修订）（除其他事项外，符合 2016 年 7 月 3 日禁止在俄罗斯联邦领土内种植和饲养转基因植物和动物的第 358 – FZ 号）联邦法律；以及对农业生产和农产品使用的全面法律法规，包括旨在减轻转基因作物和生物对动植物、植物、环境、农产品和加工食品的任何负面影响的法律法规。

（3）联邦兽医和植物检疫监督局，隶属于俄罗斯联邦农业部其具有以下功能：

——对新的转基因饲料和含有转基因的新饲料进行国家登记，包括首次进口到俄罗斯的饲料；

——签发转基因饲料注册证书；

——在生产和营业的各个阶段，对使用转基因作物生产的饲料和饲料添加剂的安全性进行调查；

——根据 2013 年 9 月的第 839 号政府决议（与农业部一起），联邦兽医和植物检疫监督局目前正在制定转基因作物的使用和监测条例，包括用于种植和养殖的转基因作物和转基因动物；

——与联邦消费者权益保护和人类福利监督局一起，监测转基因作物、动物和产品对人和环境的影响。

根据政府第 839 号决议，联邦兽医和植物检疫监督局及俄罗斯消费者保护监督局必须将国家登记信息转交给俄罗斯联邦卫生部保管，并形成综合登记册。

综合登记册由俄罗斯联邦卫生部按照俄罗斯联邦关于信息、信息技术和信息保护立法的要求以电子形式保存。有关信息由登记机构按照俄罗斯联邦卫生部与大众传播部、科学和高等教育部、农业部和俄罗斯消费者保护监督局共同制定的命令列入综合登记册。综合登记册包括转基因生物登记册和产品登记册。对综合登记册中的个人和法人实体信息进行公开，并张贴在卫生部的官方网站上。

（4）俄罗斯联邦工业和贸易部，参与制定国家标准和技术要求，为受管制物品的生物安全制定要求，还参与前身为关税同盟的欧盟技术法规的制定。

（5）俄罗斯联邦经济发展部，自 2012 年起监测《2020 年俄罗斯联邦生物技术发展综合方案》的执行情况（关于该方案的更多信息，见 FAS/莫斯科 GAIN 报告 RS 1239《2020 年俄罗斯生物技术发展方案》；下载链接 https：//gain. fas. usda. gov）。

（6）俄罗斯科学院。2013 年 9 月 27 日，俄罗斯总统签署了《俄罗斯科学院、国家科学院重组和一些法律行为修正案》（第 253 - FZ 号联邦法）。该法设想在 2016 年年底将以前独立的俄罗斯科学院、俄罗斯医学科学院和俄罗斯农业科学院合并为俄罗斯科学院。新学院的主要职能是协调基础科学及研究包括农业生物技术领域在内的与科学相关的项目和专业知识。在农业生物技术领域的项目开发中，目前还没有关于 RAN 统一战略的信息。农业生物技术领域的应用研究仍由研究所进行，这些研究所属于三个独立的研究院。2013—2018 年，这些研究所隶属于联邦科学组织局（FANO），该局是在上述机构 2013 年重组后成立的。然而，联邦科学组织局于 2018 年 5 月不复存在，当时教育和科学部被分为科学和高等教育部及教育部（负责高中和高等教育以外的其他类型的教育），联邦科学组织局负责人被任命为科学和高等教育部部长。

（7）科学和高等教育部，负责协助研究机构的研究，包括以下任何一个机构重组之前在农业生物技术领域进行的研究。这些机构主要有农业生物技术研究所、兽药与饲料质量标准化中心、营养研究所、生物工程中心。有关重组前这些机构功能的更多信息，请参见 FAS/莫斯科 GAIN 报告 RS 1545《2015 年俄罗斯联邦农业生物技术年报》（欲下载该报告，请访问 https：//gain. fas. usda. gov）。

（8）欧亚经济联盟（EAEU）包括哈萨克斯坦、俄罗斯、白俄罗斯、亚美尼亚和吉尔吉斯斯坦。所有成员国共同采用欧亚经济联盟制定的海关政策。

自 2012 年 1 月 1 日统一经济区（现为欧盟）成立以来，使用生物技术食品和含有生物技术成分的食品的使用证书和许可证在欧盟境内流通均有效。

2. 立法和监管

目前，农业生物技术政策由欧盟制定——所谓的欧盟理事会的"技术法规"、俄罗斯联邦法律、政府决议以及俄罗斯各部委、机构和服务部门负责人的命令所规范。

（1）欧亚经济联盟（EAEU）的决定。

自 2010 年 7 月以来，欧盟通过了几项影响农业和食品生物技术的法律。这些技术法规于 2013 年 7 月 1 日生效，所有法规都要求在标签上标明"转基因生物"的字样。即使市售的使用了"转基因生物"为原料，但不直接含有"转基因生物"DNA 或蛋白质的食品，也需要告知消费者该食品由"转基因生物"加工或使用"转基因生物"加工。于 2013 年 7 月 1 日生效的关税联盟技术法规的非官方翻译涵盖了食品安全和标识问题，请参见 GAIN 报告（下载链接请访问 https：// gain. fas. usda. gov）：

——RS1036 关税更新于 2010 年 7 月

——RS1233 关税同盟食品安全技术法规

——RS1250 关税同盟谷物安全技术法规

——RSATO1211 关税同盟食品标识技术法规

——RS1326 关税同盟油脂产品技术法规

——RS1334 关税同盟果汁技术法规

——RS1340 关税同盟特殊食品技术法规

——RS1338 关税同盟食品添加剂技术法规

自 2014 年 5 月 1 日起生效：

——RS1382 关税联盟牛奶及乳制品技术条例

——RS1384 关税联盟肉类技术条例

自 2017 年 9 月 1 日起生效：

——RS1734 鱼类及鱼产品安全技术条例

自 2019 年 1 月 1 日起生效：

——RS1752 EAEU 经包装的水的技术条例

注：食品的"转基因"注册是根据欧亚经济联盟（EAEU）法规实施的，该法规优先于国家批准的任何一级法规，例如政府第 839 号决议。然而，饲料的"转基因"注册是根据政府第 839 号决议实施的。

欧盟的技术法规对所有欧亚经济联盟成员国都具有强制性。《2017 俄罗斯联邦农业生物技术年报》RS 1760 中提供了欧亚经济联盟的技术法规摘要（欲下载报告，请访问 https：//gain. fas. usda. gov）。

（2）俄罗斯联邦的联邦法律。

2016 年 7 月 3 日第 358 - FZ 号联邦法律"关于修改俄罗斯联邦中某些明确国家在基因工程活动领域监管的立法法案"。第 358 - FZ 号法令禁止转基因作物的种植，将以前由缺乏管理框架而导致事故的禁令（见以前的生物技术年度报告）正式变成了具体的法律禁令。FL 第 358 - FZ 号修订了 1996 年 7 月 5 日的第 86 - FZ 号联邦法、1997 年 12 月 17 日的第 149 - FZ 号联邦法、俄罗斯联邦行政犯罪法典和 2002 年 1 月 10 日第 7 - FZ 号联邦法（有关 FL 第 358 - FZ 号的更多信息，请参阅 FAS/莫斯科 GAIN 报告 RS1634，俄罗斯禁止种植和培育转基因作物和动物）。这些修正案明确禁止在俄罗斯联邦境内种植转基因植物和饲养转基因动物，除了科研或研究所需的植物种植和动物饲养。个人违反的，罚款在 1 万卢布到 5 万卢布（合 157 美元到 783 美元）。法人违反规定的，罚款在 10 万卢布到 50 万卢布（合 1567 美元到 7833 美元）。自 2017 年 7 月 1 日起联邦法律第 358 - FZ 号已全面生效。这项法律为科研或研究所需的植物种植和动物饲养做了例外的规定。基于对"GMO"或衍生品或包含"GMO"的产品对人类和环境的影响的监控，政府有权禁止向俄罗斯进口"转基因生物"和源自或含有这种生物的产品，以防止向环境中释放。

1996 年 7 月 5 日第 86 - FZ 号联邦法律"关于基因工程活动领域的国家监管"于 2000 年和 2010 年做出了修正。这是俄罗斯关于基因工程的一项基本联邦法律，但该法律没有提供实施法律文件。该联邦法律包括 2016 年 7 月 3 日第 358 - FZ 号联邦法律做出的最后一项修正案在内的几项修正案，它强调了国家应该控制向环境中释放转基因生物，国家监测这些释放的转基因生物对环境和人类健康的影响。修正案增加了国家对转基因生物和产品（包括进口产品）的控制、监测和注册的责任。并强调，根据监测转基因生物和产品对环境和人类健康影响的结果，修正案扩大了"基因工程领域的安全控制"的含义；行政权力的授权机构可禁止向俄罗斯进口转基因生物和利用转基因生物衍生的产品。

1999 年 3 月 30 日第 52 - FZ 号联邦法律"人口卫生流行病学福祉"（修订后）。

2000 年 1 月 2 日第 29 - FZ 号联邦法律"2001—2008 年修订的食品质量和安全"（修订后）。

1992 年 2 月 7 日第 2300 - 1 号联邦法律"关于保护消费者权利"（经修订）。2007 年 10 月 25 日的修正案将由生物技术制成的食品成分的强制性标识门槛设定为 0.9%。在此修正案之前，含有微量生物技术食品成分就需要贴标识。

2002 年 1 月 10 日第 7 - FZ 号联邦法律"关于保护环境"（修订后）。FL 第 358 - FZ 号联邦法律于 2016 年 7 月对第 50.1 条的修正案增加了以下内容："禁止种植或繁殖经基因工程改造的植物或动物，其中含有不能通过自然（自发）过程引入的基因成分，除了在科研和研究活动过程中种植的植物和饲养的动物。"

1997 年 12 月 17 日俄罗斯第 149 - FZ 号联邦法律"关于种业"（经修订）。特别是 2016 年 7 月 3 日 FL 第 358 - FZ 号联邦法律修改了禁止向俄罗斯进口转基因种植种子的法律，用于研究活动的播种种子除外。"禁止向俄罗斯联邦领土进口或用于播种（种植）通过基因工程方法改良的植物种子，这些种子含有由自然过程而不能引入的基因物质，但在专家审查和研究活动过程中播种（种植）的此类种子除外。"

俄罗斯联邦行政违法法典，2001 年 12 月 30 日第 195 - FZ 号（修订后）。特别是 FL 第 358 - FZ 号修订了守则，增加了第 6.3.1 条"在基因工程活动领域违反俄罗斯联邦法律"，内容如下："违反俄罗斯联邦在基因工程领域的立法，包括使用转基因生物、利用此类生物衍生品、含有此类生物的产品，在上述立法要求的国家注册、在国家注册证书的失效、生物的使用不符合其注册目的、不符合转基因生物规定的特殊使用条件的情况下，如在特定类型产品的生产中未经国家注册，将对个人处以 1 万卢布至 5 万卢布的罚款；对法人则处罚以 10 万卢布至 50 万卢布。"《行政违规行为守则》之前的修正案（由 FL 521 - FZ 于 2014 年 12 月 31 日制定）规定了对违反强制性要求的罚款，这些强制性要求对源自转基因生物或含有此类生物的食品进行标识。对个人的罚款为 2 万卢布至 5 万卢布（合 313 美元至 783 美元），对法人的罚款为 10 万卢布至 30 万卢布（合 1567 美元至 4700 美元）。该法还规定，俄罗斯联邦行政法院有权将此类案件提交法院审议并对其中的行政违法行为起草协议。

（3）俄罗斯联邦政府的决议。

俄罗斯联邦政府决议 2012 年 8 月 28 日第 866 号"关于授权联邦执行机构对商品进行国家注册，并予以撤销并废除俄罗斯联邦政府关于某些类型产品国家注册问题的 14 项法令"。该决议授权俄罗斯消费者保护监督局根据 CU/欧亚经济联盟立法对转基因食品进行国家注册，并撤销了 2000 年 12 月 21 日俄罗斯联邦第 988 号政府决议，因为第 988 号政府决议此前对该问题进行了规定。

2012 年 7 月 14 日俄罗斯政府第 717 号决议"关于 2013—2020 年农业发展和农业和食品市场监管的国家方案"（修订）。该决议概述了包括生物技术在内的农业科学发展的主要方向。

俄罗斯政府 2013 年 9 月 23 日第 839 号决议，"关于拟释放到环境中的转基因生物以及源自使用此类生物或含有此类生物的产品的国家登记"（经修订）。该决议批准了转基因生物的注册规则，并命令各部委和联邦机构更新或制定开始注册的程序，联邦反垄断局就全球转基因生物信息网络报告 RS1366《转基因生物环境释放注册政府决议》中的第 839 号决议做了报告（下载该报告请访问 ht-tps：//gain.fas.usda.gov）。

俄罗斯政府 2014 年 6 月 16 日第 548 号决议"关于 2013 年 9 月 23 日第 839 号决议的修正案"，将第 839 号决议的执行日期从 2014 年 7 月 1 日推迟到 2017 年 7 月 1 日。请参见 GAIN 报告 RS1442《转基因生物种植登记已延期》（下载报告请访问 https：//gain.fas.usda.gov）。

俄罗斯政府 2017 年 6 月 29 日第 770 号决议"关于修改 2013 年 9 月 23 日第 839 号俄罗斯联邦政府决议"，修订了俄罗斯关于转基因生物及其衍生品或包含此类生物的产品的注册规则框架。该决议符合 2016 年 7 月 3 日第 358－FZ 号联邦法律，该法律禁止在俄罗斯联邦境内种植和饲养转基因植物或动物。更多详情请参阅 FAS GAIN 报告 RS1743《俄罗斯政府决议第 770 号修订转基因生物注册规则》（下载该报告请访问 https：//gain. fas. usda. gov）。

俄罗斯政府 2018 年 1 月 29 日第 81 号决议"关于修改俄罗斯联邦政府 2013 年 9 月 23 日第 839 号决议的决议"。2017 年 7 月 1 日（第 839 号决议生效日期）之前发布的饲料和食品产品（如豆粕）的"特权"注册，即不是由技术所有者（如 MON87701）在俄罗斯注册的"转基因品系"。具体来说，如果产品在 2017 年 7 月 1 日前启动注册，则不需要对产品中使用的每个转基因生物进行预先注册，前提是转基因品系的注册流程包括分子基因检测、医学和生物学评估，在这一日期之前还开展了卫生和流行病学评估以及生物安全检测。因此，复合性状品系 MON87701 × MON89788 符合进口条件。

第二个相关决议是"关于 2013 年 9 月 23 日俄罗斯政府第 839 号决议的修正案"，本质上是第 839 号决议的附录（州注册规则 RS1366《转基因生物环境释放注册政府决议》）。根据这一规定，孟山都公司能够注册大豆品系 MON89788 和 MON87701 以及大豆品系 40－3－2，其中两个采用了复合性状品系 MON87701 × MON89788 的豆粕，供 15 种饲料使用。大豆品系 MON89799 的注册将于 2020 年 10 月到期。大豆第 87701 号和大豆第 40－3－2 号的注册于 2018 年年初到期。VPSS 注册的转基因豆粕证书有效期至 2023 年 2 月 12 日。

2018 年 2 月，俄罗斯政府批准了两份有关生物技术饲料注册的官方文件。第一份文件规定的内容是：关于暂停实施《国家对拟排放到环境中的转基因生物及其使用产物或含有转基因生物的产品进行登记的规定》的若干规定，包括将上述产品装运（进口）到俄罗斯联邦领土；以及批准源自转基因生物或包含此类生物的《国家转基因饲料登记规定》。

（4）政府机构的规范性行为。

俄罗斯联邦首席卫生医生关于转基因食品的卫生流行病学专门知识程序的决议（2000 年 11 月 8 日第 14 号）。

关于转基因食品、动物和微生物的测试、鉴定和分析规范的方法，以及食品的国家标准。这些方法和标准可能由不同的组织制定，但通常由俄罗斯联邦工业和贸易部的联邦技术管理和计量机构批准。

农业部 2017 年 7 月 26 日第 366 号令"关于批准《用于动物饲料和饲料添加剂生产的转基因生物国家登记管理办法》"。该办法用于生产兽医用药品的转基因生物，以及使用转基因生物或者含有转基因生物取得的动物饲料、饲料添加剂。

农业部批准用于饲料和饲料添加剂生产的转基因生物安全性评估方法指南的草案（俄文），将建立转基因饲料注册机制。

3. 用于食品和饲料的转基因作物品系登记

（1）食物用途登记（程序）。

俄罗斯消费者保护监督局为俄罗斯和欧亚经济联盟（EAEU）注册生物技术作物和食品原料。欧亚经济联盟的决定优于俄罗斯政府关于食品用转基因作物/品系注册的规定。食品使用的注册是按照 2010 年 7 月 26 日欧亚经济联盟第 299 号决议执行的，而饲料使用的注册必须遵守政府第 839

号决议。俄罗斯消费者保护监督局开发了符合政府第 839 号决议要求的 MUK。这些指导方针在俄罗斯消费者保护监督局网站上以俄文发布。

食品的注册程序与 2011—2014 年生物技术收益报告（RS1545《俄罗斯联邦农业生物技术年度报告 2015》）中所述相同（下载报告请访问 https：//gain. fas. usda. gov）。

——申请人向俄罗斯消费者保护监督局提交申请和材料；

——俄罗斯消费者保护监督局指派一项安全评估研究给联邦营养、生物技术和食品安全研究中心或前联邦国家预算企业"营养科学和研究所"，该研究所可与俄罗斯其他生物技术和微生物学领域的科学研究所和实验室协调；

——申请人与本中心签订食品安全评估协议；

——根据研究所的评估，俄罗斯消费者保护监督局颁发注册证书并注册产品。俄罗斯消费者保护监督局根据欧亚经济联盟的决定，允许无限制的食品使用注册。关于生物技术作物和食品原料登记的信息应提交给卫生部保存，并形成综合登记册（俄文）。

安全评估所需的实验大约需要 12 个月，另外还需要 2~3 个月来组织和准备新转基因作物的文件以及需要准备出注册食品和配料所需要的时间。然而，只有当生物技术产品包含已经注册的生物技术品系时，才允许注册。自 2006 年以来，俄罗斯消费者保护监督局已无限期地记录了食用作物。关于注册用于食品的转基因作物、食品产品或含有注册生物技术成分的信息，可在俄罗斯食品药品监督管理局的网站上获得。注册产品清单包含所有新的食品产品，不仅是生物技术产品或含有生物技术成分的产品，还有几百种不同的产品和名称，要找到特定作物的许可食品，请搜索作物名称和"转基因"字样。

（2）饲料用途登记。

自 2016 年 7 月通过第 358 – FZ 号联邦法律以来，饲料使用登记实际上已经暂停，原因是缺乏一个最终确定的转基因饲料登记监管机制。

俄罗斯农业部 2017 年 7 月 26 日第 366 号令（俄文）确认了联邦兽医和植物检疫监督局在饲料注册方面的责任，该令是关于批准联邦兽医和植物检疫监督局为用于生产动物饲料和饲料添加剂的转基因生物的国家注册提供服务的行政法规；用于生产兽用药物以及动物饲料和饲料添加剂的基因工程改造生物，从基因工程改造生物获得或含有此类生物。

第 366 号命令规定，注册有效期为 1 至 10 年。该法规涵盖"植物、动物和微生物来源的产品及其成分，用于喂养动物，并含有对动物健康无害的可消化营养素"。该法令不允许以一个名称注册几种转基因饲料，也不允许以一个名称或几个不同的名称多次注册同一个转基因饲料。申请人必须提交以下文件：

——申请转基因饲料国家注册；

——关于转基因饲料来源的信息、对使用转基因饲料的潜在危险的评估（与最初的基本饲料相比）、申请人关于降低风险的建议、关于转基因饲料的假定用途的信息以及关于该饲料在国外的注册和使用的信息；

——关于种植转基因植物的技术信息，转基因饲料生产技术的数据，转基因饲料使用说明书草案；

——如果用于饲料的转基因植物品种是可行的，假如是用于生物制品或饲料种植的，必须附上俄罗斯国家综合登记册的证书。隶属于联邦兽医和植物检疫监督局的俄罗斯联邦兽药和饲料质量和标准化中心（VGNKI）被授权对饲料生产使用的转基因作物生产线进行安全评估和研究。

所有的文件都应该是俄文，或者有经过认证的俄文翻译。文件的副本应当经公证人认证。联邦兽医和植物检疫监督局将根据专家委员会的结论转基因饲料安全（或不安全），对转基因饲料的注册做出决定。含有"转基因"饲料的注册程序和必要文件在联邦兽医和植物检疫监督局的网站上提供（俄语）。注册的通用饲料清单（俄语）在此提供。

进口植物源性饲料不再需要兽医证书，但仍然需要声明该饲料不含生物技术成分。如果每种未注册生物技术品种在饲料中所占比例不超过 0.5%，或每种已登记生物技术品种在饲料中所占比例不超过 0.9%，则可将饲料鉴别为不含生物技术成分。上文中所提到的"注册"是指在俄罗斯注册的产品，"未注册"是指未在俄罗斯注册的产品。饲料成分中存在的基因改变是单独计算的，而不是合计计算的。例如，如果饲料中的两种注册成分各含有 0.6% 的基因改变，那么该饲料就被认为是非生物技术饲料，尽管加在一起是 1.2%。不需要对饲料进行"非转基因生物"标识。生产者/出口者应将对饲料进行"非转基因生物"声明，但无论如何，VPSS 都会检查产品中是否含有转基因成分。

如果饲料中含有转基因成分，且未被声明为不含生物技术成分，则运输方必须提供一份证明的副本，表明饲料中的生物技术成分已在联邦兽医和植物检疫监督局注册。进口产品还必须有植物检疫证书，尽管这一要求与生物技术无关。饲料中的任何生物技术成分都必须适当登记。每个未注册生物技术品系含量的存在不得超过 0.5%。欧亚经济联盟的饲料技术法规尚未被采纳，但草案对未注册生物技术生产线规定了 0.5% 的上限，与俄罗斯现行法规相同。然而，通过的《粮食安全技术条例》规定，如果每个登记生物技术品系的存在率不超过 0.9% 的饲料（谷物/油菜籽），则被视为"非转基因"。《粮食安全技术条例》于 2013 年 7 月 1 日起施行。

（3）生物技术活动的注册费（所有费用以卢布为单位）。

俄罗斯消费者保护监督局对所有检查和相关服务的收费，包括为食品使用而注册生物技术活动所需的综合研究费用。费用因检验和研究范围以及清关和其他费用而异，但在无限期内批准新活动的平均费用约为 630 万卢布（约 99000 美元）。从 2006 年开始，可以无限制地注册。含有生物技术作物品系的食品注册费用为 2 万卢布（约 313 美元）。

对于已经进行转基因作物成分注册的饲料，联邦兽医和植物检疫监督局通常只在它被批准用于食品使用后才进行注册。平均而言，过去的检查和为期五年的饲料使用转基因品系登记费用为 450 万卢布（约 70500 美元）。每五年重新登记一次转基因品系的费用为 380 万卢布（约 59500 美元）。费用将根据新的方法指南进行更新。进口含有已注册生物技术成分的配方饲料的公司也需要将该饲料注册为转基因饲料。注册将交给进口该饲料的公司，VPSS 要求每个包含已注册转基因成分的饲料也必须进行注册。

4. 俄罗斯联邦当局最近在转基因作物方面的活动

参与制定转基因食品和饲料注册和监测管理机制的各部委和研究所，包括隶属于科学和高等教育部、卫生部、俄罗斯消费者保护监督局和联邦兽医和植物检疫监督局的机构，对转基因产品和成分继续制定法规，考虑俄罗斯政府第 839 号决议及其修正案宣布的转基因政策的新方法。尽管俄罗斯消费者保护监督局已经制定了转基因植物和食品产品的注册和监测管理机制，但农业部尚未在当前的饲料注册框架内确定其监管机制。

1.2.2 审批

1999 年至 2019 年 10 月俄罗斯批准和注册的生物技术作物见表 8 – 3。

表 8 – 3　　　　　　俄罗斯批准和注册的生物技术作物（1999 年至 2019 年 10 月）

序号	作物/品系/品种/性状	申请人	注册年份和期限	
			食品用	饲料用
1	抗欧洲玉米螟 Bt 玉米 MON810	原孟山都	2000—2003 年 2003—2008 年 2009 年—无限期	2003—2008 年 2008 年 9 月—2013 年 8 月 2013 年 8 月—2018 年 9 月
2	抗草甘膦玉米 NK 603	原孟山都	2002—2007 年 2008 年 2 月— 无限期	2003—2008 年 2008 年 9 月—2013 年 8 月 2013 年 8 月—2018 年 9 月
3	Bt 玉米 MON863， 抗玉米根虫	原孟山都	2003—2008 年 8 月 2008 年—无限期	2003—2013 年
4*	玉米 Bt 11， 耐草甘膦、 抗玉米螟	先正达	2003—2008 年 9 月 2008—无限期	2006 年 12 月—2011 年 12 月 2011 年 12 月—2016 年 12 月 2017 年 1 月—2022 年 1 月
5*	L1 玉米 T25， 耐草甘膦	原拜耳作物 科学	2001—2006 年 2007 年 2 月— 无限期	2006 年 12 月—2011 年 12 月 2011 年 12 月—2016 年 12 月 2017 年 10 月—2022 年 10 月
6	抗草甘膦玉米 GA 21， 耐草甘膦	先正达	2007 年—无限期	2007 年 11 月—2012 年 11 月 2012 年 11 月—2017 年 11 月
7	玉米 MIR 604，抗玉米根虫 （迪亚波罗蒂卡属）	先正达	2007 年 7 月— 无限期	2008 年 5 月—2013 年 5 月 2013 年 5 月—2018 年 5 月
8*	玉米 3272 与 α 淀粉酶在 乙醇生产过程中裂解淀粉	先正达	2010 年 4 月— 无限期	2010 年 10 月—2015 年 10 月 2016 年 3 月—2021 年 3 月
9	玉米 MON88017（CCR） 耐草甘膦、抗玉米根虫	原孟山都	2007 年 5 月— 无限期	2008 年 9 月—2013 年 8 月 2013 年 9 月—2018 年 9 月
10	玉米 MON 89034， 抗鳞翅目害虫	原孟山都	2014 年 12 月— 无限期	2013 年 3 月—2018 年 3 月
11*	玉米 MON 89034， 抗鳞翅目害虫	先正达	2011 年 4 月— 无限期	2012 年 3 月—2017 年 3 月 2017 年 1 月—2022 年 1 月
12	玉米 5307，抗玉米根虫 （迪亚波罗蒂卡二号， 鞘翅目）	先正达	2014 年 4 月— 无限期	2014 年 4 月—2019 年 4 月
13	Roundup Ready®大豆 40 – 3 – 2，耐草甘膦	原孟山都	1999—2002 年 2002—2007 年 2007 年 12 月—无限期	2003—2008 年 2008 年 5 月—2013 年 5 月 2013 年 5 月—2018 年 5 月

序号	作物/品系/品种/性状	申请人	注册年份和期限	
			食品用	饲料用
14	抗鳞翅目害虫的 Bt 豆 MON 87701	原孟山都	2013 年 5 月— 无限期	2013 年 7 月—2018 年 7 月
15*	大豆 MON 89788（RRS2Y），耐草甘膦＋增产	原孟山都	2010 年 1 月— 无限期	2010 年 5 月—2015 年 5 月 2015 年 10 月—2020 年 10 月
16	Liberty Link® 大豆 A2704 - 12，耐草甘膦	原拜耳作物科学	2002—2007 年 2008 年 2 月— 无限期	2007 年 11 月—2012 年 11 月 2012 年 11 月—2017 年 11 月
17	Liberty Link® 大豆 A5547 - 127，耐草甘膦铵	原拜耳作物科学	2002—2007 年 2008 年 2 月— 无限期	2007 年 11 月—2012 年 11 月 2012 年 11 月—2017 年 11 月
18*	大豆 FG72，耐异氟唑和 草甘膦	原拜耳作物科学	2015 年 12 月— 无限期	2014 年 4 月—2020 年 4 月
19	大豆皂苷 - CV - 1279，咪唑啉酮	BASF	2012 年 12 月— 无限期	2012 年 9 月—2017 年 9 月
20	大豆 SYHT0H2，除草剂 HPPD[1] ＋耐草铵膦	先正达（生产商 先正达/拜耳）	2016 年 1 月— 无限期	2013 年 4 月—2019 年 4 月
21	水稻 LL62，耐草铵膦	原拜耳作物科学	2003—2008 年 2009 年 1 月— 无限期	—
22	RoundReady® 甜菜 H7 - 1，耐草甘膦	原孟山都	2006 年 5 月— 无限期	—
23	Bt 马铃薯 "Elizaveta"[2]（抗 科罗拉多马铃薯甲虫）	俄罗斯"生物 工程"中心	2005 年 12 月— 无限期**	—
24	Bt 马铃薯 "Lugovskoy"[2]（抗 科罗拉多马铃薯甲虫）	"生物工程" 中心	2006 年 7 月— 无限期**	—
25	大豆 MON 87708（麦草麦）	AO 拜耳	2019 年 7 月— 无限期	在恢复饲料注册时提交
26	玉米耐草甘膦和草铵膦	先正达	2018 年 3 月— 无限期	未提交
27	玉米 MZIR098 对玉米根虫的 抗性及对草铵膦的耐受性	先正达	审查中。2015 年 提交	未提交
28	玉米 1507 对某些鳞翅目 害虫的抗性和对草铵膦的 耐受性	先锋高等教育 国际和陶氏 农业科学	2018 年 3 月— 无限期	未提交

序号	作物/品系/品种/性状	申请人	注册年份和期限	
			食品用	饲料用
29	玉米 DAS 40278 - 9 耐除草剂 2，4 - D	陶氏农业科学	2019 年 3 月—无限期	未提交
30	大豆 MON 87701 × MON 87708（Intacta），耐草甘膦和鳞翅目害虫	AO 拜耳	2019 年 7 月—无限期	在恢复饲料注册时提交

注：1. 上述信息是由某些愿意分享其注册信息的申请人所提供的信息。然而，Post 认为其他注册活动已经启动（但尚未批准），但无法获得与这些可能的注册请求相关的信息。

2. 标有星号（＊）的作物/品系目前已登记。

3. 食品注册在"白俄罗斯共和国、哈萨克斯坦共和国和俄罗斯联邦关税同盟"内有效。

[1] HPPD - 抑制羟苯基丙酮酸双加氧酶的除草剂。

[2] Bt 马铃薯"Elizaveta"和"Lugovskoy"仅在俄罗斯注册用于食品用途，因为这两个马铃薯品种没有在欧洲马铃薯联盟注册。

1.2.3　复合性状转化事件的审批

自 2017 年 7 月 1 日起实施的第 839 号政府决议修正案不包含任何关于复合性状品种的注册规则或程序的参考。到目前为止，俄罗斯消费者保护监督局已经制定了一些关于复合性状品系注册（对于食物）的建议，类似于欧盟采用的规则。然而，联邦兽医和植物检疫监督局没有采纳这些建议。自 2016 年以来，联邦兽医和植物检疫监督局加强了对进口大豆生产的饲料的全面检测，并定期开始寻找未在俄罗斯注册的复合性状作物的痕迹。这种情况导致俄罗斯中断了对大豆和豆粕的进口，因为进口商无法合理保证进口产品不会包含未注册的转基因成分。方法指南中不包括注册"基因复合"的过程，因此在实践中每个基因都需要注册，而且复合性状本身也需要注册以用于饲料用途。

值得注意的是，俄罗斯进口商索德鲁格斯特沃（Sodrugestvo）获得了食品用复合性状大豆的批准注册，理论上该进口商被允许进口复合性状的大豆（经批准的品系），但仅限于食品。目前只允许索德鲁格斯特沃进口以下转基因大豆。

（1）抗鳞翅目害虫、抗草甘膦的转基因大豆。品系 MON87701 × MON89788 分别于 2016 年在专注食品用途的俄罗斯消费者保护监督局和 2018 年 2 月在专注饲料用途的联邦兽医和植物检疫监督局注册了这一复合性状品系。复合性状作物的注册是可能的，因为孟山都之前也注册过一个。在对转基因大豆进行注册后，就批准了使用该品系的大豆粉注册。

（2）转基因大豆用 40 - 3 - 2 品系，抗草甘膦。目前饲料用转基因作物/品系的方法指南草案没有提到复合性状品系登记机制。在这一点上，目前还不清楚复合性状品系注册机制是什么样子的，以及何时可以获得批准。

1.2.4　田间试验

由于转基因作物被禁止在俄罗斯种植，俄罗斯研究人员没有对转基因作物进行大规模的田间试验，尽管俄罗斯联邦法律第 358 - FZ 号没有禁止进口转基因作物的种植种子用于实验室试验/实验。

1.2.5 创新生物技术

没有关于创新植物生物技术发展的信息。根据现有资料，俄罗斯在生物技术方面的研究仅限于植物保护、生长促进剂和微生物肥料等生物手段。

1.2.6 共存

不适用，因为没有种植转基因作物的机制和立法。

1.2.7 标签和可追溯性

食品中转基因成分的标识和消费者信息受欧盟食品安全和标识技术法规的监管。这些法规要求，在任何一个欧盟成员国，如果转基因品种的出现率超过0.9%，产品必须贴上带有转基因标识的标签。根据2014年12月修订的《俄罗斯行政违规法》（见本报告联邦法律部分），对违反转基因食品的处罚已经加强。在俄罗斯，个人违反这一要求的罚款为20000至50000卢布（合157美元至783美元），法人违反这一要求的罚款为100000卢布至300000卢布（合1567美元至7833美元）。欧盟饲料技术法规尚未通过。在俄罗斯销售的饲料不需要贴标签。然而，如果已注册的转基因成分超过0.9%，或未注册的转基因成分超过0.5%，则需要注册用于饲料的转基因品种。

1. 食品

根据2013年7月1日生效的EAEU技术法规，如果食品中每个单独的生物技术品种含量不超过0.9%，所有向EAEU成员国进口、生产或交易该食品的组织都必须告知消费者食品中存在生物技术成分。《欧盟食品安全和食品技术法规》的附件中也规定了用于检测食品中生物技术含量的方法，这些方法与俄罗斯食品安全局在《欧盟食品和食品安全技术法规》生效前使用的方法相同。

对于进口到俄罗斯的食品，俄罗斯消费者保护监督局有权进行样品测试，以检测生物技术成分的存在。为了声明无生物技术，生产商或出口商可以自己在实验室进行检测，但这些检测是自愿的，检测的结果不被俄罗斯消费者保护监督局接受。如果生产商/出口商声称其产品没有转基因，俄罗斯消费者保护监督局仍然有权检查这些产品。此外，如果产品中存在超过0.9%的基因改变，可以对该公司提出欺诈索赔。通常俄罗斯消费者保护监督局特别关注含有大豆或玉米成分的产品。有关欧亚经济联盟食品要求的更多信息，请参见本报告1.2.1中欧亚经济联盟（EAEH）的决定。

2017年，欧盟修订了欧盟理事会《关于食品的技术规定》（TR TS 022/2011），规定对于使用"转基因生物"获得的产品，应在欧盟成员国市场上流通的产品的统一标志旁边标明"转基因生物"字样，且该字样在形式和大小上应与统一标志相似。欧盟为该修正案规定了18个月的过渡期，允许公司在此过渡期内根据欧盟贸易条例"食品"的先前要求生产产品并投放到流通中，同时允许在保质期内销售此类产品。过渡期将于2020年年中结束。

2. 饲料

关于饲料成分的信息，包括运输文件上提供的生物技术成分，请参见运输文件，但是到目前为止，俄罗斯还没有要求在消费者包装的饲料中标注"转基因生物"。欧盟饲料技术法规仍在讨论中，尚未通过。在粮食和油菜籽及其产品的运输文件中，对"转基因"信息的要求在欧盟粮食安全技术法规中。

1.2.8　监测和检测

在俄罗斯，俄罗斯食品检验局监测/检测转基因的食品产品，联邦兽医和植物检疫监督局监测/检测谷物、供动物食用的油菜籽、饲料添加剂和配料。农业部授权其下属保护委员会，对其他国家提交俄罗斯联邦注册的种子种植中是否存在转基因成分进行检测。行业分析家报告说，该委员会本身没有进行这种检测的任何设备，检测将由前农业生物技术研究所进行，该研究所经历了改组过程。因此，这种转基因种子检测要求可能会阻碍俄罗斯新品种种子的注册进程，这至少需要两年的时间。俄罗斯尚无批准的方法和/或实验室来认证非转基因玉米和大豆的生产。

1.2.9　低水平混杂（LLP）政策

根据俄罗斯和欧盟立法，如果转基因食品的含量不超过俄罗斯和欧盟立法确定的水平，则进口食品被视为非转基因食品。在食品或配料中，不应含有超过 0.9% 的注册或未注册转基因食品；在饲料或饲料配料中，不应含有超过 0.9% 的注册转基因食品和不超过 0.5% 的未注册转基因食品。然而，在 2016 年，俄罗斯饲料监管当局对饲料中存在非注册转基因品种和注册转基因品种信息缺失的关注有所增加。在一些案例中，负责控制饲料中转基因成分的监管机构 VPSS 发现转基因成分未经注册，因此暂停进口饲料或饲料添加剂。然而，这些阈值水平并不意味着俄罗斯采取或遵循了任何协调的低水平混杂政策（欲了解更多信息，请参见本报告中关于欧盟技术法规的章节）。

俄罗斯科学家参加了关于 LLP 的国际研讨会，但俄罗斯尚未正式加入 LLP 国际倡议。

1.2.10　附加监管要求

不适用。

1.2.11　知识产权（IPR）

不适用，因为没有关于俄罗斯农田中存在转基因作物的官方信息。然而，如果在俄罗斯的农田中发现转基因作物的非法存在，这可能会成为一个严重的问题。

1.2.12　《卡塔赫纳生物安全议定书》的批准

俄罗斯科学家知道有必要在国际层面监测生物技术，包括通过《卡塔赫纳生物安全议定书》设想的措施。然而，俄罗斯尚未批准该议定书，也不是该议定书的缔约国。2015 年 1 月，俄罗斯卫生部提出了加入卡塔赫纳生物安全议定书的初步草案（俄语）。该草案预计于 2017 年 7 月 1 日生效，但未获批准。这一日期与延期的俄罗斯政府第 839 号决议（关于建立转基因公司种植机制）中规定的建立登记机制的截止日期相同。然而，2016 年 7 月 3 日 FL 第 358 – FZ 号禁止在俄罗斯种植转基因作物，并迫使生物技术科学界重新考虑生物技术领域的许多监管文件草案。

1.2.13　国际条约和论坛

俄罗斯参加了亚太经济合作组织农业生物技术高级别政策对话、国际食品法典委员会会议和《国际植物保护公约》（IPPC）会议。俄罗斯于 2012 年 9 月在巴西罗萨里奥参加了全球 LLP 倡议，并于 2013 年参加了一些 LLP 活动。FAS/莫斯科不知道 GOR 在这些论坛上对生物技术相关问题的立场。

1.2.14 相关问题

不适用。

1.3 市场营销

1.3.1 公众/个人意见

除少数对增加俄罗斯谷物和油菜籽产量感兴趣的农民组织和工会之外，没有积极支持转基因（农业生物技术）的组织。总的来说，饲料贸易并不能反映出对生物技术的支持或反对。最近，没有任何重大的公众或政府运动反对使用转基因的工厂进行生产。消费者对转基因技术的认识和理解的偏颇仍然会影响玉米和大豆及其产品的进口，尤其是大豆和大豆产品。公众舆论总体上反映了公众对植物生物技术的负面态度。而这种负面的看法很少体现在俄罗斯民众的购买优先级上，购买优先级是以产品价格为基础的。此外，当前的经济环境增加了消费者对更便宜产品的需求，这意味着消费者不一定愿意为非转基因产品支付额外费用。此外，用于饲料的转基因商品并不会面临相同的影响。

在过去的五年里，俄罗斯政府一直在积极推广生产有机或"环境清洁"农业产品的理念，进一步巩固了俄罗斯公众这一想法。然而，发展有机工业还没有一个规范的框架。2018 年 8 月 3 日，普京总统签署了第 280 – FZ 号《关于有机产品和俄罗斯联邦某些立法法案修正案的联邦法》（法律）。该法规范有机产品的制造、储存、运输和营销，并于 2020 年 1 月 1 日生效。目前，只有一个认证机构获得认证。此外，管理进口有机产品认证的规则需要进一步完善。

1.3.2 市场接受度/研究

俄罗斯的有关媒体经常报道消费者对转基因产品的担忧。然而，自从最近通过新的立法以来，这种新闻报道已经减少。

值得注意的是，标签要求提高了含有转基因成分的食品价格。因为检查产品是否含有生物技术成分的成本很高，被认可的检测方法也很昂贵。尽管在乳制品、鸡蛋和家禽产品上仍然可以看到非转基因，但是在俄罗斯很难发现"转基因"标签。2012 年，莫斯科市政府停止要求使用非转基因标签，所以莫斯科的许多食品加工者停止了这些用于确定产品不含转基因成分的特殊检测。然而，有些产品仍然贴有"不含转基因"的标签。这是一个自愿的宣传，因为俄罗斯没有有机食品的标准。一些食品加工者仍然更喜欢购买非转基因产品，尤其是大豆和大豆产品。然而，价格是食品加工者和消费者现在主要关心的问题。

第2章 动物生物技术

2.1 生产和贸易

2.1.1 产品开发

在俄罗斯科学院院士列夫·恩斯特（于2012年4月去世）和俄罗斯农业科学院的指导下，俄罗斯开展了对转基因动物的研究。他的研究集中在克隆和动物对传染病免疫反应的基因改造上。然而，在过去几年中，没有关于继续这项研究的信息。

据报道，自2002年以来，俄罗斯一直参与白俄罗斯的一个饲养转基因山羊的双边伙伴关系项目。这个项目是开发利用乳铁蛋白抗生素特性的药物项目的一部分，乳铁蛋白是一种在人类母乳中发现的蛋白质，可以通过对山羊的基因改造添加到羊奶中。在俄罗斯方面，俄罗斯科学院基因生物学研究所负责该联合项目，由俄罗斯联邦和白俄罗斯分别在2003—2006年和2009—2013年通过"比利时转基因"和"比利时转基因－2"项目资助。2007年年底，第一批将人乳铁蛋白基因整合到其DNA中的两只公山羊在白俄罗斯的一个生物技术农场出生。到2010年年初，转基因山羊产出的奶中乳铁蛋白的含量与天然人类母乳中的相同或更高。在2013年联盟国家停止资助后，最初参与双边项目的同一团队研究人员的一家私营公司在俄罗斯开展了乳铁蛋白产品的进一步研发。在白俄罗斯，政府资助进一步的研究和开发。自2016年年底以来，明斯克白俄罗斯国家科学院微生物研究所一直在运行一个从转基因山羊生产的奶中制造人乳铁蛋白的实验设施。最近，媒体报道指出，俄罗斯和白俄罗斯目前正在开发"BelRosTransgen－3"计划的理念，目标是销售基于转基因山羊乳铁蛋白的产品。鉴于俄罗斯禁止生产转基因植物的公共政策，近期内不太可能再开发俄罗斯转基因动物。

2.1.2 商业化生产

提高牛产量是俄罗斯政府的优先事项之一，俄罗斯政府和GOR支持向畜牧生产者提供低息贷款，内容主要包括进口纯种繁殖动物、精液和胚胎。这种支持不包括对转基因动物或克隆的任何研究。

2.1.3 出口

俄罗斯不出口任何转基因动物或克隆牲畜。

2.1.4 进口

没有关于对转基因动物或克隆牲畜进口的任何官方限制的信息。没有任何进口此类产品的已知事实（即使是供研究使用）。

2.1.5 贸易壁垒

不适用。

2.2 政策

2.2.1 监管框架

俄罗斯的 BIO 2020 计划（俄罗斯生物技术发展路线图）仍然有效。虽然农业生物技术不是 BIO 2020 计划的优先事项，但它被定义为生物技术的一部分，涉及理论、方法及其在植物和动植物生产方面取得的成就的实施问题。此外，在《2013—2020 年俄罗斯农业发展国家计划》中，动物和饲料生产生物技术的发展设想用于开发生物添加剂，以提高饲料质量——氨基酸、饲料蛋白、发酵剂和维生素益生菌。然而，国家计划没有提到转基因动物或克隆。

2.2.2 审批

俄罗斯没有转基因动物批准。

2.2.3 创新生物技术

没有与动物相关的倡议。

2.2.4 标签和可追溯性

不适用。

2.2.5 知识产权（IPR）

不适用。

2.2.6 国际条约和论坛

不适用。

2.2.7 相关问题

不适用。

2.3 市场营销

2.3.1 公众/个人意见

不适用。

2.3.2 市场接受度/研究

不适用。

⑨ 加拿大

美国农业部
对外农业服务局

全球农业信息网
发表日期：2020.02.05

规定报告：按规定 – 公开

报告编号：CA2019 – 0050

报告名称：农业生物技术发展年报

报告类别：生物技术及其他新生产技术

编 写 人：Erin Danielson，Alex Watters

批 准 人：Philip Hayes

报告要点

2019 年，加拿大转基因作物的种植面积下降了约 7%，主要是由于草原三省的大豆和油菜播种总面积下降。自 2018 年农业生物技术年度报告发布以来，加拿大卫生部（HC）已批准了一种新的转基因棉花产品用于饲料。

内容提要

2019 年，加拿大种植了大约 1125 万公顷的转基因作物，主要包括油菜、大豆、玉米、甜菜和少量苜蓿。转基因作物种植面积下降了约 7%，这是连续第二年下降，主要是由于大豆和油菜播种面积减小。其中，大豆播种面积减少主要发生在曼尼托巴省（Manitoba）和萨斯喀彻温省（Saskatchewan）。为了应对干旱的种植条件和生长期内的降水不足所造成的大豆减产，这两个草原省份的农民继续减少大豆（主要指黄豆）的播种面积，而改种小麦、其他豆类和作物。

2019—2020 年，加拿大的大豆种植总面积减少了 10%，虽然大豆播种面积在东部地区增加了 34600 公顷，但被草原三省减少的 274500 公顷抵消。

自 2018 年农业生物技术年度报告发布以来，加拿大食品检验局（CFIA）和卫生部（HC）批准了拜耳作物科学公司的转基因棉花产品用于饲料。

高油酸和高亚油酸品种的开发将继续影响油料作物产业中油菜、大豆和向日葵之间的平衡。由于价格溢价，高油酸大豆在当前或以前销售年度尚未引起消费者的购买欲望，导致其种植面积仍然比高油酸油菜少。只有进一步提高高油酸大豆的产量，才可以为加拿大的压榨企业带来更高效益，促使其压榨高油酸大豆油。目前，高油酸大豆都是被运送到美国进行压榨。

第1章 植物生物技术

1.1 生产和贸易

1.1.1 产品开发

本节概述了加拿大正在研发的未来五年内可能商业化的转基因植物或农作物。

截至本报告出版前，食品检验局（CFIA）在 2019 年尚未批准任何不需隔离的环境释放申请。

1. 玉米

2019 年 1 月 25 日，孟山都公司（已被拜耳公司收购）提交的转基因玉米 MON87429 的申请进入征询公众意见阶段。转基因玉米 MON87429 能耐受草甘膦、麦草畏、2，4 - D 和精喹禾灵四种除草剂。如果能获得食品检验局（CFIA）和卫生部（HC）的批准，转基因玉米 MON87429 将成为加拿大市场上第一个可同时耐麦草畏和 2，4 - D 的转基因作物。在获得批准之前，该玉米还不被允许在加拿大进行商业化种植。即便在加拿大获得批准，拜耳公司仍需等到欧洲主要出口市场批准后，才能进行种子销售和商业化种植。

由研发商提交的新性状转基因作物用于种植、食用和饲用的申请，可在食品检验局（CFIA）和卫生部（HC）官方网站上进行查询。这些申请的提交是由研发商自愿完成的。

2. 油菜

2018 年 1 月 30 日，卫生部（HC）批准了拜耳作物科学公司提交的转基因油菜 MS11 无限制的环境释放申请。2017 年 9 月，转基因油菜 MS11 已在美国获得了种植、食用和饲用的批准。转基因油菜 MS11 除具有耐受草铵膦除草剂性状外，还具有雄性不育的特性。该转化事件负责机构已向中国提交了进口用作加工原料的申请，正在等待批准，所以在 2019—2020 年该油菜未在加拿大商业化种植。

孟山都公司已经商业化了一个耐草甘膦转基因油菜 TruFlex。2019 年，该转基因油菜在加拿大进行了第一年的商业化种植，种植面积大约有 100 万英亩。

加拿大油菜协会宣布了 2018—2023 年的各种优先工作目标，其中包括增强作物的病害抗性、提高植物繁殖力和改善虫害综合治理能力。其他重点领域还包括评估油菜籽粕的新抗菌技术，以及有助于改善健康（血糖管理、体重控制以及炎症和免疫健康）的高油酸菜籽油。

高油酸和高亚油酸品种的出现是油料作物行业过去十年里最具影响力的发展之一。过去十年间，高油酸菜籽油的生产在加拿大增长一直很快，2017—2018 年高油酸菜籽油约占总菜籽油生产的 12%。高油酸油可以延长烘焙食品的保质期和增加油炸食品的高氧化率（可以延长深度油炸用油的使用期），因此可以为食品加工企业带来额外效益。有支持性但非决定性的证据表明，食用有高油酸含量的油可能会降低冠心病的风险。还有其他一些有益的方面，例如使用高油酸油作为润滑剂，可以减少机器的磨损。

亚油酸油主要应用于工业材料，例如油漆、涂料、多元醇和环氧树脂。在研发高亚油酸品种之前，由于葵花籽中提取的油具有高亚油酸含量及透明度而被作为这类高亚油酸的主要来源，作为油漆和底漆的理想材料。但是，随着高油酸含量而不是高亚油酸含量的向日葵品种的出现，工业用亚油酸油的供应逐渐减少。

3. 大豆

安大略省的研究人员正在研发高亚油酸大豆品种，填补目前亚油酸油料短缺的问题。高亚油酸大豆品种的亚油酸含量达到 67% ~69%（接近葵花籽油的水平），同时还保持了油漆和底漆等工业用材料所需的透明度。在实现所需亚油酸含量水平的育种目标后，研究人员已经开始着手研究提高其产量，这样可以使高亚油酸大豆获得更高的经济效益。

两种高油酸大豆已在加拿大获得批准：科迪华公司的 Plenish 大豆和孟山都（拜耳）公司的 Vistive Gold 大豆。两者均在加拿大获得了无限制的环境释放批准，同时也在仅次于欧盟的主要出口市场——中国获得了进口批准。尽管已获得相关审批，但我们还没有看到加拿大的市场需求或种植面积增加。进而，加拿大的榨油企业也没有积极地去生产高油酸大豆油，这是因为如果要压榨高油酸大豆油，就需要对整套设备进行彻底清洗，从加拿大目前的供应水平来看，这在经济上是不划算的。为此，农民需要更多地种植新的高油酸大豆品种，以便榨油企业愿意投入更多生产能力来压榨高油酸大豆油。

从食品行业需求增长缓慢和研发高油酸大豆的投入较大来看，业内人士对此表示些许失望。因为只有食品行业对高油酸油的需求增加，才会激励加拿大有关企业去生产更多的高油酸大豆或压榨更多的高油酸大豆油。除此之外，目前种子开发商也感到失望，因为他们虽然开发了高油酸品种并动员了一些农民种植，但是食品行业不愿意支付与新品种相关的价格溢价。所以说，食品行业的犹豫不决可能反映出了非转基因食品发展的趋势。

1.1.2 商业化生产

加拿大是转基因作物种植面积最大的五个国家之一。2019 年，加拿大转基因作物种植面积约占其所有农作物种植面积的 18%（见表 9 - 1）。

表 9 - 1	加拿大转基因作物播种面积			单位：千公顷	
年份	2015 年	2016 年	2017 年	2018 年	2019 年
油菜	8411	8411	9313	9232	8479
转基因油菜	7991	7990	8848	8771	8055
转基因油菜占总数的百分比	95%	95%	95%	95%	95%
大豆	2210	2241	2913	2522	2283
转基因大豆	1595	1706	2413	2076	1837
转基因大豆占总数的百分比	72%	76%	83%	82%	80%
玉米	1359	1452	1447	1447.5	1478.8
转基因玉米	1133	1253	1269	1291	1340

年份	2015 年	2016 年	2017 年	2018 年	2019 年
转基因玉米占总数的百分比	83%	86%	88%	89%	91%
甜菜	7	12	11	19	17
转基因甜菜	7	12	11	19	17
转基因甜菜占总数的百分比	100%	100%	100%	100%	100%
转基因作物播种总面积	10726	10961	12540	12156	11249

1. 油菜

加拿大99%的油菜种植在西部的曼尼托巴省、萨斯喀彻温省和阿尔伯塔省。加拿大统计局的调查结果显示，2019年油菜总种植面积减少了8%，为850万公顷。

根据加拿大油菜协会报道，大约95%的油菜为转基因品种，与过去五年情况一致。2019年，转基因油菜种植面积略高于800万公顷，但少于2018年的880万公顷。

菜籽油约占加拿大人食用植物油总量的50%。一般而言，只有10%的加拿大油菜作物在本国消费，90%的加拿大油菜籽、菜籽油和菜籽粕用于出口。2018年，虽然高油酸品种种植面积约占加拿大播种面积的12%，但却接近国内压榨量的1/3。此后，直到2020年春季正式发布之前，相关行业未再公开发布此类数据。

关于转基因油菜的数据无法从加拿大统计局获得。加拿大的海外农业局（FAS）是从油菜种植者协会获得的信息，对油菜种植面积进行了估计。从长远来看，加拿大菜籽油产量将增加，特别是《全面与进步跨太平洋伙伴关系协定》（CPTPP）降低了日本、越南等主要市场的关税税率。随着日本压榨设备的不断老化，菜籽油出口的机会逐步增加，特别是在夏季奥林匹克运动会结束后的2020—2021年，将减少对日本食品的强劲需求。想要了解日本食用油贸易动态的更多信息，可参见海外农业局（东京）的《2018年度油菜籽和产品报告》。

2. 大豆

2015—2019年，加拿大部分省份转基因大豆播种面积如表9-2所示。

表9-2　　　　　　　　加拿大部分省份转基因大豆播种面积　　　　　　　　单位：公顷

年份		2015 年	2016 年	2017 年	2018 年	2019 年
安大略省	大豆	1185700	1126400	1244400	1222200	1260400
	转基因大豆	744600	736500	890300	894200	940400
	转基因大豆占总数的百分比	63%	65%	72%	73%	75%
曼尼托巴省	大豆	570600	665900	926700	764900	594700
	转基因大豆	553482	652582	917433	757251	588753
	转基因大豆占总数的百分比	97%	98%	99%	99%	99%
魁北克省	大豆	344000	351700	398000	370300	366700
	转基因大豆	191000	221700	265000	261600	247700
	转基因大豆占总数的百分比	56%	63%	67%	71%	68%

年份		2015 年	2016 年	2017 年	2018 年	2019 年
萨斯喀彻温省	大豆	109300	97100	344000	164900	60700
	转基因大豆	106021	95158	340560	163251	60093
	转基因大豆占总数的百分比	97%	98%	99%	99%	99%
总计	大豆	2209600	2241100	2913100	2522300	2282500
	转基因大豆	1595103	1705940	2413293	2076302	1836946
	转基因大豆占总数的百分比	72%	76%	83%	82%	80%

2019 年，包括阿尔伯塔省和滨海诸省在内的全国所有省份的大豆种植面积减少到 231 万公顷，比 2018—2019 年度减少了 10%。经与业界咨询后发现，播种时较低的大豆价格、干旱天气的预测、其他作物诱人的价格是造成草原地区大豆播种面积下降的主要原因。

安大略省是加拿大的大豆生产巨头，约占全国大豆种植总面积的 48%；排在第二位的是曼尼托巴省，约占全国大豆种植总面积的 30%。在过去的七年中，草原三省的大豆生产呈上升趋势，但似乎正在趋于平稳，是否继续向西发展还有待观察。据估计，在 2019—2020 年，加拿大转基因大豆的生产将占播种总面积的 80%。

3. 玉米

目前，转基因玉米的播种面积占加拿大全部玉米播种面积的 91%。魁北克省和安大略省是种植玉米的主要地区，约占全国玉米播种总面积的 85%。魁北克省和安大略省的农民分别种植了 35 万公顷和 78.6 万公顷的转基因玉米。根据曼尼托巴省农业局的消息，曼尼托巴省的农民种植了大约 18.4 万公顷的转基因玉米。

在安大略省和魁北克省，转基因玉米的播种面积持续增加，与草原三省保持一致。2019 年，魁北克省的农民种植的玉米估计有 92% 是转基因玉米，高于 2007 年的 52% 和 2018 年的 88%。安大略省的农民种植的玉米估计有 88% 是转基因玉米，高于 2007 年的 47% 和 2018 年的 87%。曼尼托巴省的农民种植的玉米估计有 99% 是转基因玉米，与过去八年的情况一致。

从 2011 年的统计数据开始，海外农业局（渥太华）在估计转基因玉米种植面积时包括了所有省份，因为最近增加的面积都来自非传统玉米种植省份。最重要的是，曼尼托巴省的玉米种植面积在 2019 年达到 18.6 万公顷，占全国玉米种植总面积的 12%。加拿大统计局仅提供了来自安大略省和魁北克省玉米调查的数据。海外农业局（加拿大）从曼尼托巴省农业局、阿尔伯塔省农业局和相关行业收集了草原三省玉米种植面积的数据。

4. 甜菜

在加拿大，商业化生产的甜菜大部分是转基因品种。甜菜在安大略省和阿尔伯塔省商业化种植，用于加工精制糖和动物饲料。加拿大的甜菜生产约有 2/3 集中在阿尔伯塔省，并且阿尔伯塔省生产的甜菜大部分是在阿尔伯塔省的 Lantic Inc. 工厂精炼加工。相反，安大略省种植的甜菜会出口到美国，在密歇根州加工。加拿大统计局报告显示，2019 年加拿大的甜菜产量为 114 万吨，由于播种面积减少，所以产量比 2018 年略有下降。

5. 苜蓿

2016 年春季，饲料遗传国际有限公司（FGI）开始在加拿大东部销售其转基因苜蓿 KK179 种子

（商品名为 Harv – Xtra，具有耐草甘膦除草剂的特性）。由加拿大相关行业制订并管理的共存计划，明确要求在加拿大东部种植的苜蓿必须在开花前收割，以避免与非转基因品种发生异花授粉。而要想获得最优质的牲畜饲料，通常在 50% 的苜蓿植株开花时收割为最佳。业界估计，2019 年安大略省播种了 1 万英亩的苜蓿，这也是自三年前首次种植 Harv – Xtra 苜蓿以来，实现了增长翻倍。饲料遗传国际有限公司（FGI）生产七种 Harv – Xtra 苜蓿品种的种子，并在加拿大销售。

在加拿大西部尚未种植转基因苜蓿，饲料遗传国际有限公司（FGI）也表示没有向西部扩展的计划。在 2019 年夏季各省代表会议上，阿尔伯塔省饲料行业协作网重申了其 2016 年的立场，即阿尔伯塔省坚持不种植转基因苜蓿。

6. 小麦

加拿大没有商业化生产转基因小麦。

7. 亚麻

加拿大没有商业化生产转基因亚麻。然而，一个转基因耐除草剂亚麻品种在加拿大曾得到临时批准，分别于 1996 年和 1998 年获得饲用和食用批准。当时，加拿大最大的亚麻出口市场是欧盟的比利时。在欧洲买家表示他们不会购买转基因或混合亚麻后，加拿大的亚麻生产商在 2001 年注销了转基因亚麻品种，并将其撤出市场。然而，在 2009 年，欧盟在检查货物的过程中检测到转基因亚麻品种，停止进口，并暂时放弃欧盟这个大市场。

8. 苹果

目前，3 个转基因苹果（Arctic® Golden Delicious、Arctic® Granny Smith 和 Arctic® Fuji）在加拿大被批准可以种植、食用和饲用。但是，这三个苹果品种中的任何一个都没有在加拿大商业化种植，而美国正在进行商业化种植。在接下来的几年中，加拿大也没有商业化种植和生产的计划，因为美国产量在扩大。2019 年，Arctic 苹果将计划出口到加拿大，但目前没有对加拿大的出口数量的目标。

9. 马铃薯

在加拿大，辛普劳公司（J. R. Simplot）有 8 个转基因马铃薯品种（5 个第一代的品种，3 个第二代的品种），被批准用于商业化种植、食用和饲用。2019 年，加拿大开始试种了 300～400 英亩的天然马铃薯。安大略省种植的马铃薯出口美国进行薯片加工，2019 年出口量将取决于当地收成。随着市场的持续发展，预计在未来五年，种植面积和商业化生产将有所增加。

1.1.3 出口

在 2018—2019 年度，加拿大出口了 910 万吨油菜籽、320 万吨油菜籽油和 460 万吨油菜籽粕。萨斯喀彻温省和阿尔伯塔省是油菜籽及其产品出口最大的两个省。

由于中国需求的增加，加拿大菜籽油对美国的出口连续两年下降了 8%，而对中国的出口增长了 15%，达到 100 万吨（见图 9 – 1）。2017 年之前，向美国出口的油菜籽油稳步增长，这是因为美国环境保护署（EPA）批准加拿大作物可用于生物燃料生产，以及由于菜籽油饱和脂肪含量比大豆油低，因此需求增加。

中国、日本和墨西哥是加拿大油菜籽的三大进口国。中国于 2013 年同意将油菜籽进口到江苏省南通市的压榨企业。自从中国向国内压榨企业颁发第一个加工加拿大油菜籽的许可证后，进口量就快速增长（见图 9 – 2）。随着日本的压榨设施持续老化，菜籽油的出口机会有望增加。

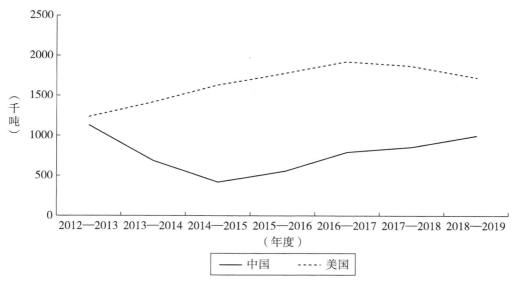

图 9 - 1　菜籽油出口中国和美国情况

　　《全面与进步跨太平洋伙伴关系协定》（CPTPP）于 2018 年年底生效，加拿大作为油菜和大豆油出口国加入该协定。日本和越南已对油菜籽/油菜籽粕和大豆籽/豆粕实行零关税，并将在五到七年内降低对加拿大产油料的关税。

　　2017—2018 年，加拿大出口约 1230 万美元的菜籽油（约 1 万吨）。在日本，85% 粗菜籽油来自澳大利亚（同样是 CPTPP 成员国），85% 精炼菜籽油来自加拿大。

　　加拿大出口了 17 万吨的大豆油和 530 万吨的大豆。在过去六年，83% ~99% 的大豆油出口到美国。过去五年，大豆油出口总量增加了 44% 。

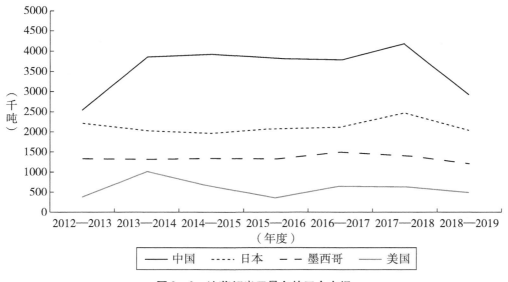

图 9 - 2　油菜籽出口最多的三个市场

　　2018—2019 年，加拿大 60%（316 万吨）的大豆出口到中国，比上一年度增长了 35% 。安大略省占了加拿大出口总份额的 50% 。2018—2019 年，曼尼托巴省、萨斯喀彻温省和阿尔伯塔省出口的大豆占了加拿大出口总份额的 26% ，而十年前几乎为零。

2018—2019 年，加拿大出口了 180 万吨玉米，其中 48% 出口到爱尔兰，20% 出口到西班牙，14% 出口到英国。玉米出口量最大的省是安大略省和魁北克省，分别为 131 万吨和 46 万吨，占加拿大总出口的 99% 。

加拿大将从安大略省向密歇根州出口约 30 万吨转基因甜菜，在密歇根制糖厂进行加工。

2019—2020 年，加拿大安大略省将向美国出口少量转基因马铃薯用作加工原料。

2018—2019 年，加拿大出口了大约 47 万吨亚麻籽，其中的 58% 出口到了中国。2017—2018 年，加拿大出口亚麻籽的 76% （40 万吨）来自萨斯喀彻温省。2018—2019 年，加拿大出口亚麻籽在欧盟市场中的份额约为 2008 年的 15% 。自从 2009 年在向欧盟出口的加拿大亚麻籽中检测到未批准的转基因亚麻品种后，加拿大亚麻籽向中国的出口占了更大的份额。2018—2019 年加拿大亚麻籽总出口量仅是 2008 年的 80% 。在此之前，加拿大亚麻籽出口量的 70% 出口到了欧盟，占欧盟进口市场的 57% （见图 9 - 3）。

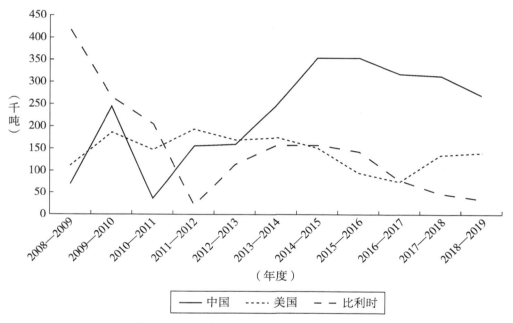

图 9 - 3　亚麻籽出口比利时、中国和美国情况

1.1.4　进口

加拿大是转基因作物和产品的主要进口国之一，包括谷物和油料作物（如玉米和大豆）。工业（如乙醇生产）和畜牧饲料行业都会从美国进口玉米和大豆。2018—2019 年，加拿大进口了 16448 吨菜籽油和 6116 吨菜籽粕。安大略省是从美国进口菜籽油最多的省份（10893 吨），主要从田纳西州（35%）、俄亥俄州（20%）和伊利诺伊州（11%）等地方进口。

鉴于加拿大国内的产量较高，其进口菜籽粕的量很少。菜籽粕是加拿大一些畜牧生产系统饲料配比中不可或缺的一部分。从美国进口的主要来自跨境贸易。不列颠哥伦比亚省进口的菜籽粕约占 78% （4620 吨），主要是从华盛顿进口的。11% 的进口量是通过魁北克省进口的，其余进口的是通过安大略省和曼尼托巴省。

2018—2019 年，加拿大进口了超过 270 万吨玉米，其中 98% 来自美国。从长期变化趋势看，过去二十年间加拿大从美国进口玉米的量逐渐减少，同时加拿大国内玉米生产稳定增长（见图 9 - 4、图 9 - 5）。2018—2019 年，曼尼托巴省、阿尔伯塔省、安大略省和不列颠哥伦比亚省是进口玉米最多的四个省，55% 的玉米来自美国北达科他州，21% 的玉米来自美国明尼苏达州。

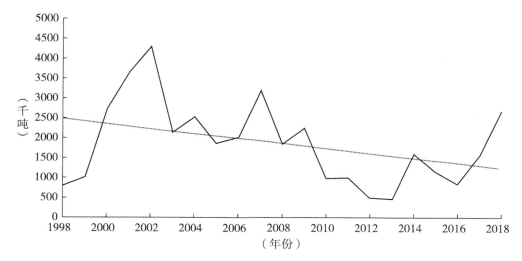

图 9 - 4　加拿大从美国进口玉米情况

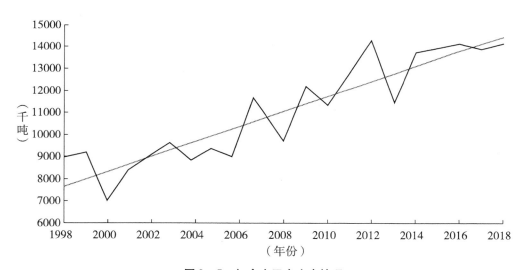

图 9 - 5　加拿大玉米生产情况

加拿大还进口了 117.1583 万吨大豆、2.3255 万吨大豆油和 100 万吨大豆粕。超过 80% 的大豆产品从美国进口。艾奥瓦州、南达科他州、明尼苏达州和北达科他州是加拿大豆粕的主要进口地。2018—2019 年，加拿大进口大豆的一半来自艾奥瓦州（45.3 万吨），安大略省从艾奥瓦州进口了 33.5 万吨豆粕，曼尼托巴省从南达科他州和明尼苏达州进口了 26.3 万吨豆粕。2017—2018 年，魁北克省从印度进口了 3.3193 万吨豆粕。

2019 年年底，加拿大可能会进口转基因苹果，具体数量还不清楚。2019 年没有进口转基因马铃薯的报道。加拿大是转基因木瓜和转基因南瓜的进口国。

1.1.5 贸易壁垒

目前，加拿大没有明显的与生物技术相关的贸易壁垒会对美国的出口产生负面影响，也没有趋势表明加拿大未来会制定相关的贸易壁垒政策。加拿大强大的研究体系以及与美国的紧密联系，促进了双方在生物技术方面的合作与进步。

1.2 政策

1.2.1 监管框架

加拿大建立科学的监管框架，以此来管理转基因农作物的相关审批程序。加拿大的监管指南和法规指出，凡是具有与其传统作物不同的或新特性的植物及其产品，都被称为具有新性状（PNT）植物或新型食品。

加拿大食品检验局（CFIA）对于新性状作物的定义为：某种具有与在加拿大已栽培的独特、稳定的作物中既不熟悉也不实质等同特性的植物品种或基因型，并且是利用特定遗传改良方法有意筛选、研发或将新性状引入该物种的植物。利用重组 DNA 技术、化学突变、细胞融合以及常规杂交育种方法产生具有新性状的植株。

加拿大食品检验局（CFIA）对于新型食品的定义为：

- 某种物质，包括作为食品不具有安全应用历史的微生物。
- 利用以前未在该食品上应用过的工艺生产、加工、保存或包装的某种食品，并且导致该食品发生重大变化。
- 遗传改良植物、动物或微生物来源的食品，并且遗传改良的植物、动物或微生物要表现出之前没有观察到的性状，或不再表现植物、动物或微生物之前有的性状，或植物、动物或微生物的一个或多个性状表现不在预期值范围内。

加拿大食品检验局（CFIA）、卫生部（HC）和环境与气候变化部（ECCC）是负责生物技术产品管理和审批的三个部门。这三个机构共同监管具有新性状植物、新型食品以及之前没有用于农业和食品生产的具有新特性的所有植物或产品。

加拿大食品检验局（CFIA）负责管理新性状植物的进口、环境释放、品种登记及其在畜牧饲料中的使用。卫生部（HC）负责评价包括新型食品在内的食品的食用安全性，批准其用于商业化生产。环境与气候变化部（ECCC）负责管理新物质申报条例，评价《加拿大环境保护法》（CEPA）中规定的，包括通过生物技术手段获得的生物和微生物等有毒物质的环境安全性。三个机构具体监管的产品如表 9-3 所示。

表 9-3　　　　　　　　　　　　监管机构和相关立法

部门/机构	监管产品	相关法律法规	条例
食品检验局（CFIA）	植物和种子包括那些有新性状的，动物，动物疫苗和生物制剂，肥料，牲畜饲料	《消费者包装和标签法》《饲料管理法》《肥料法》《食品和药品法》《动物卫生法》《种子法》《植物保护法》	《饲料管理条例》《肥料管理条例》《动物卫生条例》《食品和药品条例》

部门/机构	监管产品	相关法律法规	条例
环境与气候变化部（ECCC）	其他联邦立法无法覆盖的所有使用生物技术研发的动物产品，《加拿大环境保护法》规定的生物技术产品，包括用于生物修复的微生物，利用生物技术研发的鱼类产品，废物处理、矿物浸出或提高原油采收率	《加拿大环境保护法》	《新物质通知条例（生物）》
环境与气候变化部（ECCC）、卫生部（HC）	利用生物技术研发的鱼类产品	《加拿大环境保护法》	《新物质通知条例（生物）》
卫生部（HC）	食品，药品，化妆品，医疗器械，害虫防治产品	《纯净食品和药品法》《加拿大环境保护法》《病虫害防治产品法案》	《化妆品条例》《食品和药品管理条例》《新型食品条例》《医疗器械管理条例》《新物质通知条例》《病虫害防治产品条例》
加拿大渔业及海洋部（FOC）	转基因水生生物的潜在环境释放	《渔业法》	制定中

在加拿大的监管程序下，具有新性状的植物要接受审查。步骤如下：

（1）研究转基因生物的科学家，包括新性状植物开发的科学家，都应遵守加拿大卫生研究所的指导方针以及各自研究机构生物安全委员会制定的操作规程。这些指导方针和规程可以保护实验室研究人员的健康和安全并确保环境受到控制。

（2）加拿大食品检验局监测所有新性状植物的田间试验是否遵循环境安全的指导方针并确保隔离，以防止花粉转移到邻近的田地。

（3）加拿大食品检验局仔细检查种子进出试验点时的运输情况及所有植物收获材料的运输情况。此外，食品检验局严格管制所有种子、活体植物及植物部分（包括含有新性状的植物）的进口。

截至本报告发布之时，加拿大食品检验局尚未发布按作物汇总的所有育种目的的田间试验摘要。该摘要列出了加拿大所有新提交的新性状植物申请及目前正在进行的田间试验。2018年，在加拿大一共提交了78份新性状植物申请，并进行了145项田间试验，主要是小麦、油菜和玉米。相比之下，2016年提交了50份新性状植物申请和进行了137项田间试验。

新性状植物种植在隔离试验条件之外的田间，需经食品检验局的环境安全性评估和批准，评估的重点包括：新性状向近缘植物物种漂移的潜力；对非靶标生物（包括昆虫、鸟类和哺乳动物）的影响；对生物多样性的影响；引入的性状导致杂草化的可能性；表现新性状的植物成为有害植物的可能性。

食品检验局评估所有畜牧饲料的安全性和有效性，包括营养价值、毒性和稳定性。为评估新饲料所提交的数据应包括对生物体和遗传改良、预期用途、对环境的影响和基因（或代谢）产物进入人类食物链的可能性等方面的描述。安全性方面的评估应考虑饲喂该饲料的动物、人类对动物产品的食用、操作工人的安全性，以及任何与饲料使用相关的环境影响。

加拿大卫生部负责评估之前不具有安全应用历史的食品，或采用新工艺生产导致成分发生重大变化的食品，或源自具有新特性的转基因生物的食品。加拿大卫生部在与包括联合国粮食及农业组织（FAO）、世界卫生组织（WHO）和经济合作与发展组织（OECD）在内的专家讨论的基础上，制定了《新食品安全评估指南》的第一卷和第二卷。根据《新食品安全评估指南》，加拿大卫生部将审查：粮食作物是如何研发的，包括分子生物学数据；与未改变性状的同类食品相比，新型食品的成分组成；与未改变性状的同类食品相比，新型食品的营养数据；成为一种新的有毒物质的潜力；引起任何过敏反应的可能性；按一般消费者和人口亚群（如儿童）计算的平均膳食暴露量。

加拿大的作物新品种登记制度将确保只有已证明有效益的品种才可以出售。品种一旦被批准用于田间试验，将在区域田间试验中进行评估。通过生物技术开发的植物品种在获得环境、饲用和食用安全性授权前，不能在加拿大注册和销售。

在加拿大，如果新性状植物获得环境、饲用和食用安全性授权后，其衍生的饲料和食品产品就可以进入市场，但仍要接受适用所有常规产品的其他监管审查。此外，如果出现任何关于新性状植物及其食品安全的新信息，必须报告给政府监管机构。在进一步调查的基础上，监管机构可能会修改或撤销审批和/或立即将产品从市场上撤回。

从产品研发到被批准用于人类消费的时间通常需要 7 到 10 年。在某些情况下，这一过程可能会超过 10 年。

为了保证监管体系的完整性，加拿大还设立若干咨询委员会，对政府当前和未来的监管需要进行监测并提供建议。加拿大生物技术咨询委员会（CBAC）成立于 1999 年，负责就伦理、社会、科学、经济、监管、环境和卫生方面的问题向政府提供咨询。加拿大生物技术咨询委员会（CBAC）于 2007 年 5 月 17 日终止服务。政府以科学、技术和创新委员会取代了 CBAC，这是整合外部咨询委员会和加强独立出口咨询顾问作用的更大努力的一部分。该委员会是一个为加拿大政府提供关于科学技术问题的对外政策建议的咨询机构，并负责定期根据国际优秀标准来衡量加拿大的科学技术表现编写国家报告。

2015 年 5 月，加拿大科学、技术和创新委员会发布了第四份公开报告《2014 年国家状况——加拿大科学、技术和创新体系》，该报告追踪了自 2009 年发布第一份报告以来加拿大的创新进展情况。《2008 年国家状况——加拿大科学、技术和创新体系》是委员会发布的第一份报告，该报告将加拿大的科学、技术和创新体系与世界创新国家进行了对比。自 2015 年政府更迭以来，就再没有任何新的公开报告。

有关加拿大如何监管生物技术的更多信息可在以下网站找到：

加拿大食品检验局（CFIA）：

http：//www. inspection. gc. ca/english/sci/biotech/bioteche. shtml

加拿大卫生部：

http：//www. hc－sc. gc. ca/sr－sr/biotech/index－eng. php

http：//www. hc－sc. gc. ca/fn－an/gmf－agm/index－eng. php

加拿大环境部：

http：//www. ec. gc. ca/subsnouvelles – newsubs/default. asp？lang = En&n = AB189605 – 1

http：//www. ec. gc. ca/subsnouvelles – newsubs/default. asp？lang = En&n = E621534F – 1

1.2.2 审批

自 2018 年生物技术报告发布以来，加拿大食品检验局已批准了以下申请，如表 9 – 4 所示。

表 9 – 4 食品检验局（CFIA）审批情况

产品/名称	LMO 状态	申请人	新性状	加拿大食品检验局			加拿大卫生部食品安全性批准
				批准不受限制地释放到环境中	批准用作畜牧饲料	品种登记	
棉花 GHB811	LMO	拜耳作物科学有限公司	对草甘膦和异恶唑草酮的耐受性	不在加拿大种植	是（2018 年 10 月 19 日）	不适用	是（2018 年 10 月 19 日）

有关加拿大具有新性状的受管制植物的状况的更多信息，包括产品是否已获准在环境中无限制的释放、新的畜牧饲料使用和品种登记，请在加拿大食品检验局新性状植物数据库中查阅。有关最近自愿提交的公众意见的信息，可以在加拿大食品检验局网站上进行浏览。

1.2.3 复合性状或叠加性状转化事件的审批

与常规作物杂交新品种类似，许多复合性状产品不需要进行进一步的环境安全性评估。在加拿大，复合性状产品的定义是指将两个或更多已批准的新性状通过常规杂交复合在一起培育的植物品系。复合性状植物（由已经批准的新性状植物研制而成）的研发人员被要求至少提前 60 天通知加拿大食品检验局植物生物安全办公室（PBO）关于复合性状植物的预期环境释放日期。在收到通知后，植物生物安全办公室（PBO）通知研发者对不受监管的环境释放存在的顾虑和疑问会发函（收到通知后 60 天内）。

PBO 还可能要求提交并审查支持改良植物在环境中可以安全应用结论的相关数据。如果复合性状存在不符合管理要求、可能产生的负面协同效应或植物产品延伸到国内新的地区种植等潜在问题，则可能需要进行环境安全评估。在所有的环境安全问题得到解决之前，经过改良的植物不应该被释放到环境中。

然而，为了安全，PBO 要求所有复合性状产品在被投放市场前要通知 PBO，这是研发人员必须要做的，以便监管机构可以决定：任何针对新性状植物亲本的批准条件对复合性状产品是否适用和恰当；是否需要提交复合性状产品安全评价的额外资料和数据。

如出现下列情况，则需要提供更多资料及进行进一步评估：新性状亲本植物的批准条件不适用复合性状产品（例如，针对复合性状的产品管理要求发生了改变，或者新性状亲本植物的产品管理计划中描述的条件对复合性状不再有效）；新性状亲本植物和复合性状的新特性表达水平不同（如高表达或低表达）；复合性状产品表达了另一种新特性。

1.2.4 田间试验

加拿大食品检验局尚未提供 2018 年的新性状植物申请和田间试验的概述。2019 年，加拿大受理了 78 份新性状植物的申请，开展了 145 项田间试验，主要涉及小麦、油菜和玉米。按作物汇总的所有育种目的的田间试验摘要，于 2019 年 11 月在加拿大食品检验局网站上发布。

1.2.5 创新生物技术

在加拿大，所有创新生物技术都由加拿大食品检验局（CFIA）、加拿大卫生部（HC）和加拿大环境与气候变化部（ECCC）逐案管理。与传统生物技术一样，新生物技术的产品必须接受这些机构对产品的监督管理。

1.2.6 共存

在加拿大，转基因作物和非转基因作物的共存不受政府的监管，而是由生产者承担相应责任。例如，如果有机作物的生产者希望将转基因作物事件排除在他们的生产系统之外，那么实施这些措施的责任就落在有机作物生产者身上。非转基因作物的生产者可以为他们的产品收取溢价，因为满足顾客和认证机构的要求产生了相关成本。

在加拿大，针对生物技术产品管理的要求适用于转基因作物，一些公司会向转基因作物种植者提供作物共存的建议，以尽量减少在同一物种的非转基因作物中偶然发现转基因作物的机会。此外，这些公司还会向转基因作物的生产者提供杂草管理实践指南。管理实践指南的相关内容可以帮助转基因作物生产者改善转基因作物和非转基因作物之间的共存，而不需要借助政府法规来管理。譬如，加拿大作物科学学会制定了"产品管理优先"的倡议，以便对本行业产品在整个产品生命周期内的健康、安全和环境可持续性进行管理。"产品管理优先"的内容包括"转基因作物种植者最佳管理实践指南"。

1.2.7 标签和可追溯性

2004 年，加拿大标准委员会将基因工程产品和非基因工程产品的食品自愿标识和广告标准作为加拿大的国家标准。在加拿大食品经销商委员会的要求下，在加拿大通用标准理事会（CGSB）的推动下，一个由利益相关方组成的委员会制定了自愿标识标准，并于 1999 年 11 月开始实施。该委员会由 53 名有表决权的成员和 75 名无表决权的成员组成，这些成员来自生产商、制造商、经销商、消费者、一般利益团体和六个联邦政府部门，包括加拿大农业和农业食品部（AAFC）、加拿大卫生部和加拿大食品检验局。

根据《食品和药品法》，加拿大卫生部和加拿大食品检验局负责所有联邦食品的标识政策。加拿大卫生部负责制定有关食品健康和安全内容方面的标识政策，而加拿大食品检验局负责制定食品不涉及健康和安全内容方面的标识法规和政策。加拿大食品检验局有责任保护消费者免受虚假和欺诈性标识、包装和广告的误导，并制定适用于所有食品的基本食品标识和广告要求。

基因工程食品和非基因工程食品的自愿标识和广告标准是为了向消费者提供一致的信息，以便他们做出明智的食品选择，同时可以指导食品公司、制造商和进口商制作标识和广告。该标准中关于转基因食品的定义是指那些利用将基因从一个物种转移到另一个物种的特定技术获得的食品。该标准中的相关规定如下：

（1）食品标识和广告允许标注"使用或未使用基因工程"字样，只要标注内容是真实的，不误导、不欺骗消费者，不会对食品的特性、价值、成分、优点或安全造成错误的印象，并且符合

《食品和药品法》《食品和药品管理条例》《消费者包装和标识法》《消费者包装和标识管理条例》《竞争法》等其他有关法规以及《食品标识和广告指南》的要求。

（2）本标准并不意味着在其范围内的产品存在健康或安全问题。

（3）一旦标注使用或未使用基因工程，基因工程食品和非基因工程食品偶然混杂的水平应低于 5%。

（4）本标准适用于食品的自愿标识和广告，仅用于区分标注食品是否为基因工程产品，是否含有基因工程产品的成分，而不管标注食品或成分是否含有 DNA 或蛋白质。

（5）本标准定义了相关术语，并设定了索赔及其评估和验证的标准。

（6）本标准适用于在加拿大销售的食品，无论是国内生产的还是进口的。

（7）本标准适用于预先包装或散装出售的食品，以及在销售点制作的食品的标识和广告。

（8）本标准不排除、取代或以任何方式更改法律要求的信息、主张或标识，或任何其他适用的法律要求。

（9）本标准不适用于加工助剂、少量使用的酶、微生物基质、兽医生物制剂和动物饲料。

尽管自愿标识的标准实施了近 15 年，但加拿大的一些团体仍在继续推动对转基因食品进行强制标识。一些下院议员的议案已被提交给下议院，要求对含有转基因成分的食品进行强制标识，尽管没有一项能通过二读，但议员们有机会在对法案表决前就其范围和原则进行辩论。

最近，国家民主党的一名成员于 2017 年 5 月提出了一项下议院法案（法案 C－291），要求对含有转基因成分的食品进行强制标识，该法案在二读时未获得足够的票数。最终，该法案未能通过二读。

在加拿大，转基因作物产品（如大豆油）可以标识"非转基因"。加拿大通用标准理事会表示，从转基因作物中提取的食品（如玉米油、豆油和菜籽油）含有几乎无法检测到的遗传物质或来源于遗传物质的蛋白质。换句话说，豆油生产商可以继续将其产品标识为"非转基因"，即使生产这种油的大豆是转基因品种，只要最终产品（油）与非转基因大豆生产的油没有区别即可。另外，比如孟山都公司也可以要求将其 Vistive Gold 大豆生产的油标识为"转基因产品"，因为该公司做这种标识就意味着其豆油产品中的油酸含量更高。

1.2.8 监测和检测

加拿大没有转基因产品的监测程序，因此也未对转基因产品主动进行检测。

1.2.9 低水平混杂（LLP）政策

近年来，低水平混杂（LLP）的问题对加拿大的影响越来越严重。低水平混杂是指在非转基因产品中意外混入微量的转基因成分，一般特指已在出口国获得批准但在进口国未获得批准的转基因成分混入问题。2009 年 9 月，在例行检测中发现，欧盟进口的加拿大亚麻中含有微量的转基因品种 Triffid。结果，加拿大对欧盟的亚麻贸易中断了一年多，并以非常缓慢的速度恢复到以前的水平。在贸易中断之前，欧洲进口的亚麻有 57% 来源于加拿大。加拿大指出，由于欧盟对转基因作物的零容忍政策，低水平混杂造成了重大的贸易中断，本案就是一个例子。

加拿大指出，对低水平混杂的零容忍政策是不现实的，特别是要考虑到检测方法日益改进以及检测灵敏度和能力不断提高。在加拿大国内，各个行业利益相关方正在与监管机构合作，制定一项有关低水平混杂的政策，将确定进口产品中所含的未获加拿大批准的生物技术转化事件的最大允许数量。加拿大的政府探索了各种方法来管理低水平混杂问题，以提高贸易可预测性和透明度。

在国际上，加拿大正在与一些感兴趣的国家合作，针对低水平混杂问题制定全球性解决方案，该项目被称为"针对全球低水平混杂问题的倡议"（GLI）。GLI 由加拿大（秘书处和联合主席）发起，目前有来自 14 个主要粮食进出口国家/地区和 4 个观察员国家/地区的代表参加。2012 年 3 月，来自美国、墨西哥、哥斯达黎加、智利、乌拉圭、巴拉圭、巴西、阿根廷、南非、俄罗斯、越南、印度尼西亚、菲律宾、澳大利亚和新西兰的行业内人士和政府官员在温哥华会面，讨论低水平混杂的问题。在会议上，加拿大农业部长强调了跟上农业创新步伐的监管方法的重要性，并表示加拿大愿意在国际层面上成为低水平混杂问题方面讨论的领导者和协调者。加拿大将继续参与这方面的国际事务，并逐步实现建立解决全球性低水平混杂问题的目标。

1.2.10 知识产权（IPR）

《专利法》和《植物育种者权利法》（PBR）都使育种者或新品种的拥有者能够对其产品收取技术或专利费。《专利法》授予的专利涵盖了植物中的基因，或整合该基因的过程，但不支持植物本身的专利。植物本身的保护将由《植物育种者权利法》（PBR）所涵盖。《植物育种者权利法》（PBR）授予植物新品种的培育者在加拿大生产和销售该品种繁殖材料时拥有排他性的专属权，同时规定，植物品种权的所有人可以就该产品收取专利使用费。《专利法》允许育种者向种子的使用者或生产者销售他们的产品。专利产品的成本很可能包括了技术费用。这使得育种者能够收回其开发产品时的投入。

2013 年秋季，加拿大向议会提交了 C - 18 法案，即《农业增长法案》，该法案旨在加强对植物品种创造或开发的知识产权的执法。2015 年 2 月 25 日，C - 18 法案正式成为法律，使加拿大的《植物育种者权利法》与 1991 年的《国际植物新品种保护公约》（UPOV）保持协调一致。加拿大于 1992 年成为 1991 年版本的《国际植物新品种保护公约》（UPOV）的签约国，而 1990 年成为加拿大法律的《植物育种者权利法》仅遵守了 1978 年修订的《保护植物新品种国际公约》的要求。更多关于这方面的进展信息可以在 2015 年 3 月的 GAIN 报告中的 CA15021 中找到。

1.2.11 《卡塔赫纳生物安全议定书》的批准

加拿大于 2001 年签署了《卡塔赫纳生物安全议定书》，但目前尚未批准该议定书。许多农业组织反对批准该议定书，这些反对的组织包括加拿大油菜协会、加拿大粮食种植者协会、维特拉公司和许多其他组织。还有一些组织，如全国农民联盟和绿色和平组织，正在推动政府批准该协议。反对者和支持者就政府应如何继续推进协议批准进行协商，并提出了三种可能的选择：

（1）立即着手批准《卡塔赫纳生物安全议定书》，以期作为一个缔约方参加缔约方第一次会议。

（2）对批准决定进行积极审核，同时继续作为非缔约方参与议定书进程，并以符合议定书目标的方式自愿行事。

（3）决定不批准议定书。

加拿大政府的立场是采用第二种选择。来源于相关行业的消息表示，这种情况很可能会持续下去。加拿大和加拿大相关产业严重依赖从美国进口农作物来满足其需求。因此，《卡塔赫纳生物安全议定书》的批准可能成为与美国进行贸易的障碍。

1.2.12 国际条约和论坛

2019 年 5 月，来自阿根廷、巴西、加拿大、墨西哥和美国的农业部部长在日本新潟举行会议，与会各方一致认为，包括精准生物技术在内的生物技术等农业创新，将继续在应对此类挑战方面发挥重大作用，并能够以安全和可持续的方式提高农民的生产力。

此外，加拿大牵头与一些国家合作，制订全球认可的低水平混杂问题解决方案。加拿大还是"支持农业生产技术创新志同道合者组织"的有力倡导者。

对加拿大和美国的粮食和油料作物生产商来说，贸易是重要的关注点之一。加拿大 96% 的进口谷物和油料作物来自美国，同样，美国进口的谷物和油料作物中有 96% 是来自加拿大。因此，在实现贸易关系现代化的同时，两国的相关产业都认为通过遵守《北美自由贸易协定》（NAFTA）来获利是非常重要的。《美国－墨西哥－加拿大协议》（USMCA）中关于农业生物技术的第三章 B 节专门针对支持农业创新的农业生物技术进行了描述。

1.3 市场营销

1.3.1 公众/个人意见

2018 年 5 月 24 日，哈利法克斯的达尔豪斯大学发表了一份关于加拿大对食品中生物技术的态度的报告。这项研究调查了人们对转基因食品的态度，以及对食品安全和监管体系的信任。

1.3.2 市场接受度/研究

在加拿大有 70% 的受访者强烈同意转基因食品和成分应该标识。加拿大人通常不确定他们的食物中是否含有转基因成分，有大约 50% 的人说他们不确定。加拿大人似乎更关心与畜牧相关的动物的生物技术，而较少关注水产动物，比如获准在加拿大消费的新转基因 AquAdvantage 三文鱼。

第2章　动物生物技术

加拿大的动物生物技术监管框架旨在评估和保护人类、动物和环境的健康和安全。如果评估结果表明评估产品不会引起担忧或带来风险，并且被批准可用于环境释放作为饲料或食品，那么在加拿大的监管程序下，批准的转基因动物产品将会与相应的常规动物或动物产品同等对待，没有区别。所有动物和动物产品无论以何种方式饲养、生长、生产或加工，在环境和植物保护、动物和人类健康以及饲料和食品安全方面均须遵守相同的要求和规定。目前，在加拿大还没有商业化生产的转基因动物。但是，转基因三文鱼已经在加拿大被批准作为食物或动物饲料，相关的商业生产设施正在建设中。由胚胎和体细胞核移植而来的克隆体，它们的后代及源自克隆和后代的产物应遵循与转基因动物和转基因动物产品相同的要求和法规。加拿大卫生部自2003年以来，采用临时政策来监管生物技术动物和产品，目前将这些产品归于新食品的定义中。

2.1　生产和贸易

2.1.1　产品开发

项目正在计划中，但没有迹象表明在未来五年内会有任何新的转基因动物申请在加拿大获得批准。

2.1.2　商业化生产

AquAdvantage转基因三文鱼的商业化生产只涉及在爱德华王子岛的一个陆地养殖设施里持续生产无菌的AquAdvantage三文鱼卵。目前，这些生产的三文鱼卵被运到爱德华王子岛的陆地生长设施，并出口到美国（印第安纳州）的陆地生长设施。加拿大和美国的生长基地生产的第一批商品AquAdvantage三文鱼在2020年下半年送到客户手中。根据目前的商业计划，两国基地的产品计划供应各自的国内市场。加拿大基地计划每年生产250吨，而美国基地计划每年生产1200吨。

2.1.3　出口

在美国食品和药物管理局（FDA）取消进口警告后，转基因三文鱼卵于2019年被出口到美国。加拿大三文鱼卵生产基地将根据位于美国的转基因三文鱼养殖基地的需要继续出口三文鱼卵。

2.1.4　进口

巴拿马工厂在2017年和2018年向加拿大出口供人类食用的转基因三文鱼，但该工厂于2019年年初关闭。因此，加拿大在2019年没有进口转基因三文鱼。此外，由于将从国内的工厂获得供应，加拿大未来几年也没有进口转基因三文鱼的计划。

2.1.5 贸易壁垒

加拿大目前不存在已知的贸易壁垒。

2.2 政策

2.2.1 监管框架

在加拿大，动物生物技术产品按新型食品定义并管理。根据《食品和药品管理条例》，新型食品的定义为：

（1）不具有安全应用历史的食品，包括微生物。

（2）采用下列过程加工、制备、保存或包装的食品：之前未被用于该种食品，并且会引起食品发生重大变化。

（3）来源于转基因的植物、动物或微生物的食品，并且：转基因植物、动物或微生物表现出以前在该植物、动物或微生物中没有观察到的特征；转基因植物、动物或微生物不再表现出以前在该植物、动物或微生物中观察到的特征；转基因植物、动物或微生物的一个或多个特征不再表现出在该类植物、动物或微生物预期值的范围内［B.28.001，FDR］。

引起食品发生重大变化是指食品的成分、结构、营养质量、代谢途径和/或影响食品微生物或化学安全的因素发生改变，导致其特征超出自然变异的可接受范围。此外，加拿大食品检验局（CFIA）指出，动物生物技术包括但不限于以下动物：

（1）经遗传工程或修饰的，即通过添加、删除、沉默或改变遗传物质来影响基因和性状的表达。

（2）从胚胎细胞和体细胞中通过核移植获得的克隆。

（3）接受了来自其他动物移植细胞的嵌合体。

（4）利用任何生物技术方法所产生的种间杂交。

（5）体外培养动物，如胚胎的成熟或操作。

加拿大环境与气候变化部（ECCC）、加拿大卫生部以及加拿大渔业和海洋部（负责水生物种）是三个负责生物技术衍生动物的评估和初步批准的政府机构。其中，环境与气候变化部负责监测和评估对环境的影响，卫生部负责监测和评估食用安全性，如果对水生物种或对环境有影响，则渔业和海洋部会参与（见表9-5）。

表9-5　　　　　　　　动物生物技术监管法律法规赋予的法律职责

产品	监管机构	适用法律	适用法规
利用生物技术得到的 食品和药物	加拿大卫生部	《食品和药品法》	《食品和药品管理条例 （新食品）》
兽医生物制剂	加拿大食品检验局	《动物健康管理法》	《动物健康管理条例》
饲料	加拿大食品检验局	《饲料管理法》	《饲料管理条例》

产品	监管机构	适用法律	适用法规
利用生物技术得到的鱼产品	加拿大环境与气候变化部 加拿大卫生部 加拿大渔业和海洋部 （通过理解备忘录）	《加拿大环境保护法》 （1999 年）	《新物质通报条例 （生物体）》
所有其他联邦法律未涉及的 动物产品	加拿大环境与气候变化部 加拿大卫生部	《加拿大环境保护法》 （1999 年）	《新物质通报条例 （生物体）》

自 2003 年加拿大卫生部食品局成立以来，已经制定了关于使用动物克隆体和通过体细胞核移植（SCNT）培育的动物克隆体的后代作为食品的规章。根据这一法规，所有通过体细胞核移植技术培育的克隆体和克隆体后代都被归类为新食品，并受《食品和药品管理条例》［B.28］中关于新食品规定的约束。随着有更多涉及体细胞核移植技术衍生产品对食品安全影响的证据的出现，加拿大卫生部将会相应地重新评估其地位。

1999 年，《加拿大环境保护法》（CEPA）颁布了《新物质通报条例（生物体）》，以评估任何新的动物生物技术在进入加拿大市场之前的毒性状况。此过程由加拿大环境与气候变化部管理，通过新物质申报程序提交新材料申请。加拿大卫生部共同管理《加拿大环境保护法》中有关人类健康的监管方面。在人类健康方面，包括对从事使用生物技术制成的动物产品的工作人员的任何健康或安全影响。此外，对于利用生物技术生产的拟作食品用途的动物产品，加拿大卫生部将按新食品进行各种食用安全性评估。

加拿大食品检验局对利用生物技术得到的动物进行评估，因为这涉及动物健康。评估适用于所有生物技术动物的健康评估，以及任何其他接触或饲喂含有生物技术动物的饲料的动物或使用兽医生物制剂的动物的健康评估。

FAS/渥太华从各方面得到的消息表明，各省政府只遵从有关转基因和生物技术来源的动物的联邦立法，目前没有制定有关这一主题的省级立法的时间表。

2.2.2　审批

加拿大已经批准了一种转基因三文鱼。加拿大卫生部批准的所有新食品的决定都可以在该机构的网站上查询。

2.2.3　创新生物技术

加拿大监管任何生物技术来源的动物产品的商业化应用、注册和转让。有关这些监管过程的信息可以参见本章 2.2.1 监管框架。目前，FAS/渥太华不清楚加拿大有任何关于动物创新生物技术研发方面的法规，认为研发商需遵从《加拿大环境保护法》和《新物质通报条例（生物体）》的规定。

2.2.4　标签和可追溯性

加拿大的食品标识政策需遵从《食品和药品法》和《食品和药品管理条例》。根据这些政策，加拿大卫生部和加拿大食品检验局共同负责这方面的监管。加拿大卫生部负责营养成分含量、特殊饮食要求和过敏原等内容的标识，而加拿大食品检验局负责健康和安全之外的内容的标识，并负责所有食品标识法规实施和执法。目前，加拿大对转基因动物、转基因产品和克隆的标识有两个标准。如果有重大的健康和安全问题，通过标识可以减轻风险所带来的危害或通过标识可以强调营养成分的重大变化，则加拿大卫生部可以要求对转基因食品或产品进行强制性标识。除非加拿大卫生部要求强制标识，否则可以根据基因工程产品和非基因工程产品的自愿标识和广告的标准对转基因食品或产品选择自愿标识。

2.2.5 知识产权（IPR）

在加拿大，动物生物技术的知识产权可以根据《专利法》《版权法》《商标法》三项不同的法律加以保护。此外，加拿大有《动物系谱法》，对于具有重要价值的育种品系，以及所有相关的改良品系都可能适用于该法律的管辖。

2.2.6 国际条约和论坛

加拿大曾是现已解散的国际食品法典委员会生物技术食品工作组的成员，加拿大卫生部参与了该委员会的活动。加拿大也是经济合作与发展组织（OECD）的成员，加拿大卫生部参加了 OECD 新食品和饲料安全工作组。此外，加拿大是世界动物卫生组织（OIE）的成员。加拿大允许进口、生产和销售经批准的动物生物技术以及从事研究。加拿大还支持《关于创新农业生产技术的联合声明》。

2.3 市场营销

2.3.1 公众/个人意见

加拿大有一些团体在游说政府反对转基因动物。最引人注目的是加拿大生物技术行动协作网，其成员包括有机和生态农业团体、环保团体和国际反转基因团体。通过大众媒体和社交媒体可以反映出加拿大消费者对待转基因产品的众多看法，以及对生物技术的不同理解。然而，尼尔森消费者洞察项目的调查结果显示，88%的受访者对生物技术持积极或中立态度，尽管只有46%的受访者表示他们熟悉转基因动物。当被问及转基因动物时，受访者提出了道德和伦理方面的担忧，认为转基因动物与其他转基因技术相比，可能在这方面具有更大的风险。安格斯·里德（Angus Reid）最近的一项民意调查显示，83%的加拿大受访者希望看到至少一些转基因产品应被标识。2018年，达尔豪斯大学（University of Dalhousie）关于生物技术的一项研究也指出了类似的发现：70%的受访者表示转基因食品和成分应被标识，38%的受访者表示他们认为转基因食品是安全的，而35%的受访者认为转基因食品不安全。目前，政府官员表示，联邦层面没有推进任何转基因生物/转基因标识立法的计划。

2016年，英国下议院农业和农业食品常务委员会发起了一项关于人类食用转基因动物的研究，研究结果于2017年4月提交，此后就没有重大进展。委员会提出了四项主要建议：

（1）加拿大政府的监管体系在评估供人类消费的转基因动物时应该更加透明。

（2）加拿大政府应支持开展关于新遗传改良技术的健康、环境和其他影响方面的独立研究。

（3）加拿大政府应支持仅在转基因生物食品存在健康和安全问题时进行强制标识。

（4）加拿大政府应该与相关行业合作，建立转基因动物溯源的工具和手段。

2.3.2　市场接受度/研究

目前主要的大型零售连锁超市如麦德龙、IGA、索贝斯和 Provigo 已经声明它们不会在海鲜柜台出售转基因的产品，而在被问及 AquAdvantage 三文鱼的零售情况时，好市多、沃尔玛、全食和 Loblaws 都表示目前没有销售转基因海产品的计划。据报道，水产品管理委员会已经表示，出于对环境的考虑，它们不会对 AquAdvantage 三文鱼进行认证。

⑩

美国农业部

对外农业服务局

规定报告：按规定－公开

报告编号：MX2020－0062

报告名称：农业生物技术发展年报

报告类别：生物技术及其他新生产技术

编写人：Adriana Otero

批准人：Karisha Kuypers

全球农业信息网

发表日期：2021.01.11

墨西哥

报 告 要 点

自 2018 年 5 月以来，墨西哥没有批准任何生物技术食品或饲料产品，也没有官方迹象表明何时会恢复批准。2019 年，墨西哥以预防原则为由，停止批准进口草甘膦，并拒绝了转基因棉花种植的所有许可申请。棉花是墨西哥唯一种植的转基因作物。到 2020 年，由于转基因作物种植许可被拒绝，加之转基因种子缺乏、草甘膦库存量较低，以及全球对纺织品和服装的需求减少，墨西哥的转基因棉花种植面积估计每年减少 36%。墨西哥是世界上最大的转基因玉米和大豆进口国之一。

这份报告包含美国农业部工作人员对商品和贸易问题的评估，而不一定是美国政府官方政策的声明。

内 容 提 要

在本届政府的领导下，墨西哥的生物技术监管政策环境变得越来越不确定。自 2018 年 5 月以来，墨西哥没有批准任何生物技术食品或饲料产品，也不清楚何时恢复批准。目前有 19 种生物技术食品和饲料产品被暂停批准，而且几乎所有产品都已经超过了法定的审批期限。

2019 年 11 月，墨西哥环境秘书处单方面停止批准草甘膦除草剂的进口许可，理由是预防原则以及担心草甘膦和转基因作物对人类健康和环境的影响。

2019 年，环境秘书处还根据预防原则，对所有种植转基因棉花的许可申请发布了负面意见（拒绝意见）。棉花是墨西哥唯一种植的转基因作物。由于所有种子许可申请都被拒绝，棉花生产商现在只能获得少数过去的、在所有种植区都不共存的转基因种子品种。据估算，2020 年墨西哥的转基因棉花种植面积下降了 36%。

对于微生物生物技术产品，墨西哥的法规只要求通知联邦当局，不需要额外的监管程序。这使得该领域得到了更大的发展，相关产品的国际贸易价值达数十亿美元。

第1章 植物生物技术

1.1 生产和贸易

1.1.1 产品开发

墨西哥目前还没有正在开发的将在未来 5 年内商业化的转基因植物或农作物。墨西哥国家食品卫生、安全与质量服务局（SENASICA），它是农业和农村发展秘书处（SADER）的一部分，2019年没有批准任何转基因作物（尤其是棉花）的环境释放申请。

1.1.2 商业化生产

1. 棉花

棉花是墨西哥唯一商业化生产的转基因作物。在 2019 年新的转基因棉花种植许可被拒绝之前，墨西哥批准转基因作物的步伐缓慢导致生产者可以获得的种子品种减少。墨西哥唯一仍被获准种植的转基因棉花具有如下特性：抗鳞翅目昆虫和耐草甘膦除草剂；对麦草畏、草铵膦等除草剂有耐受性。

环境与自然资源秘书处（SEMARNAT）对所有 2019 年提出的 2020 年种植转基因棉花的申请给出了负面的约束性意见（拒绝）。SEMARNAT 负责审查和发布有约束力的许可意见，而 SADER 通过 SENASICA 直接向种子公司提供许可证明。在负面意见中，SEMARNAT 表示它拒绝了棉花申请，是因为担心多种多样的转基因棉花会与墨西哥南部的传统野生棉花杂交。SEMARNAT 还表示，政府缺少本土的咨询程序是拒绝的原因。然而，在商业化棉花生长的墨西哥北部却没有野生棉花种群。许可证被拒绝一事，对墨西哥的棉花种植产生了重大影响，因为生产商现在只能获得少数过去的转基因种子品种，而这些种子在所有的种植地区都不可共存。

2020 年墨西哥棉花种植面积为 14.6 万公顷，与上一年相比减少了 36%，但相关人士表示，种子销售仅够种植 8.4 万公顷。在墨西哥最大的生产地奇瓦瓦州，种植面积达 103217 公顷，比上一年减少了 35%。种植面积的减少是转基因种子缺乏、草甘膦库存量低以及全球纺织品和服装需求减少的直接结果。

2019 年 11 月，SEMARNAT 单方面停止签发草甘膦进口许可证，理由是预防原则和对草甘膦对人类健康和环境的影响的担忧。SEMARNAT 的官员提倡墨西哥要向农业生态模式转型，即不使用转基因作物或农药的农业系统。尽管草甘膦在墨西哥仍被允许使用，但墨西哥官员表示，他们计划在未来 3 到 5 年内"逐步淘汰"草甘膦的使用，尽管该计划的细节尚未公布。另外，在 2020 年提出的在 2021 年种植转基因棉花种子的申请，到目前为止，SEMARNAT 仍未做出回应。

2. 大豆

自 2013 年以来，一直没有转基因大豆的环境许可申请，目前国内没有种植转基因大豆。

3. 玉米

转基因玉米的种植目前受到一项临时法律禁令的阻碍，且没有明确的解决时间表。

1.1.3　出口

墨西哥的玉米、棉花和大豆产量不能满足国内需求。转基因棉花的生产主要用于国内消费，尽管 2018—2019 年度创纪录的棉花产量帮助了 2019—2020 年度出口达到 52.5 万包。在 2020—2021 年度，预计出口仅达到 20 万包，主要原因是 COVID-19 导致全球棉花需求下降，以及预期产量下降、全球价格走低和全球经济疲软。墨西哥主要向土耳其、巴基斯坦、印度和中国出口转基因棉花。

1.1.4　进口

卫生秘书处（SALUD）下属的联邦卫生风险保护委员会（COFEPRIS）基于个案分析批准进口用于食品和饲料的转基因作物。截至 2020 年 10 月，共批准 181 种不同的作物：苜蓿（4 种）、棉花（36 种）、水稻（1 种）、油菜（10 种）、番茄（3 种）、柠檬（2 种）、玉米（90 种）、马铃薯（6 种）、甜菜（1 种）和大豆（28 种）。

1. 棉花

美国是墨西哥的主要棉花供应国，几乎占墨西哥进口总量的 100%。在过去两年的种子短缺之前，墨西哥的棉花产量一直在增长，这是由于使用了转基因种子、成功的虫害管理计划以及对收割时得以实现精确技术设备的投资。图 10-1 显示了过去十多年墨西哥棉花产量的增加和由此导致的进口量减少情况。

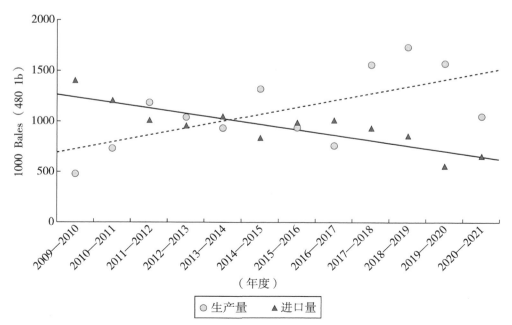

图 10-1　2009 年至今墨西哥棉花生产及进口情况

资料来源：进口数据是墨西哥国家统计和地理研究所（INEGI）通过贸易数据监测（TDM）的；生产数据来自美国农业部的生产、供应和分销系统（PS&D, USDA）。

2. 玉米

墨西哥是世界第二大转基因玉米进口国，主要来自美国、巴西和阿根廷。近年来进口量有所增加，在 2020—2021 年度达到 1800 多万吨，占全国消费量的 40%。

3. 大豆

墨西哥是仅次于中国和欧盟的世界第三大大豆进口国，国内消费的 96% 的大豆都是进口的，主要来自美国和巴西。由于食用需求的稳步增长、加工的强劲需求以及人口的增长，大豆进口量预计在 2020—2021 年度增加 10 万吨，达到 610 万吨。

4. 油菜籽

墨西哥消费的油菜籽大部分是从加拿大和美国进口的，只有一小部分是国内生产的。

1.1.5 粮食援助

墨西哥不是粮食援助的受援国。

1.1.6 贸易壁垒

墨西哥是世界上主要的转基因作物进口国之一，直到最近，墨西哥一直很少或没有贸易壁垒。墨西哥的《生物安全法》和实施规则没有明确规定转基因种子的低水平混杂（LLP），但消息来源指出，这可以解释为零容忍；或者 2% 的杂质容忍度，其中一部分杂质可能是转基因种子。根据SADER 的说法，进口的转基因种子对外来物质的接受度为 2%。然而，对许多种子进口商来说，这种不确定性是一个潜在的严重争议领域。监督检查可以在仓库完成，以避免在边境被拒收。

一个令人担忧的新领域是在 COFEPRIS 内缺乏对生物技术食品和饲料加工的批准。自 2018 年以来，没有任何生物技术食品或饲料产品获得批准。截至 2020 年 10 月 1 日，已有 19 个生物技术食品和饲料的申请被搁置，其中 18 个已经超过法定的回复时间（见表 10 - 1）。

表 10 - 1		墨西哥转基因作物的整体进口量		单位：千吨
作物 \ 年度	2018—2019 年	2019—2020 年	2020—2021 年
玉米	16658	17300	18250
棉花	850	550	600
大豆	5867	6000	6100
油菜籽	1471	1250	1300

资料来源：FAS GAIN 报告 MX2020 - 0015，MX2020 - 0045 和 MX2020 - 0022。

1.2 政策

1.2.1 监管框架

1. 《生物安全法》和有关协议

墨西哥全面的生物技术法规是《生物安全法》（*Biosafety Law*），于 2005 年 3 月在《联邦公报》上公布。这项法律解决了一些监管生物技术衍生产品的研究、生产和销售的立法问题。墨西哥的

《生物安全法》及其实施细则旨在促进安全使用现代生物技术，并预防和控制生物技术产品的使用和申请，以及对人类健康、动植物健康和生态环境可能产生的风险。

2012 年 11 月，限定墨西哥玉米原产地中心和遗传多样性中心的协议发表。该协议是墨西哥《生物安全法》要求的法律程序的一部分，包括墨西哥北部 8 个州（下加利福尼亚、南下加利福尼亚、奇瓦瓦、科阿韦拉、新莱昂、塔毛利帕斯、锡那罗亚和索诺拉）禁止使用转基因玉米种子的区域分布图。这项协议对转基因玉米的储存和运输也有限制性。

2011 年 4 月，墨西哥《联邦公报》公布了一项协议，规定了限制性使用转基因生物的公告程序。墨西哥《生物安全法》规定，"转基因生物"的"限制使用"是指遗传物质被修改或得到批准被修改、生长、储存、使用、加工、销售、销毁或淘汰的任何活动。为了进行这种限制使用活动，应使用物理屏障或化学或生物屏障的组合，以便有效地限制与人和环境的接触。为达到本法所要求的目的，该地区的设施区域或者限制使用的空间范围不得构成环境的一部分。

2014 年 12 月，《联邦公报》公布了一项标签标准，包括用于种植、栽培和农业生产的转基因种子的通用标签规范，并于 2015 年 6 月生效。该墨西哥标准（NOM）确定了转基因种子和打算释放的农作物繁殖材料标签的特征和内容。根据《转基因生物安全法》第九条和第十二条的规定，有必要在墨西哥标准中列出转基因种子标签的信息和特征。

2018 年，发布了一项标准，确定了转基因植物在栽培试验和中试阶段的风险评估要求。

2. 生物技术相关法规

2020 年 4 月 4 日，美国国会颁布了一项名为《本土玉米保护法》（*Native Corn Protection Law*）的法令，强化了《生物安全法》和相关法规的许多条款，同时也呼吁成立一个咨询委员会，就本土玉米品种的保护问题向会长提出意见。到目前为止，还没有任何官方迹象表明 GOM 已经努力建立该委员会。

《有机产品法》于 2006 年 2 月 7 日发表在《联邦公报》上。这项法律为使用生物技术衍生的食品制定了附加的规定。关于生物技术衍生品的监管，该法律列出了三个具体的领域：

- 条款 27 规定，在有机产品的整个生产链中，禁止使用来自或使用基因工程生产的所有材料、产品、成分或所需物，而且产品必须贴上非转基因（GM - free）标签；
- 条款 27 中提到的改变产品有机特性的物质或禁用材料均被禁止使用；
- SADER 可以对任何被发现违反法律的公司或个人处以罚款。

这里（https：//www. conacyt. gob. mx/cibiogem/index. php/normatividad）列出了直接或间接与生物技术和生物安全有关的法规的完整获取途径。

3. 负责生物技术管理的部门和机构

《生物安全法》界定了墨西哥负责监测和执行生物技术条例的秘书处和机构各自的职责和管辖范围。各秘书处的职责和作用如下：

（1）农业和农村发展秘书处（SADER）。

SADER 的作用是在个案基础上分析和评估对动物、植物和水产品健康存在的潜在风险，对环境和生物多样性的影响，以及根据利益相关方起草和提交的风险评估和结果，对使用转基因动物、植物或微生物进行的活动所构成的潜在风险。SADER 负责在作物、牲畜和渔业方面决定允许哪些与转基因动物、植物或微生物有关的活动，并为这些活动签发许可证和接收通知。SADER 还为所有与转基因动物、植物或微生物相关的实验和活动提供指导方针和参数。这些活动包括：试验研究、田间试验、环境释放、商业化、营销和转基因动植物或微生物进口。SADER 负责监测和减轻转基因动物、植物或微生物的意外释放或允许释放可能对动物、植物、水生动植物健康和生物多样性造成的影响。

（2）环境与自然资源秘书处（SEMARNAT）。

环境与保护，包括生物多样性和野生动物物种属于环境与自然资源秘书处的职责范围。所有其他物种都属于 SADER 的能力范围。SEMARNAT 的作用是在个案基础上分析和评估使用转基因动物、植物或微生物的活动可能对环境和生物多样性造成的潜在风险。这一分析是各利益相关方起草和提交的基于风险评估研究的结果。此外，SEMARNAT 还负责批准和许可涉及转基因野生生物环境释放的活动，并负责为此类活动提供指导方针和参数。SEMARNAT 还监测转基因动物、植物或微生物意外释放可能对环境或生物多样性造成的影响。在 SADER 负有主要责任的情况下，SEMARNAT 仍负责在 SADER 决议之前发布具有约束力的生物安全意见。[注：虽然 SEMARNAT 事先通过它们的机构间程序向 SADER 提出了具有约束力的意见，但是 SADER（通过 SENASICA）比 SEMARNAT 更有可能批准农作物、牲畜和渔业的环境释放。]

（3）卫生秘书处（SALUD）。

卫生秘书处的作用是通过食品安全委员会确保用于医药或人类消费的转基因农产品的食品安全。SALUD 还在个案基础上评估有关各方就转基因动植物或微生物在生物安全法下授权事件的安全性和潜在风险所起草和提交的研究报告。

（4）生物安全和转基因生物跨秘书处委员会（CIBIOGEM）。

墨西哥的生物技术政策活动由 CIBIOGEM 协调，CIBIOGEM 是墨西哥国家科学技术理事会（CONACYT）的一个跨部门机构，由六个秘书处的代表组成：SADER、SEMARNAT、SALUD、财政和公共信贷、经济和教育。虽然 CIBIOGEM 没有执行职能，但它负责协调与转基因动植物或微生物及其产品和副产品的生产、出口、转运、繁殖、释放、消费和有利使用有关的联邦政策。CIBIOGEM 的任期为两年，由 SADER、SEMARNAT 和 SALUD 秘书处轮流担任。目前，SALUD 秘书长担任委员会主席的任期已经进入第二年。2021 年，SADER 的秘书将担任委员会主席。CIBIOGEM 有一个副会长，由 CONACYT 的总干事永久担任。根据《生物安全法》，CIBIOGEM 由一名执行秘书领导，该秘书由 CONACYT 与成员秘书处协商后提名，然后由墨西哥总统批准。

1.2.2　审批

墨西哥没有对食品和饲料的审批进行区分，而 COFEPRIS 负责对两者进行审批。1995 年至 2018 年，越来越多的转基因商品被批准用于食品和饲料。玉米是被批准食用最多的商品（181 个中有 90 个）。

在墨西哥，食品和饲料的批准（授权）与环境释放的批准（许可）不同，因为食品和饲料的批准是决定性的（没有时间限制）。然而，许可通常只适用于一个生长周期，并需在每个种植/收获周期内获得批准。对驯化物种（农作物、牲畜和渔业）的环境释放由 SADER 管理，对野生物种的环境释放由 SEMARNAT 管理。SEMARNAT 是负责发布具有约束力的生物安全意见的机构，这是在 SADER 的任何决议之前完成的。

关于食用授权，《生物安全法》规定，卫生秘书处在收到完整的申请后最长可在 6 个月内作出裁定。虽然这些时间线并非总能符合，但审批过程相对稳定。然而，自 2018 年 5 月以来，COFE-

PRIS 没有对转基因食品和饲料产品颁发任何授权。

另外，种植和进口转基因作物的种子都需要获得向环境释放转基因作物的许可证。

转基因作物的田间试验、环境释放或商业化许可的审批程序是非常复杂的，因为 SADER 和 SE-MARNAT 内部的多个委员会之间必须提供有关释放的意见（完整的程序说明可以在 https：//www. conacyt. gob. mx/cibiogem/index. php/mesa - redonda - nal - docs - mesa - trabajo/mesa - redondadocs - trabajood/mesa - redondadocs - trabajood - gisplaogmmca/4729 - tramitesdeogm/file 中找到）。虽然主要的批准机构是 SADER（通过 SENASICA），但 SEMARNAT 也通过环境风险总局（DGIRA）发布有约束力的意见。

种植许可审批流程如下：

（1）申请人必须按照《生物安全条例》第 5 第、第 16 条、第 17 条和第 19 条的要求，向 SE-NASICA 提交一份包含转基因作物各个阶段的档案（田间试验、环境释放或商业化）。

（2）SENASICA 将审核所有信息是否完整（10 天），并接收档案或要求补充信息。SENASICA 将档案提交给 SEMARNAT，如果需要，SEMARNAT 有 3 天的时间来询问其他信息。申请人将有 20 天的时间来补充档案。

（3）一旦收到完整的档案，必须由国家生物安全系统的权威机构公布。SENASICA 会提供有关申请的资料供公众咨询；任何人，包括将在其中执行有关许可的国家的政府均可发表意见。这些意见必须得到技术和科学方面的支持，并在 20 个工作日内收到，发布的意见将被 SENASICA 考虑，以制定附加的生物安全措施。

（4）SENASICA 将向国家统计与地理研究所（INEG）、国家林业、农业和畜牧研究所（INIFAP）、国家生态与气候变化研究所（INECC）、国家生物多样性知识和使用委员会（CONABIO）、国家林业委员会（CONAFOR）进行咨询，接受 SEMARNAT 关于释放转基因作物许可的约束性意见。

（5）SEMARNAT 负责在 SENASICA 做出决定之前发布生物安全的报告，作为限制性意见。作为分析和风险评估的结果，这个意见来自利益相关方对讨论中的转基因作物对环境和生物多样性带来可能风险的研究准备。

（6）SENASICA 将根据利益相关方提供的信息和文件的分析结果发布释放许可决议。

（7）SENASICA 可签发许可，对相关环境进行释放活动，并实施监督、控制和检测，除利益相关方在许可中提出的措施外，或者在以下情况下可能拒绝许可：当申请不符合《生物安全法》的规定或授予许可证的要求；当利益相关方提供的信息，包括有关转基因作物可能造成风险的信息是虚假的、不完整的或不充分的；或者当 SENASICA 得出结论，有关转基因作物带来的风险会对人类健康或生物多样性造成不利影响，或对动物、植物或水产养殖健康造成严重或不可逆转的损害的。

（8）SENASICA 将在以下最长期限内解决许可证申请，包括与进口有关的申请，从申请获准后的工作日开始计算：六个月实验性释放到环境中；在试点项目中，对环境进行三个月的释放；四个月后商业化释放到环境中。这些时间线并不总是能符合。

1.2.3 复合性状转化事件的审批

对于复合性状转化事件的审批，如果复合性状是两个或两个以上已经批准的基因工程特性的组合，墨西哥生物安全法规不要求额外的审查。然而，在实践中，墨西哥政府监管机构认为这些事件与亲本情况不同，并将自行评估它们。

1.2.4 田间试验

2019 年只提交了转基因棉花的种植申请：4 份田间试验申请，9 份环境释放申请，6 份商业化申请。由于 SEMARNAT 的否定意见，19 个许可申请都被拒绝。其他的申请在 2020 年提交，但是 SEMARNAT 至今没有做出任何回应。

1.2.5 创新生物技术

墨西哥尚未确定对在植物或植物产品中使用创新生物技术（如基因组编辑）的监管。SADER 各技术领域正在讨论创新生物技术。

1.2.6 共存

《生物安全法》第 90 条规定，可以考虑设立无转基因生物区，以保护有机农产品和利益团体感兴趣的其他产品。当转基因作物与相同的物种造成生产过程的有机农产品在科学和技术上证明它们的共存并不可行，或者当转基因作物不符合规范要求时，即建立自由区域。这些区域将由 SADER 根据 CIBIOGEM 的预先指示和国家生物多样性理解和利用委员会的意见决定。调查结果将在《联邦公报》上公布。

1.2.7 标签和可追溯性

《生物安全法》没有要求在健康和营养特性与传统食品和饲料（如谷物）相当的包装食品和饲料（商品）上贴上标签。

1.2.8 监测和检测

负责监测项目的当局是 SADER 和 SEMARNA。CIBIOGEM 协调了两个监测网络。第一个是墨西哥转基因生物检测实验室网络，由符合检测标准的政府、公共和私人实验室组成。该网络有助于在需要对转基因作物数量和种类进行可信解析的情况下进行检测，例如在有意或无意释放的情况下作为证据。第二个是墨西哥转基因生物监测网络，其目的是监测未经批准的转基因植物或动物的存在及其对环境的（正面和/或负面）影响。政府、公共机构和生物技术公司都是这个网络的一部分。监测是定期（随机）或者在出现非计划性释放引起投诉之后进行。

1.2.9 低水平混杂（LLP）政策

在墨西哥，没有 LLP 政策或容忍食品或饲料中检测出未经授权的事件。对于种子，墨西哥采取了一种实用的方法，认为未经授权的转基因事件是不纯物。与其他类型的不纯物一样，进口的转基因种子对外来物质的阈值为 2%。

1.2.10 附加监管要求

《生物安全法》和实施细则为转基因作物的批准制定了 100 多项要求。除此之外，没有额外的要求。食用许可没有时间限制，而环境释放的许可只限制在一个生长季节。商业许可的接受者必须在每个生长季节报告生物安全措施的执行情况。

1.2.11 知识产权（IPR）

墨西哥是世界知识产权组织（WIPO）、世界贸易组织（WTO）以及国际植物新品种保护联盟（UPOV）的成员国。墨西哥已经制定了解决工业知识产权问题的立法，包括根据其《工业产权法》规定的农业生物技术。

1.2.12 《卡塔赫纳生物安全议定书》的批准

2002年，墨西哥参议院批准了《卡塔赫纳生物安全议定书》（CPB）。根据该议定书，墨西哥有义务通过使其国内法与其国际义务协调一致的国内立法。这项批准确保了2005年2月国会最终批准墨西哥《生物安全法》。

1.2.13 国际条约和论坛

墨西哥是《国际植物保护公约》（IPPC）的参与国，是国际食品法典委员会（1969年以来的法典）的成员，也是世界动物卫生组织（OIE）和经济合作与发展组织（OECD）的成员。墨西哥通常被授权参加这些国际论坛上的生物技术工作组。《美国－加拿大－墨西哥协议》（USMCA）的农业章节详细介绍了农业生物技术方面的承诺和协调。USMCA要求美国、墨西哥和加拿大公开使用生物技术生产的作物的审批程序细节，鼓励生产者同时提交审批申请，并确保对这些申请能够及时作出决定。此外，成员国发现进口了采用生物技术生产的低水平的且未经批准的农作物时，进口国应迅速采取行动，以免不必要地延误运输。USMCA还成立了一个农业生物技术合作工作组，帮助其他国家和国际组织进行信息交流，推进透明、科学和基于风险的监管方法和政策。USMCA的规定适用于通过传统生物技术（包括重组DNA方法和更新的技术如基因组编辑）生产的作物。

1.2.14 相关问题

农业上应对和减缓气候变化的核心挑战是：①生产更多的粮食；②提高效率；③在更不稳定的生产条件下生产；④净减少粮食生产和销售造成的全球温室气体排放。转基因作物可以在帮助墨西哥生产者应对这些核心挑战方面发挥核心作用。然而，自2018年5月以来，GOM没有批准任何用于食品和饲料的转基因作物新品种。

1.3 市场营销

1.3.1 公众/个人意见

在墨西哥，非政府组织（NGOs）是生物技术的积极反对者。AgroBio是一家代表主要生物技术开发商的私人组织。该组织的主要目标是促进生物技术的积极应用，并向决策者、立法者和公众分享和传播科学知识。

1.3.2 市场接受度/研究

　　总的来说，墨西哥的消费者、生产者、进口商和零售商仍然不参与生物技术辩论，后者往往选择让行业贸易协会进行重要的游说和教育推广。人们更关心的是食品的价格和质量，而不是它的基因组成。然而，由于许多人担心墨西哥本土玉米品种的完整性，不同社会经济阶层的消费者通常会区分传统玉米和转基因玉米。在墨西哥，玉米是传统的象征，所以接受这种技术很可能与保护这种本地植物的观念有关。反对采用这种技术的非政府组织和政府官员正在扩大这场辩论。

第2章 动物生物技术

2.1 生产和贸易

2.1.1 产品开发

墨西哥没有正在开发的可能在未来 5 年内商业化的转基因动物。

2.1.2 商业化生产

目前，墨西哥还没有商业化的转基因动物或者以生产为目的的克隆动物。

2.1.3 出口

无。

2.1.4 进口

墨西哥在畜牧业生产中，特别是反刍动物的人工授精方面高度依赖进口基因。

2.1.5 贸易壁垒

无。

2.2 政策

2.2.1 监管框架

墨西哥对转基因植物的同样规定将适用于转基因牲畜和昆虫的商业化。在墨西哥，生物技术法规一般适用于物种，并没有对植物、动物或微生物作出特别的区分。就植物生物技术而言，《生物安全法》及其执行规则和协议是全面的法律框架，规范转基因动物或从这些动物衍生出的产品的开发、商业使用、进口和处理。同样，SADER、SEMARNAT 和 SALUD 是墨西哥的秘书处，负责监督和执行动物生物技术的生物技术法规。墨西哥秘书处的责任和作用与植物生物技术方面所指出的相同。用于食品或饲料的转基因动物的引进将需要 COFEPRIS 的批准，而生产转基因动物则需要 SADER 的许可。墨西哥公众对转基因植物的负面看法可能会影响有关动物生物技术的决策。

2.2.2 审批

无。

2.2.3 创新生物技术

墨西哥尚未确定动物或动物产品中的创新生物技术（如基因组编辑）的监管状况。这个主题正在讨论中，主要是在技术层面。

2.2.4 标签和可追溯性

与转基因植物的规定相同。

2.2.5 附加监管要求

与转基因植物的规定相同。

2.2.6 知识产权（IPR）

与转基因植物的规定相同。

2.2.7 国际条约和论坛

墨西哥是国际食品法典委员会的成员，但不参加与动物生物技术有关的工作组。在墨西哥积极参加的经济合作与发展组织（OECD）生物技术法规工作组中，有其他国家提出了与转基因鱼类、昆虫和微生物有关的问题，墨西哥则为达成相关的共识文件做出了贡献。

2.2.8 相关问题

虽然转基因动物、克隆、人造肉可以发挥核心作用使墨西哥生产者能够应对气候变化带来的核心挑战及其对农业的影响，但墨西哥却没有克隆或转基因动物或其衍生产品应用于商业，或者目前正在商业化生产。

2.3 市场营销

2.3.1 公众/个人意见

墨西哥目前还没有人公开反对克隆动物或转基因动物。然而，考虑到有一部分公众反对转基因作物，可能会有人反对转基因动物。总的来说，官方消息称公众缺乏关于转基因动物的知识，因此有必要对公众进行这方面的教育。

2.3.2 市场接受度/研究

无。

第3章 微生物生物技术

3.1 生产和贸易

3.1.1 商业化生产

根据经济合作与发展组织关键生物技术指标的数据，在墨西哥开展或使用生物技术研究活动的公司有426家，低于美国现有的2562多家公司（2016年数据，墨西哥的最新信息）。其他分析师列出了553家公司，其中59%是开发新工艺或新产品的公司，同时也是生物技术的使用者。在这些公司中，7%是"大型"公司，7%是"中型"公司，12%是"小型"公司，21%是"微型"公司，其中51%的公司目前还没有其规模的详细信息。

在墨西哥，47%的公司开展农业食品生物技术项目，33%开展与健康有关的项目，19%是开展工业项目的。同一家公司可能执行一个、两个甚至全部三个项目。那些开发可应用于健康或农业食品领域技术的公司，通常也将其应用于与工业相关的生物加工过程。

农业食品生物技术是指利用生物系统、生物有机体或其衍生物来生产具有特定特征的动植物新品种，或先进动植物繁殖技术的各种技术的应用。对于微生物的生物技术，农业食品的应用包括开发功能性食品，如益生元和益生菌，或产生各种投入、产品和工艺，应用于初级成分以及食品和饮料工业，尤其是酒精饮料或乳酸产品。

墨西哥使用微生物生物技术的公司及其产品包括：

- 为农化行业开发新型高效环保表面活性剂（Oxiteno Mexico – 墨西哥城）。

- 开发和实施"Alibio 生物技术一揽子计划"，用于龙舌兰酒的虫害控制和疾病防治（Alliance with the Biosphere – 墨西哥城）。

- 生物降解产品，由回收的纤维素制成，用于农工部门（Verdek Sustainable Transformations – 墨西哥城）。

- 从甘蔗汁和/或商品级蔗糖的酶合成反应而来的两种具有益生元特性的产品的技术包整合（Centro of Research and Assistance in Technology and Design of the State of Jalisco – 哈利斯科州）。

- 用于控制新鲜奶酪中致病微生物和恶化微生物的生物防腐微生物的生产和应用工艺（Sigma Alimentos Lácteos Jalisco）。

- 园艺用于植物刺激微生物生产生物工艺的转让（Laboratorios Agroenzymas – 墨西哥州）。

- 为国内和国际市场的农作物生物防治新应用制定 Baktillis 产品特性的技术、方法和程序手册（Biokrone – 瓜纳华托）。

- 新的100%天然有机食品添加剂，作为抗生素在动物方面使用的替代品（Nutrition and

Healthy Genetics – 瓜纳华托）。

- 通过有机底物的双相发酵获得广谱生物杀虫剂的新技术（Bioamin – 科阿韦拉州）。
- 具有化感作用的有机化合物除草剂原型的研制和试验及其在经济作物上的应用（Green Corp Biorganiks de México – 科阿韦拉州）。
- 基于微生物增钾活性促进作物吸收的新型生物肥料的开发（Environmental Analysis and Inputs – 科阿韦拉州）。
- 为锡那罗亚州的玉米生产提供固氮细菌（Azospirillumsp）的接种剂（Proveedora de Insumos Agropecuariosy Servicios – 锡那罗亚州）。
- 以昆虫病原学为基础，有效控制农业、城市和工业害虫的新一代生物杀虫剂，能够取代传统化学品（Agrobiological Control – 锡那罗亚州）。
- 微生物接种剂在饲料玉米青贮中的应用的开发（Nutek – 普埃布拉州）。
- 为控制大蒜软腐病而生产生物活性微生物的生物技术工艺（Solutions in Agroindustry and Bio-technology – 普埃布拉州）。
- 从芒果叶子中分离出的细菌，可以作为芒果产品的替代品，用于农业的化学合成而不会产生毒性问题（Agro & Biotecnia 获得 IBt 专利许可 – 莫雷洛斯州）。
- 蛋白质组学：应用于动物饲料的生物技术过程（NutecUAQ – 克雷塔罗州）。
- 降解纤维的酶：部分降解作物残茬纤维和农用工业副产品纤维的真菌集合。能够水解纤维的酶用于生产生物乙醇和发酵产品，用于替代谷物来饲养反刍动物（FEMSA – 克雷塔罗州）。
- 带有免疫增强剂的基因重组疫苗的最终试验，以增强禽类对新城病（Newcastle disease）的免疫反应（IASA – 普埃布拉州）。
- 在植物组织中开发针对禽流感 H5N2 – H7N3 的多价 DIVA 疫苗并在工业参数下进行生产（Viren – 克雷塔罗州）。
- 新城病和禽流感二价重组疫苗的有效性试验和预分级（国际疫苗与免疫协会 – 墨西哥城）。
- 利用转基因苜蓿细胞生产新城疫疫苗用于健康动物（Unima So luciones Naturales – 哈利斯科州）。
- 用于宠物癌症的抗细胞因子抗体（VEGF）的创新（CICESE 将其技术授权给了加利福尼亚的 Baja 公司）。
- Bacilux®，一种用于玻璃瓶、废水和油脂分离器等的生物强化处理和脂肪降解的产品（环境生物技术解决方案）（Environment – 新莱昂州）。
- 用于污水和土壤生物修复的血磷漆酶新同工酶的基因鉴定（ITESM – 新莱昂州）。
- 细胞和酶的固定化过程，用于增进功能性添加剂中乳清的糖类转化过程（Grupo Chen – 新莱昂州）。
- 降解纤维的酶：部分降解作物残茬和农用工业副产品纤维的真菌集合。它可以回收酶、水解纤维、生产生物乙醇以及发酵产品，用于替代谷物来饲养反刍动物（FEMSA – 克雷塔罗州）。
- 生物防腐微生物的生产和应用过程，用于控制新鲜奶酪中致病微生物和恶化微生物的繁殖（Sigma Alimentos Lácteos Jalisco）。
- 用具有有益活性的微生物生产生态理性生物产品的环境释放和商业化开发及其对农业部门的技术转让（Lidag – 新莱昂州）。

- 使用甘蔗滤饼采用固态发酵方式生产耐热真菌磷酸盐增溶剂的生物工艺（Ingenio Quesería – 科利马州）。
- 生产生态生物塑料，100% 可生物降解，具有生物相容性且可作为肥料。
- 开发与食品生产不竞争的可再生资源使用技术（Biopolymex – 莫雷洛斯州）。
- 设计用于评价生物质处理的甜叶菊叶子中工业用酶的试验（Corporativo Agroindustrial de Stevia – 普埃布拉州）。
- 工业用酶的生产：淀粉、洗涤剂、纺织品、制革厂、酿酒厂、面包店、乳制品、补充剂、蛋白质、腌料、动物营养、糖、水果和蔬菜（Enmexs – 墨西哥州）。
- 优化酶生产工艺，减少颜色和去除活性附属酶（Enmex – 墨西哥州）。
- 基于淀粉酶的产品质量改进（Frutibases – 新莱昂州）。

3.1.2 出口

墨西哥出口的许多产品在其生产链中使用了微生物生物技术。从 2019 年 8 月至 2020 年 7 月，墨西哥出口了 2900 万美元的奶酪、43 亿美元的啤酒、500 万美元的葡萄酒、4.25 亿美元的调味品和酱料、1.85 亿美元的酶和 4.07 亿美元的果汁和其他产品。

3.1.3 进口

墨西哥进口了许多在其生产链中使用微生物生物技术的产品。从 2019 年 8 月至 2020 年 7 月，墨西哥进口了 5.88 亿美元的奶酪、5600 万美元的啤酒、2.45 亿美元的葡萄酒、3.01 亿美元的调味品和酱料、9.11 亿美元的酶、5300 万美元的果汁和其他产品。

3.1.4 贸易壁垒

无。

3.2 政策

3.2.1 监管框架

就动植物生物技术而言，《生物安全法》及其实施细则和协议是全面的法律框架，用来规范转基因微生物或这些微生物的衍生品开发、商业使用、进口和处理。同样，SADER、SEMARNAT 和 SALUD 是墨西哥的秘书处，负责监督和执行微生物生物技术的相关法规。

墨西哥秘书处在微生物生物技术方面的责任和作用与植物生物技术方面所描述的相同。若将转基因微生物用于食品或饲料，则需要 COFEPRIS 的批准，而限制性的生产转基因微生物将需要向 SADER 通报，如果微生物被释放到环境中则需获其许可。

3.2.2 审批

限制性使用转基因微生物则不需要批准，只需要一个通报。目前还没有人申请将转基因微生物释放到环境中。

3.2.3　标签和可追溯性

与转基因植物的法规相同。

3.2.4　监测和检测

与转基因植物的法规相同。

3.2.5　附加监管要求

与转基因植物的法规相同。

3.2.6　知识产权（IPR）

与转基因植物的法规相同。

3.2.7　相关问题

与转基因植物的法规相同。

3.3　市场营销

3.3.1　公众/个人意见

新型冠状病毒（COVID-19）大流行揭示了生物技术领域许多以前未知的方面，电视和报纸上现在普遍讨论聚合酶链式反应、RNA、抗体和疫苗。生物技术研究人员还定期在媒体上解释疾病的起因是如何调查的，诊断试剂盒是如何开发的，以及开发疫苗的步骤是什么。所有这些交流都有助于向公众宣传微生物的生物技术，并帮助培养对这一科学领域的益处形成积极的看法。

3.3.2　市场接受度/研究

最近暂无相关研究。

美国农业部

对外农业服务局

**南
非**

规定报告：按规定－公开

报告编号：SF2020－0056

报告名称：农业生物技术发展年报

报告类别：生物技术及其他新生产技术

编 写 人：Dirk Esterhuizen

批 准 人：Kyle Bonsu

全球农业信息网

发表日期：2020.10.14

报告要点

自 1997 年发布《转基因生物法案》以来，南非建立了一套强有力的转基因监管体系，这使南非跻身世界十大转基因作物生产国之列，并高居非洲之首的地位。南非的转基因玉米、大豆和棉花的生产面积估计在 300 万公顷。全国几乎 90% 的玉米、95% 的大豆和全部的棉花都使用了转基因种子。2020 年的年报中包括一节关于用于食品添加成分的微生物生物技术来源的产品报告。

这份报告包含美国农业部工作人员对商品和贸易问题的评估，而不一定是美国政府官方政策的声明。

内 容 提 要

南非是农产品净出口国，2020 年出口总额预期达到 100 亿美元，其中出口至美国的农产品达到 4 亿美元，与上一年度水平相当。美国占南非出口总额的 4%。柑橘、澳洲坚果、葡萄酒是出口至美国的主要产品。2020 年受新冠肺炎疫情的影响，南非来自美国的农业进口量降低至 3.2 亿美元，减少了 20%。进口的主要农产品包括家禽、小麦、玉米种子、杏仁、食品添加剂和酶制剂。

南非拥有高度先进的商业化农业生产基础，特别是第一代生物技术和有效的植物育种能力。南非在生物技术研究和发展中已经走过 30 多年的时间并将继续处于非洲大陆的生物技术引领者地位。南非商业化种植的转基因作物包括玉米、大豆和棉花三种。约 90% 的玉米，95% 的大豆和 100% 的棉花种植源于转基因种子。在 2019—2020 年农业生产季，南非种植了 330 万公顷的玉米、大豆和棉花，其中转基因作物预估达到 300 万公顷。南非转基因作物种植面积位居世界前十，非洲之首。大多数南非农民因种植转基因作物而获益。

自 1997 年以来，包括玉米、大豆和棉花在内的 20 种转基因转化体获得释放许可，这意味着这些转基因转化体可以用于商业化种植、食品和饲料，允许这些转基因转化体产品的进出口。三种动物疫苗也获得了许可。

　　除非因干旱减产，多年来南非一直是玉米净出口国。因农民种植了有记录以来第二大种植量的转基因玉米，预估在2019—2020年销售年度（2020年5月1日—2021年4月30日），南非将出口约250万吨玉米。即使在2020年3月27日暴发的新冠肺炎疫情（COVID–19）封锁限制期间也不能阻止南非玉米的出口，因为南非政府把食物供应体系作为国家不受损害和正常运转的重要部分。南非在这一年度将出口大量白玉米给邻国，特别是津巴布韦。津巴布韦取消了对转基因玉米的进口限制，支持从南非进口，至少需要进口100万吨的白玉米以弥补干旱致使欠产状况下的地方需求。除出口邻国之外，南非的黄玉米还销往中国台湾地区、韩国和日本。在过去的三个生产季里，南非与美国之间没有玉米进出口贸易发生。

第1章 植物生物技术

1.1 生产和贸易

1.1.1 产品开发

南非从事生物技术研究和开发已有 30 多年的历史，并将继续处于非洲大陆生物技术引领者的地位。至今，南非已许可 20 种转基因转化体商业化种植（参见附录表 A1），在过去的六年（2014—2019 年）里，南非通过了来自 10 家公司，包含抗虫、耐除草剂、耐旱的大豆，玉米和棉花在内的 44 个转化体的田间试验（具体的转化体、性状、作物及公司信息详见附录表 A2）。一些半国有机构、大学和农业行业组织也在积极开展转基因研究的创新工作。例如：

1. 农业研究委员会所属的生物技术平台（ARC – BTP）

农业研究委员会（ARC）所属的生物技术平台成立于 2010 年，是农业研究委员会战略优先项目。ARC – BTP 的作用旨在创造基因组学、数量遗传学、分子标记辅助育种和生物信息学在农业领域应用所需要的高通量资源和技术。ARC – BTP 为农业研究委员会、合作者、公司、科学委员会及来自非洲大陆的研究者提供服务，致力于将自身发展成为吸纳顶尖研究人员做研究和为科研者提供良好训练服务的机构。

ARC 确立并实施旨在培育适应南非生长环境的栽培品种的研究项目，其转基因研究内容包括蔬菜、观赏植物、本土作物。

2. 斯泰伦博斯大学的葡萄酒生物技术研究所（IWBT）

斯泰伦博斯大学的葡萄酒生物技术研究所是南非唯一致力于葡萄酒和葡萄酒微生物研究并与酒业生产行业密切相关的研究机构。

IWBT 的研究主题是揭示葡萄酒伴生物的生物学机制，包括葡萄藤，葡萄酒酵母和葡萄酒微生物的生态学、生理学、分子与细胞生物学，以促进可持续的、环保的和具有成本效益的优质葡萄和葡萄酒生产。为了实现这些目标，该研究所不断地整合生物、化学、分子和数据分析科学的最新技术。

具体的研究方案包括三个项目：第一个项目了解并开发与葡萄酒相关的酿酒酵母和非酿酒酵母的微生物生物多样性、生理学、细胞与分子特性，以及酿酒酵母菌株的遗传改良。第二个项目涉及乳酸菌和其他细菌，包括它们对葡萄酒的影响、代谢特性和改善苹果乳酸发酵。第三个项目侧重于葡萄栽培的生理、细胞和分子生物学及遗传改良。

葡萄酒是南非出口美国的主要农产品之一，每年出口额约 3000 万美元。

3. 南非甘蔗研究所（SASRI）

南非甘蔗研究所的品种改良计划包含运营和研究活动，该计划兼具糖分、产量、虫害、农艺和研磨特性的品种的开发和利用，对研磨商和种植者都是有利的。

近年来，利用现代生物技术手段在甘蔗中应用的研究项目包括：转基因抗旱甘蔗研究；克服甘蔗转基因沉默；解锁甘蔗抗病遗传变异；利用转基因技术提高氮利用率；重要转基因种质资源的中长期保护策略；甘蔗耐除草剂突变体 ALS 基因的鉴定与分离；组织特异性转基因表达。

1.1.2 商业化生产

目前，南非商业化种植三种转基因作物，即玉米、大豆和棉花。在 2019—2020 农业生产季，南非转基因作物种植面积位居世界前十，非洲之首。全国玉米、大豆和棉花种植面积为 330 万公顷，转基因作物预估达到 300 万公顷，其中转基因玉米种植面积达 230 万公顷，占比 77%；转基因大豆种植面积约 67 万公顷，占比 22%；转基因棉花种植面积约 3 万公顷，占比 1%。

1. 玉米

作为南非主要的本土农作物，玉米主要用于食用（以白玉米为主）和饲用（以黄玉米为主），年均产量达 1200 万吨。自 1997 年第一例抗虫转基因玉米在南非获得种植许可以来，转基因玉米种植量逐年稳定增长，直至现在占全国玉米总种植量的近 90%。表 11-1 描述了南非过去七年里转基因玉米的种植情况。在 2019—2020 农业生产季，全国共种植玉米 260 万余公顷，其中 230 万公顷为转基因玉米。该生产季玉米总产量 1550 万吨，全国平均产量 5.9 吨/公顷，是南非商业化种植以来的第二大产量年度。商品白玉米产量预估 910 万吨，比上一季增加 64%；商品黄玉米产量 640 万吨，比上一季增加 12%。

表 11-1　　　　　　2013—2020 年 7 个生产年度里南非转基因玉米种植情况　　　　　单位：千公顷

	白玉米	黄玉米	全部玉米
2013—2014 年			
全部	1572	1139	2711
转基因	1323	1041	2364
占比	84%	91%	87%
2014—2015 年			
全部	1448	1205	2653
转基因	1324	1055	2380
占比	91%	88%	90%
2015—2016 年			
全部	1015	932	1947
转基因	914	821	1735
占比	90%	88%	89%
2016—2017 年			
全部	1643	985	2629
转基因	1580	885	2465
占比	96%	90%	94%

续 表

	白玉米	黄玉米	全部玉米
2017—2018 年			
全部	1268	1050	2318
转基因	1215	955	2170
占比	96%	91%	94%
2018—2019 年（预估）			
全部	1298	1002	2300
转基因	1140	870	2010
占比	88%	87%	87%
2019—2020 年（预估）			
全部	1616	995	2611
转基因	1435	865	2300
占比	89%	87%	88%

资料来源：GrainSA and ISAAA。

2019—2020 生产季南非白玉米种植面积为 160 万公顷，其中 140 万公顷为转基因白玉米，占总种植量的 89%；黄玉米种植将近 100 万公顷，其中 87% 为转基因黄玉米。在南非，超过 80% 的转基因种子具有多重抗性（抗虫兼耐除草剂），仅有单一抗性（抗虫或耐除草剂）的转基因种子不到20%。长期的玉米种植实践表明，南非正在尽可能使用更少的土地生产更多的玉米。这种趋势主要得益于更高效的种植方法和实践经验、较小的边际地块的利用、良好的种质资源的选用以及生物技术的采用。从图 11 - 1 可以看出，在近 30 年里南非的玉米产量增长超过了一倍，这表明使用更少的土地生产更多玉米的事实未来还将继续。

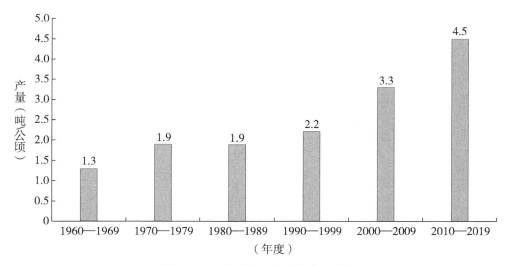

图 11 - 1　南非玉米平均产量变化趋势

2. 大豆

在过去的十九年里，由于大豆加工能力的快速增强，南非取代了对大豆食品进口的依赖及采用转基因大豆技术，大豆生产呈现积极趋势。另外，许多生产者已经意识到大豆和玉米轮作的正向作用。因此，在过去的十几年里大豆的种植面积增加了一倍多。2001 年南非首次获得转基因大豆种植许可，至 2006 年转基因大豆种植量占国内大豆种植量的 75%。预估目前全国转基因大豆种植量超过大豆总种植量的 95%。

2019—2020 生产季，全国共种植大豆 70.5 万公顷，产量达 130 万吨。比勒陀利亚方面认为 2020—2021 生产季将继续呈现这种积极趋势，国内大豆种植面积将达到 75 万公顷。

3. 棉花

受种子供应、轧棉能力的调整和种植季节开始时不利的生长条件的影响，南非 2019—2020 生产季棉花种植量为 2.835 万公顷，下降了 32%。南非所有种植的棉花均为转基因棉花。

1.1.3 出 口

除非因干旱而影响产量，多年来南非一直是玉米净出口国。比勒陀利亚方面预估 2019—2020 销售年（2020 年 5 月 1 日—2021 年 4 月 30 日）南非应该能出口 250 万吨玉米。在该销售年的前三个月里，南非出口了 110 万吨玉米（839796 吨黄玉米和 290762 吨白玉米）。2020 年 3 月 27 日暴发的新冠肺炎疫情（COVID - 19）也未能阻止南非玉米的出口，因为南非政府把食物供应体系作为保持不受损害和正常运转的重要部分。南非在这一年度里将出口很多白玉米给邻国，特别是津巴布韦。津巴布韦至少需要 100 万吨的白玉米以弥补干旱致使欠产状况下的地方需求。高达 1550 万吨的玉米产量使得南非处于出口玉米给津巴布韦的优势地位。为了获得南非的玉米供应，津巴布韦暂时撤销了对转基因玉米的进口限制。此外，南非巨大数量的商品玉米，特别是黄玉米，不但可以出口给邻国，还远销中国台湾地区、韩国和日本（见表 11 - 2）。

在 2018—2019 销售年（2019 年 5 月 1 日—2020 年 4 月 30 日），南非共出口 141 万吨玉米，包括 100 万吨白玉米和 41 万吨的黄玉米。其中几乎 90% 主要出口给邻国，包括津巴布韦、博茨瓦纳、纳米比亚、莫桑比克、斯瓦蒂尼、莱索托（见表 11 - 2）。自 2019 年年底津巴布韦取消了对转基因玉米的进口限制令，津巴布韦一跃成为南非 2018—2019 销售年的玉米主要出口国。而南非没有对美国出口玉米。

表 11 - 2　　　　2018—2019 销售年和 2019—2020 销售年南非玉米进出口情况　　　　单位：千吨

2018—2019 销售年 2019 年 5 月 1 日—2020 年 4 月 30 日				2019—2020 销售年[1] 2020 年 5 月 1 日—2021 年 4 月 30 日			
出口国家和地区	白玉米	黄玉米	总量	出口国家和地区	白玉米	黄玉米	总量
津巴布韦	268	72	340	中国台湾	0	323	323
博茨瓦纳	191	85	276	韩国	0	258	258
纳米比亚	181	66	247	津巴布韦	118	25	143
莫桑比克	162	50	212	日本	0	102	102
斯瓦蒂尼	45	109	154	博茨瓦纳	73	18	91
埃塞俄比亚	74	0	74	越南	0	55	55
莱索托	52	13	65	莫桑比克	38	11	49
索马里	23	0	23	埃斯瓦蒂尼	14	29	43

续 表

2018—2019 销售年 2019 年 5 月 1 日—2020 年 4 月 30 日				2019—2020 销售年[1] 2020 年 5 月 1 日—2021 年 4 月 30 日			
出口国家和地区	白玉米	黄玉米	总量	出口国家和地区	白玉米	黄玉米	总量
坦桑尼亚	23	0	23	纳米比亚	12	17	29
乌干达	20	0	20	埃塞俄比亚	20	0	20
朝鲜	0	9	9	莱索托	16	2	18
韩国	0	6	6				
总出口量	1039	410	1449	总出口量	291	840	1131
进口							
国家和地区							
阿根廷	0	460	460				
巴西	0	50	50				
总进口量	0	510	510	总进口量	0	0	0

资料来源：SAGIS。

[1] 2020 年 5 月 1 日至 8 月 7 日的进出口初步统计数据。

南非出口的大豆数量相对较小，因为其国内大豆主要供当地榨油和食物蛋白食用。2018—2019 生产季的大豆仅出口了 5336 吨，全部销往津巴布韦。比勒陀利亚方面预计近期的大豆出口还将继续受限，因为当地有足够能力加工本土生产的大豆。

1.1.4　进口

南非采取同步许可的方式进口转基因作物和加工品。附录表 A3 中列出了 57 种在南非获得商品清关的转基因转化体。这意味着这些转基因转化体获得进口许可并用于食品或饲料。

通常情况下，南非并不是主要的玉米进口国，但是在 2018—2019 年度从阿根廷和巴西进口了 51 万吨黄玉米以补充国内的需求（见表 11 - 2）。因玉米产量大增，2019—2020 销售年未进口玉米。

2018—2019 年度，南非进口少量的大豆（9098 吨），主要来自赞比亚和莫桑比克。2019—2020 年度，因南非本土大豆产量的增加，预计不会从以上国家进口大豆。

1.1.5　粮食援助

即使是干旱歉收之年，南非也并不是国际粮食受援国。然而，国际粮食援助通常要取道南非的主要港口德班港，送往莱索托、斯威士兰、赞比亚和津巴布韦。为了载有转基因粮食货品的船只取道南非，转基因生物登记办公室需要一些评估手续，包括提前通知，以确保能够采取适当的遏制措施。还要求受援国出具一封信函，说明接受运送的食品援助，并说明运送食品中含有转基因产品。

1.1.6　贸易壁垒

农业、土地改革和农村发展部（DALRRD，前农林渔部）仅授权获得转基因生物法案许可的转基因转化体进入南非。依据南非的监管程序，商品进口许可的申请流程要求转基因转化体在出口国已经获得了同南非一样类型和数量的许可证明。南非批准转基因事件的监管程序有时比供应国的程序要花费更多的时间，这就导致在南非以外获得商业化使用的产品在南非还未取得许可现象的产生。由于南非对食品和饲料中非授权转基因成分的添加量不得高于 1% 的规定，这种异步审批导致严重的贸易中断风险。

过去，由于转基因许可的异步审批，美国不允许向南非出口玉米。2016 年 12 月 5 日，转基因生物法案注册处（the Registrar of the GMO Act）通知相关方，所有和美国异步的转基因玉米已经由执行委员会通过许可。随即南非进口了美国近 30 万吨的玉米。

1.2　政策

1.2.1　监管框架

1997 年，转基因生物修正法案（1997 年第 15 号法案）对南非转基因农业产品的发展做出了规定。DALRRD 负责管理转基因生物法案，该法案对任何组织在使用转基因产品时采用审批许可系统进行管理。在南非转基因生物法案之下建立了由七个政府部门代表组成的执行委员会（EC）。EC 对提交的所有转基因应用采取个案审批和预防性方法的原则进行评价，以确保对环境和人类与动物的安全做出健全决策。当一项转基因应用获得批准时，转基因生物注册处将发放许可。在南非境内，许可证可用于受控研究、生产性试验、商品清关（作为食品或饲料进口）和一般商业用途。

1. 历史背景

1979 年，南非政府成立了基因工程委员会（SAGENE）。SAGENE 由一批南非的科学家组成并担任政府的科学顾问，这为基因工程技术在食品、农业和医药领域的应用铺平了道路。1989 年，在 SAGENE 的建议下首次进行转基因田间试验。1994 年 1 月，在南非举行第一次民主选举之前的几个月，SAGENE 被赋予拥有就任何形式的"关于转基因产品进口和释放方面的法律立法向部长、法定机构和政府部门建议"的法律权利。为此，SAGENE 被委派为南非政府起草《转基因生物法案》。《转基因生物法案》的草案于 1996 年向公众发布，并于 1997 年经国会审议通过。然而，《转基因生物法案》直到 1999 年 12 月在颁布相关法规后开始生效。在这个过渡阶段，SAGENE 继续作为转基因产品的关键"监管机构"，并在其支持下批准孟山都公司将转基因棉花和玉米种子商业化种植。此外，178 个田间试验项目还获得了批准。一旦《转基因生物法案》生效，SAGENE 就不复存在，并被一个根据 1997 年《转基因生物法案》成立的执行委员会取代。

2. 1997 年的《转基因生物法案》

1997 年的《转基因生物法案》及其相关法规由 DALRRD 负责管理。根据法案，成立了一个决策机构（执行委员会，EC）、一个咨询机构（咨询委员会，AC）和一个行政机构（"转基因生物"登记机构）。这些机构的主要功能是：提供措施以促进负责人的转基因产品的开发、生产、使用和申请；确保所有涉及使用转基因产品的活动都以限制对环境、人类以及动物健康可能产生的有害后果的方式进行；注重事故的预防和废物的有效管理；建立发展相互措施，以减少涉及使用 GM 产品的活动所产生的潜在风险；为风险评估制定必要的要求和准则；制定适当的程序，通知有关使用转基因产品的特定活动。

南非政府于 2005 年修改了 1997 年的《转基因生物法案》，使其与《卡塔赫纳生物安全议定书》（CPB）一致，并在 2006 年再次修改，以解决一些经济和环境问题。这些对法案的修正案于 2007 年 4 月 17 日公布。经修订的《转基因生物法案》并没有改变先前的序言，该序言确立了立法的一般精神，即将生物安全的需要与促进转基因产品开发的必要性纳入其中。

《转基因生物法案》的修正案明确指出，基于科学的风险评估是决策的先决条件，并授权 EC 根据《国家环境管理法》决定是否需要进行环境影响评估。修正案还增加了具体的立法，使社会经济方面的考虑能够纳入决策，并使这些考虑在决策过程中极为重要。修正案还制定了至少八项关于事故和/或非故意越境转移的新规定。"事故"一词的新定义涵盖了两种情况，即转基因产品的非故意越境转移和南非境内的非故意环境释放。

总之，《转基因生物法案》及其修正案的存在和适用为南非提供了一个决策工具，使当局能够对涉及特定转基因产品的任何活动可能产生的潜在风险进行基于科学的逐案评估。

3. 执行委员会（EC）

EC 在与转基因产品有关的问题上，是 DALRRD 部长的咨询机构，但更重要的是批准或拒绝转基因产品申请的决策机构。EC 也授权任何在科学领域有知识的人士为委员会服务提供建议。

EC 由南非政府的多个部门的代表组成，包括：DALRRD，环境、林业和渔业部，卫生部，贸易与工业部，教育与科学技术部，劳动就业部以及运动艺术与文化部。在对转基因申请做出决定之前，EC 有义务征求 AC 的意见，AC 通过其主席代表 EC。EC 的决策是建立在全体成员一致同意的基础上的，如果不能达成一致意见，则 EC 之前的应用程序将视为被拒绝。因此，EC 的所有代表都必须具有重要的生物技术和生物安全知识。

4. 咨询委员会（AC）

AC 由 DALRRD 部长任命的十位科学家组成。在委任 AC 成员时 EC 也有投入。AC 的作用是为 EC 在转基因申请方面提供建议。AC 还得到了小组委员会成员的支持，这些成员来自不同学科，拥有广泛的科学专业知识。AC 及小组委员会成员负责评估所有与食物、饲料及环境影响有关的申请的风险评估，并向 EC 提交建议。

5. 登记官

登记官由农业、土地改革和农村发展部部长任命，负责《转基因生物法案》的日常管理工作。登记官按照指示及 EC 规定的条件行事，负责审核申请，确保符合法律规定，发放许可证，修改和撤销许可证，维护登记和监测所有用于受控研究和释放试验场所的设施。

6. 影响转基因产品的其他法规

2004 年制定的《国家环境管理生物多样性法案》（以下简称《生物多样性法案》）旨在保护南非的生物多样性免受特定威胁，并将转基因产品列为这些威胁之一。该法案第 78 条赋予环境、林业和渔业部部长权力，如果转基因产品可能对任何土著物种或环境构成威胁，则根据《转基因生物法案》拒绝申请的常规或试验性释放许可。

根据《生物多样性法案》，还成立了一个南非生物多样性研究所（SANBI）。SANBI 的任务是定期监测并向环境事务部部长报告任何被释放到环境中的转基因产品的情况。该法案要求就非目标生物和生态过程、当地生物资源和用于农业的物种的生物多样性的影响提出报告。

1.2.2 审批

附录表 A1 说明了 1997 年《转基因生物法案》在南非批准的所有转基因产品。这意味着这些转化体可以用于商业种植、食品和/或饲料，并且允许这些产品的进口和出口。自 1997 年以来在南非获得了 20 个转基因转化体的全面释放许可。这些转化体包括三种作物，即玉米、大豆和棉花。上次获得全面释放批准是在 2018 年，即陶氏（DowAgrosciences，SA）的抗虫耐除草剂玉米。在 2019

年和 2020 年，没有新批准的转基因转化体。

附录表 A3 中显示的是已经收到货物清关的转基因转化体，涵盖六种作物，即玉米、大豆、油菜、棉花、水稻和油菜籽。商品清关意味着南非允许进口这些转基因转化体作为食物和/或饲料使用。2020 年至今，3 项新转化体收到商品清关。2019 年没有收到新转化体的商品清关，而 2018 年有 13 项新转化体获得商品清关。

1.2.3 复合性状转化事件的审批

南非要求对结合了两种或两种以上已经被批准的特性的转基因种子进行附加的批准，比如耐除草剂和抗虫性。这一要求意味着，即使单个性状已经被批准，公司实际上也需要从一开始就审批复合性状转化体。这一要求推迟了南非新的复合性状的批准。EC 在 2012 年的第一次会议上再次确认了这一点。根据《转基因生物法案》，转基因转化体必须经过单独的安全评估。目前，10 个复合性状的转化体（抗虫耐除草剂），其中 8 个用于玉米、2 个用于棉花，已经批准在南非全面放开。

1.2.4 田间试验

根据 1997 年的《转基因生物法案》，南非允许对转基因作物进行田间试验。已批准进行的转基因转化体田间试验的项目，请参阅附录表 A1。根据该法案，所有从事转基因活动的设施必须在《转基因生物法案》注册机构注册。每个设施必须有单独的申请记录，申请必须包括：负责该设施的人的姓名；设施地图，标明设施内的不同单位；清楚标明设施所在位置的位置图，包括地理坐标；基于科学的设施内活动风险评估，以及提出的风险管理机制、措施和策略。

登记官收到申请后，会联系 AC 考虑申请并提出建议。设施注册时，登记官向申请人提供有关的证明文件、有关指引的注册和资料。工厂的注册有效期为三年，然后必须提交续期申请。

1.2.5 创新生物技术

目前，《转基因生物法案》（1997 年）规定了南非所有对基因组的修改。然而，2015 年，科学技术部委托南非科学院就南非新育种技术（NBTs）的监管意义编写了一份专家报告。该研究得出的结论是，南非对转基因产品有一套健全和经验丰富的监管体系，可以在不做太多改变的情况下适用于对 NBTs 产品的有效监管。允许这样做的基本因素是，目前的《转基因生物法案》有一个以产品为基础的触发机制，并设置了超出自然发生的基因变异作为监管门槛。

1.2.6 共存

共存并不是一个需要在南非引入具体准则或条例的问题。政府将批准的转基因田间作物的管理交给农民。南非目前也没有一个国家有机食品标准。

1.2.7 标签和可追溯性

2004 年，南非卫生部根据《食品、化妆品和消毒剂法》（1972 年）第 25 条，制定了标签条例。该法规要求只有在特定情况下才对转基因食品进行标识，包括人类或动物来源的过敏原或基因，以及转基因食品与非转基因食品在成分、营养价值、储存方式、制备或烹饪方式等方面存在显著差异时。该法规还要求验证转基因食品增强特性（如"更有营养"）的声明，但并没有对转基因产品限制的说法。由于目前所有的转基因食品都被认为本质上是等同的，即与传统的同类产品没有区别，因此这些规定从未被触发。

相比之下，自 2011 年 4 月 1 日起生效的贸易与工业部制定的《消费者保护法案》规定，所有转基因产品都必须贴上标签。该法律的主要目的是防止对消费者进行剥削或伤害，并保障他们的社会福利。因此，《消费者保护法案》有以下条款，规定所有含有转基因成分的产品必须贴上标签。第 24 部分（6）：任何生产、供应、进口或包装有法定的商品的人士，必须在该等商品的包装上或与该商品有关联的包装上，按照有关规定，以法定的方式和形式发出警示，披露该等商品的基因改造食物的主要成分或次要成分的存在。

依据法案：

● 所有含有 5% 以上转基因成分的食品，无论是在南非还是在其他地方生产的，都需要以明显且易于辨认的方式和大小标明"至少含有 5% 的转基因生物"；

● 那些转基因成分含量低于 5% 的产品可能会被贴上"转基因成分低于 5%"的标签；

● 如果那些不可能或确实不可行检测的商品存在转基因特征，则产品必须贴上"可能含有转基因成分"的标签；

● 产品中转基因含量低于 1%，可能被贴上"不含转基因生物"的标签。

第 25 条法规基于健康和食品安全问题，而《消费者保护法案》纯粹基于价值观，强调消费者固有的知情权，从而做出对食物知情选择的决定。

2012 年 10 月，该法案的转基因法规修正案草案公布，实质上只是将措辞从"标注转基因生物"改为"标注转基因成分或组成"。这一变化的一个重要影响是，产品的组成成分将不得不单独贴上"含有转基因成分"的标签，而不再是整个产品。

南非商界对转基因产品标识法的局限性提出了严重关切，但该部门没有采取进一步有成效的行动来制定更实际的指导方针。因此，根据《消费者保护法案》，新的转基因标签法规还没有公布，南非食品供应链的利益相关者不得要求使用任何转基因标识。

1.2.8 监测和检测

在南非，经批准的转基因商品是通过《转基因生物法案》（1997 年）的许可制度进口的。这一制度只适用于转基因活生物体和加工商品，除非被认为有健康方面的考虑，否则不受管制。然而，根据《转基因生物法案》，授权检查人员可以对商品进行例行检查，并抽取样品检测是否存在未经批准的转基因生物。

1.2.9 低水平混杂（LLP）政策

南非低水平混杂容忍度很低，只有 1%。然而，如果产品经过碾磨或其他加工，通常不会出现进口问题。南非在 2016 年努力使其批准与美国和其他生产商同步，这是一个前瞻性的进程，以避免 LLP 情况出现。南非不检测未经批准的转化体，而是将出口国批准的转化体的数量和类型与本国的进行比较。

1.2.10 附加监管要求

在转基因种子获得批准后，南非不需要附加种子登记。种子认证也是自愿性的，但《植物改良法》中所列的特定品种以及育种者或其所有者的要求除外。

1.2.11　知识产权（IPR）

在南非运营的生物技术公司在收取技术费用方面基本上遵循与美国相同的程序。这一政策通常是有效的，因为南非是世界贸易组织（WTO）《与贸易有关的知识产权协定》（TRIPs）的签署国之一。种植棉花和玉米的农民每年都要购买新种子。农民签一年的合同许可协议，技术费用包含在这些作物的袋装种子价格中。

大豆的知识产权执法更为复杂。当农民将收成送到终端时，技术开发人员试图从农民那里收取费用。由于大豆是自花授粉的，这笔费用很难收取，所以不需要每年购买种子。此外，农民经常使用大豆作为农场饲料，因此它可能永远不会进入商业流通。因此，南非农业、土地改革和农村发展部部长于2018年6月22日批准对大豆征收法定税，规定种子公司可因其在南非大豆种子市场上的表现获得补偿。《大豆育种技术征收办法》已批准两年，于2019年3月1日生效。征税标准是第一年每吨65兰特（4.40美元），第二年每吨80兰特（5.40美元）。这些价格按前一销售年度大豆平均价格的1.2%计算，将在生产者出售他们的大豆时支付。大豆税将由南非品种技术代理处（SACTA）管理，并根据种子公司的市场份额支付给他们。SACTA是一家非营利公司，为所有自花授粉作物管理种子税。为此，对小麦和大麦征收的税已经由SACTA征收了两年。

1.2.12　《卡塔赫纳生物安全议定书》的批准

南非签署并批准了《卡塔赫纳生物安全议定书》。在DALRRD的"转基因生物"监管办公室的领导下，南非修改了其《转基因生物法案》，以与CPB保持一致。

1.2.13　国际条约和论坛

南非是世界贸易组织《实施卫生与植物卫生措施协议》、国际食品法典委员会（法典）、联合国粮农组织《国际植物保护公约》（IPPC）、《生物多样性公约》（CBD）以及国际粮食协定等有关条约的签署国，但没有积极参与这些国际组织中有关转基因植物的讨论。

1.2.14　相关问题

无。

1.3　市场营销

1.3.1　公众/个人意见

人类科学研究理事会（HSRC）于2016年11月1日发布了一份关于南非公众对生物技术认知的报告。该报告调查了南非人所掌握的生物技术知识、对生物技术的态度以及在日常生活中使用生物技术的情况和其他相关调查。研究还调查了参与者对生物技术的信息来源和对生物技术治理的看法。

根据这份报告，南非一半以上的人口认为生物技术对经济有益，许多人支持购买转基因食品。调查显示，48%的南非人知道他们正在食用转基因食品，49%的人认为食用转基因食品是安全的。2004年第一次调查显示，只有21%的受访者熟悉"生物技术"一词，只有13%的受访者知道购买的是转基因食品。最新的调查显示，与之前调查的结果相比，支持购买转基因食品的消费者已经显著增加。

HSRC 表示，自 2004 年进行首次调查以来，由于教育水平的提高，获取信息的机会的增加以及生物技术在公众话语中的地位日益提高，这些变化标志着公众意识的重大转变，更多的人对于购买转基因食品的态度明显提高。调查表明，公众从健康因素考虑购买转基因食品的比例从 59% 上升到 77%，而出于成本考虑购买转基因食品的人从 51% 增加到 73%，出于环境因素考虑购买的人从 50% 增加到 68%。不过，南非公众对给转基因食品贴标签表示强烈支持。

大约一半的公众知道转基因作物在南非是合法种植的。被大众熟知的是玉米，而对于转基因棉花和转基因大豆的认知度非常低。公众认为，生物技术的管理应受到商业农民、大学科学家和环境团体的最强烈影响，在这方面最不受欢迎的是国际公司、一般公众、新闻媒介和宗教组织。

虽然调查结果显示公众对生物技术的理解和认识有了显著提高，但在理解水平上，还与衡量生活水平的标准、人口统计学以及教育水平有着很大的关系。如果与发达国家公众对生物技术研究的看法相比，这项研究清晰地表明了南非公众所掌握的相关知识较少，但是对生物技术，特别是对转基因食品的态度更加积极。

1.3.2 市场接受度/研究

在生产方面，南非农民可分为两类，即商业农民和小规模（新兴）农民。转基因产品对这两个群体都有着强大的吸引力，几乎 90% 的玉米、95% 的大豆，以及所有的棉花种植的都是转基因的种子。两个群体都认识到，转基因作物使用较少的投入，而在总体上却有较高的产量。小部分农民还发现，转基因作物比传统或常规杂交品种更容易管理。

在消费方面，南非每年用于商业需求的玉米超过 1000 万吨，其中（主要是白玉米）大约一半用于人类消费。事实上，白玉米是许多南非人尤其是中低收入群体的主食，每年人均消费量估计在 90 公斤左右。而黄玉米主要用作动物饲料。在过去十几年，食用玉米的商业需求平均每年增长 1.5%，而饲料玉米的商业需求平均每年增长 2%（见图 11 -2）。预计未来对玉米需求的增长将继续下去。

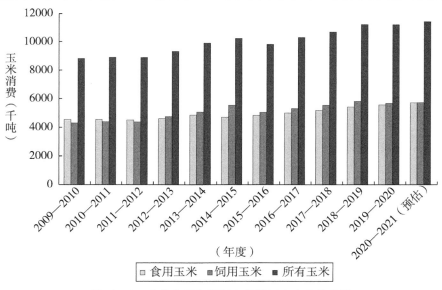

图 11 -2　南非食品和饲料市场的玉米商业消费量

第2章 动物生物技术

2.1 生产和贸易

2.1.1 产品开发

动物生物技术也属于 1997 年的《转基因生物法案》管理范畴，任何申请都必须得到欧盟委员会的批准。然而，在这个阶段南非未对动物生物技术产品的申请进行审查。南非是否有任何正在开发的动物克隆是未知的。

2.1.2 商业化生产

南非没有转基因或克隆动物的商业化生产。

2.1.3 出口

南非不出口转基因或克隆动物产品。

2.1.4 进口

南非不进口转基因动物产品。

2.1.5 贸易壁垒

无。

2.2 政策

2.2.1 监管框架

如前所述，动物生物技术属于 1997 年的《转基因生物法案》管理范畴，农业、土地改革和农村发展部（DALRRD）的生物安全局制定了动物生物技术风险评估框架。

另外，针对动物克隆南非没有具体的规定，但是相关的规定及研发伦理准则是对其适用的，包括《动物改良法》和国家卫生研究伦理委员会（NHREC）的相关准则。

动物克隆不包括在《动物改良法》中，该法案只针对人工授精和胚胎移植做出了规定。该法案目前正在审查中，在程序修订后，将对动物克隆进行针对性规定。

国家卫生研究伦理委员会（NHREC）是根据 2003 年第 61 号国家卫生法成立的法定机构。该机构授权卫生部部长设立理事会，并规定了国家卫生健康委员会的职能，简而言之，就是对与卫生有关的伦理问题提供指导，并为涉及人类和动物的研究制定指导方针。理事会通过与有关国际组织的联系，观察卫生伦理问题的国际发展情况并提供咨询意见。

2.2.2 审批

南非未批准转基因动物生产。

2.2.3 创新生物技术

无。

2.2.4 标签和可追溯性

2011年4月1日生效的《南非消费者保护法》中并未对转基因产品进行强制性标识一事进行规定。如果实施规定，根据《南非消费者保护法》的规定，转基因标签也将适用于转基因动物。

目前《食品、化妆品和消毒剂法》中规定，只有当该产品与非转基因产品显著不同时，转基因产品的标签才适用于转基因动物。

2.2.5 知识产权（IPR）

南非是世界贸易组织《与贸易有关的知识产权协定》（TRIPs）的签署国之一。因此，政府支持知识产权。

2.2.6 国际条约和论坛

南非是以下相关条约的签署国或有关组织的成员国：世界贸易组织《实施卫生与植物卫生措施协议》（SPS协议）；国际食品法典委员会（法典）；世界动物卫生组织（OIE）。但是南非并未积极参与以上国际组织中有关转基因的讨论。

2.2.7 相关问题

无。

2.3 市场营销

2.3.1 公众/个人意见

尚不清楚南非有任何研究来确定公众对家畜克隆或转基因动物的看法。

2.3.2 市场接受度/研究

无。

第3章 微生物生物技术

3.1 生产和贸易

3.1.1 商业化生产

南非许多公司均涉及食品配料商业化生产。此类公司在酶、添加剂、风味调味品、色素、维生素和调味料的生产过程中均会使用微生物生物技术。南非的食品配料制造商有两个代表协会，即南非食品科学技术协会（https：//www. saafost. org. za/）和南非香精香料工业协会（https：//saaffi. co. za/）。许多研究机构也参与微生物生物技术研究工作，如西开普大学微生物生物技术研究所、自由州大学微生物生物化学、食品生物技术系、开普半岛理工大学生物医学、微生物生物技术研究所。

3.1.2 出口

2019 年，南非出口了近 18 亿美元的可能含有微生物生物技术衍生成分的加工产品。微生物生物技术衍生产品的大部分贸易来自葡萄酒、啤酒和预制食品等增值产品，但南非也在 2019 年出口了价值 2800 万美元的微生物生物技术衍生酶。美国仅占南非这些产品出口市场的小部分份额，为6600 万美元，不到 4%。

3.1.3 进口

2019 年，南非进口了价值 8.84 亿美元的微生物生物技术衍生食品成分，如酶及加工产品。这些含有微生物生物技术衍生食品成分的进口产品，包括来自美国的 5800 万美元的加工产品。且在2019 年，南非还进口了价值 6200 万美元的微生物生物技术衍生酶，其中 2000 万美元产品从美国进口。

3.1.4 贸易壁垒

目前未知有任何特定的贸易壁垒阻碍了含有微生物生物技术衍生成分的加工产品的贸易。

3.2 政策

3.2.1 监管框架

迄今为止，南非尚未对来自微生物生物技术来源的食品配料采用"基于过程"的审查方法。因此，如本报告第 1 章所述，来自微生物生物技术的食品成分不受南非的监管。然而，根据 1972 年第 54 号法案《食品、化妆品和消毒剂法》，对食品成分中的食品添加剂、食品着色剂和微生物标准均有具体规定。因此，南非的食品添加剂、食品着色剂和微生物标准条例由卫生部下属的食品监管司制定和管理。该部门也代表卫生部，是《转基因生物法案》执行委员会成员，是法典联络点。

表 11 - 3 列出了南非现行的食品添加剂、食品着色剂和微生物标准法规清单。这些法规还规定了添加剂的使用要求，包括它们应该如何标记。

表 11 - 3　　　　　南非现行的食品添加剂、食品着色剂和微生物标准法规清单

监管类别
添加剂
食品色素 （R1055—1996）
规例第 4 条所提到的准许甜味剂名单
关于在食品中使用甜味剂的规定 （R733/201）
国际食品法典委员会关于食品添加剂的规定
关于在食品中使用甜味剂的规定 （R733/201）
食品及相关产品中微生物标准规定 （R962/1997）

资料来源：卫生部食品监管司。

在没有关于特定添加剂的法规的情况下，南非通常采用国际食品法典委员会 （CAC） 的食品添加剂通用标准 （GSFA）。如一种添加剂不在南非肯定列表内或不在法典规管范围内，出口商可向卫生署申请准许使用该添加剂。但是，这可能是一个漫长的过程，因为卫生部可能会要求提供证据来证明添加剂是安全的。

3.2.2　审批

允许使用的添加剂和着色剂的清单包含在表 11 - 3 所列的具体法规中。

3.2.3　标签和可追溯性

在南非，转基因衍生产品标签受《食品、化妆品和消毒剂法》（1972 年）第 25 条和 2011 年消费者保护法的管理。有关这些法律的描述，见本报告 1.2 政策。

加工食品和酒类的一般标签规定也属于《食品、化妆品和消毒剂法》。卫生部入境口岸的检查人员负责审核标签是否符合规定。根据现行规定，在食品标签上添加营养信息表并不是强制性的。然而，如果标签包含 30 种营养信息，则必须遵守现有的标签规定 （也参见标签和公布规定）。

3.2.4　监测和检测

无。

3.2.5　附加监管要求

无。

3.2.6　知识产权（IPR）

南非是世界贸易组织《与贸易有关的知识产权协定》（TRIPs）的签署国之一，因此，政府支持知识产权。

3.2.7　相关问题

无。

3.3　市场营销

3.3.1　公众/个人意见

尚不清楚南非有任何研究来确定公众对微生物生物技术的看法。

3.3.2　市场接受度/研究

南非拥有发达和先进的食品部门，这是食品成分使用和需求的关键驱动因素。另见 FAS/比勒陀利亚关于该主题的报告［如食品加工配料－南非比勒陀利亚（2020 年 3 月 30 日）］：关于在南非销售和使用微生物生物技术衍生食品配料的市场接受度的评估，这份报告显示微生物生物技术在食品部门已被广泛接受。

附录

表A1　　　　　　　　　　　　　南非获得批准一般释放的转基因作物

公司	转化体	作物/产品	性状	批准年份
陶氏	MON89034 × TC1507 × NK603	玉米	抗虫、耐除草剂	2018
孟山都	MON87460	玉米	耐旱	2015
先锋	TC1507 × MON810 × NK603	玉米	抗虫、耐除草剂	2014
先锋	TC1507 × MON810	玉米	抗虫、耐除草剂	2014
先锋	TC1507	玉米	抗虫、耐除草剂	2012
先正达	BT11 × GA21	玉米	抗虫、耐除草剂	2010
先正达	GA21	玉米	耐除草剂	2010
孟山都	MON89034 × NK603	玉米	抗虫、耐除草剂	2010
孟山都	MON89034	玉米	抗虫	2010
孟山都	Bollgard Ⅱ × RR flex（MON15985 × MON88913）	棉花	抗虫、耐除草剂	2007
孟山都	MON88913	棉花	耐除草剂	2007
孟山都	MON810 × NK603	玉米	抗虫、耐除草剂	2007
孟山都	Bollgard RR	棉花	抗虫、耐除草剂	2005
孟山都	Bollgard Ⅱ，line 15985	棉花	抗虫	2003
先正达	Bt11	玉米	抗虫	2003
孟山都	NK603	玉米	耐除草剂	2002
孟山都	GTS40 − 3 − 2	大豆	耐除草剂	2001
孟山都	RR lines1445 & 1698	棉花	耐除草剂	2000
孟山都	Line531/Bollgard	棉花	抗虫	1997
孟山都	MON810/Yieldgard	玉米	抗虫	1997

资料来源：DALRRD。

表A2　　　　　　　　　　　　2014年以来批准田间试验的转基因转化体

公司	转化体	作物/产品	性状	批准年份
孟山都	MON87460	玉米	耐旱	2014
孟山都	MON87460 × MON89034	玉米	耐旱、抗虫	2014
孟山都	MON87460 × MON89034 × NK603	玉米	抗抗生素、抗虫、耐除草剂	2014
孟山都	MON87460 × NK603	玉米	耐旱、耐除草剂	2014
孟山都	MON87460 × MON810	玉米	耐旱、抗虫	2014
孟山都	MON89034 × MON88017	玉米	抗虫、耐除草剂	2015
孟山都	MON87460 × MON89034 × MON88017	玉米	耐旱、抗虫、耐除草剂	2015
孟山都	MON810 × MON89034	玉米	抗虫	2015
孟山都	MON810 × MON89034 × NK603	玉米	抗虫、耐除草剂	2015

公司	转化体	作物/产品	性状	批准年份
孟山都	MON87427 × MON89034 × MIR162 × NK603	玉米	抗虫、耐除草剂	2017
孟山都	MON87701 × MON89788	大豆	抗虫、耐除草剂	2017
孟山都	MON87427 − 7	玉米	耐除草剂	2019
拜耳	Twinlink × GlyTol	棉花	抗虫、耐除草剂	2014
拜耳	GlyTol × TwinLink × COT102	棉花	抗虫、耐除草剂	2016
拜耳	GLTC	棉花	抗虫、耐除草剂	2015
拜耳	GL × LL	棉花	抗虫、耐除草剂	2016
拜耳	GHB614 × LLCotton25	棉花	耐除草剂	2018
先锋	TC1507 × MON810	玉米	抗虫、耐除草剂	2014
先锋	TC1507 × MON810 × NK603	玉米	抗虫、耐除草剂	2014
先锋	PHP37046	玉米	抗虫	2014
先锋	TC1507 × NK603	玉米	抗虫、耐除草剂	2014
先锋	305423 × 40 − 3 − 2	大豆	油脂改良、耐除草剂	2014
先锋	305423	大豆	油脂改良、耐除草剂	2014
先锋	PHP36676	玉米	抗虫、耐除草剂	2014
先锋	PHP36682	玉米	抗虫、耐除草剂	2014
先锋	PHP34378	玉米	抗虫	2014
先锋	PHP36827	玉米	抗虫	2014
先锋	TC1507 × MIR162 × NK603	玉米	抗虫、耐除草剂	2019
先锋	MON89034 × TC1507 × MIR162 × NK603 × DAS40278 − 9	玉米	抗虫、耐除草剂	2019
先锋	DP − 0561139	玉米		2019
先正达	BT11 × 1507 × GA21	玉米	抗虫、耐除草剂	2014
先正达	BT11 × MIR162 × GA21	玉米	抗虫、耐除草剂	2014
先正达	BT11 × MIR162 × 1507 × GA21	玉米	抗虫、耐除草剂	2014
先正达	BT11 × MIR162 × MON89034 × GA21	玉米	抗虫、耐除草剂	2018
先正达	BT11 × GA21	玉米	抗虫、耐除草剂	2018
陶氏	MON89034 × TC1507 × NK603	玉米	抗虫、耐除草剂	2014
陶氏	DAS − 40278 − 9	玉米	耐除草剂	2015
陶氏	NK603 × DAS − 40278 − 9	玉米	耐除草剂	2015
陶氏	MON89034 × TC1507 × NK603 × DAS − 40278 − 9	玉米	抗虫、耐除草剂	2015
巴斯夫	GHB614 × LLCotton25	棉花	耐除草剂	2019
Genective	VCO − 1981 − 5	玉米	耐除草剂	2017
PSI CRO South Africa	BWN 270		基因治疗载体	2018
UniQure Biopharma	AMT − 061		增强型基因转移载体	2019
Syneos Health SA	FLT 180A		基因治疗	2019

资料来源：DALRRD。

表 A3 已清关的转基因转化体

公司	转化体	作物/产品	性状	批准年份
孟山都	MON87427 × MON87419 × NK603	玉米	抗虫、耐除草剂	2020
孟山都	MON87427 × MON89034 × MIR162 × MON87419 × NK603	玉米	抗虫、耐除草剂	2020
孟山都	MON87427 × MON89034 × MON810 × MIR162 × MON87411 × MON87419	玉米	抗虫、耐除草剂	2020
孟山都	MON87427 × MON89034 × MON87419 × NK603	玉米	抗虫、耐除草剂	2018
孟山都	MON87427 × MON89034 × TC1507 × MON87411 × DAS59122 − 7 × MON87419	玉米	抗虫、耐除草剂	2018
孟山都	MON87751 × MON87701 × MON87708 × MON89788	大豆	抗虫、耐除草剂	2018
拜耳	FG72 × A5547 − 127	大豆	耐除草剂	2018
陶氏	MON89034 × TC1507 × MIR162 × NK603	玉米	抗虫、耐除草剂	2018
先正达	BT11 × MIR162 × MIR604 × 5307 × GA21	玉米	抗虫、耐除草剂	2018
孟山都	MON87705 × MON87708 × MON89788	大豆	耐除草剂	2018
孟山都	MON87427 × MON87460 × MON89034 × TC1507 × MON87411 × DAS − 59122 − 7	玉米	抗虫、耐除草剂、耐旱	2018
孟山都	MON87427 × MON89034 × MIR162 × MON87411	玉米	抗虫、耐除草剂	2018
艾格福	A2704 − 12	大豆	耐除草剂	2001

资料来源：DALRRD。

⑫

澳大利亚

美国农业部

对外农业服务局

规定报告：按规定－公开

报告编号：AS2020－0036

报告名称：农业生物技术发展年报

报告类别：生物技术及其他新生产技术

编 写 人：Lindy Crothers

批 准 人：Levin Flake

全球农业信息网

发表日期：2020.12.04

报 告 要 点

　　澳大利亚联邦政府支持生物技术的研究和发展，并为其提供长期、大量的经费支持。澳大利亚生产力委员会（The Australian Productivity Commission）完成了一项对农业企业监管责任的调查，重点关注了对澳大利亚农业的竞争性和生产力产生实质性影响的监管措施，其中包括对转基因产品的法规监管。目前对《2000 年基因技术法规》及《食品标准法典》相关标准，正在完成技术评审以及将新技术融入法规监管中。2020 年 5 月，南澳大利亚州政府立法通过解除该州禁令，由此，转基因作物能够在除袋鼠岛之外的澳大利亚全境种植。

内 容 提 要

　　美国对澳大利亚在农业生物技术及其衍生产品的政策和监管方面非常关注，因为它们潜在影响着美国的出口贸易。澳大利亚有两项政策阻碍了其与美国间的贸易：一是未经加工的（整粒）转基因玉米和大豆没有获得澳大利亚监管部门的批准，未加工之前不允许进口；二是转基因成分含量超过 1% 的食品必须事先获得批准并标识，潜在地限制了美国半成品和成品的销售。澳大利亚对农业生物技术的政策和观点也影响着其他国家，这可能使它们形成相似的监管体系。

　　关于生物技术的争论在澳大利亚仍然很重要。澳大利亚联邦政府非常支持生物技术的研究和发展，并为其提供长期、大量的经费支持，已经批准如棉花、康乃馨、油菜的转基因品种用于常规使用。各州政府也为生物技术的研究和发展提供资金支持。最初，多数州政府对该类技术的引入持有谨慎的态度，并设置州禁令以禁止转基因作物的种植。然而，经过多次州政府间的审查，新南威尔士州、维多利亚州和西澳大利亚州解除了种植转基因油菜的禁令。南澳大利亚州已于 2019 年 8 月表示预解除禁令，并于 2020 年 5 月通过立法，允许在除袋鼠岛以外的南澳大利亚州的其他地区种植转基因作物；然而，截止到 2020 年 9 月底，该州当地议会收到由 11 个议会提交的坚持无转基因政策申请均被南澳大利亚州政府驳回，因此 2020 年 5 月的立法仍然有效，现在农民可以自由种植转基因作物。在塔斯马尼亚州（延长至 2029 年）和澳大利亚首都所属领地仍然维持转基因禁令，而昆士兰州和北领地暂无禁令。

由于未获得澳大利亚政府对某些转基因产品的批准，所以澳大利亚限制了美国转基因产品对澳大利亚的出口，最显著的影响是饲用谷物，如整粒玉米和大豆。此外，由于该市场准入的限制，澳大利亚以植物检疫为由限制了许多谷物及其制品的进口，声称因避免国外杂草种子入境。

第1章 植物生物技术

《2000 年基因技术法规》区分并定义了转基因生物（Genetically Modified Organisms，GMO）和转基因产品（Genetically Modified Products），转基因产品是来自或源于转基因生物的产品（参考《2000 年基因技术法规》中第 10 节）。

1.1 生产和贸易

1.1.1 产品开发

目前，澳大利亚联邦科学与工业研究组织（CSIRO）正在对农业、生物安全和环境科学领域开展一系列技术研究，例如：核糖核酸干扰（RNAi）或基因沉默项目包括培育具有优良性状的小麦品种、抗病毒植物、无褐变马铃薯、提高动物消化率的饲料等。标记辅助育种项目包括抗霉变的酿酒葡萄和无角牛品种选育。转基因项目包括 Bt 棉、DHA 油菜、高油酸（SHO）红花、叶油、Bt 豇豆。详见本报告附录 2 表 A1。

1.1.2 商业化生产

澳大利亚基因技术监管办公室（OGTR）仅批准了转基因棉花、油菜和康乃馨的商业化种植。据估计，大部分的澳大利亚棉花都是转基因品种。澳大利亚基因技术监管办公室（OGTR）在 2003 年批准了两个转基因油菜品种。2008 年，新南威尔士州、维多利亚州和西澳大利亚州解除了对转基因产品的州一级的禁令，批准在本地区指定区域可种植转基因油菜和棉花。2016 年，西澳大利亚州政府废除了 2003 年无转基因区域法案，允许种植获批的转基因作物。

2018 年政府换届后，南澳大利亚州单独进行了转基因禁令的修订。由此，2019 年 8 月，南澳大利亚州政府宣布将解除对转基因作物种植的禁令（袋鼠岛除外）。2020 年 5 月，该州政府通过了该项法案；但是该州当地议会收到由 11 个议会提交的坚持无转基因政策的申请，直到 2020 年 9 月底，均被南澳大利亚州政府驳回，2020 年 5 月的立法才得以维持。更多相关信息可在如下网站查阅：https：//www. pir. sa. gov. au/primary_industry/genetically_modified_gm_crops。同时，南澳大利亚州政府修订了该州的禁令，塔斯马尼亚州政府批准将种植转基因作物禁令延长至 2029 年。目前只有塔斯马尼亚和澳大利亚首都所属领地的两个州，禁止种植任何转基因植物，而新南威尔士州禁止种植可直接食用的转基因作物。这一政策主要受到农业种植户和联邦政府科学组织的反对，并被公开要求批准生物技术作物（种植）。

2006 年，转基因康乃馨是澳大利亚基因技术监管办公室首个评估审批的转基因产品，评估认为"转基因康乃馨对人或环境暴露出了最低量风险，对使用者足够安全，使用前也无须获得许可证"，因此，给予转基因康乃馨注册登记为"转基因生物"（GMO）。其他已获批的用于商业化生产的转基因作物详见基因技术监管办公室官方网站 http：//www. ogtr. gov. au/internet/ogtr/publishing. nsf/Content/cr－1。

1. 棉花

自从 1996 年首个转基因棉花品种获得批准引入后，转基因棉花已经在澳大利亚商业化种植多年，澳大利亚大部分的棉花作物都是转基因品种。此外，有转基因棉花新品种正在开发阶段。

2. 油菜

2003 年以来，许多转基因油菜品种已获得 OGTR 的批准。2008 年，新南威尔士州和维多利亚州在放宽了对转基因的限制之后，首个转基因油菜品种开始商业化种植。西澳大利亚州于 2009 年开始田间试验，并于 2010 年开始转基因油菜商业化种植。2020 年起，南澳大利亚州的农户可种植转基因油菜。自 2017 年以来，转基因油菜品种的种植面积约占全国油菜总种植面积的 20%（见表 12－1）。

表 12－1			2010—2018 年转基因油菜的种植面积					单位：公顷	
年份	2010	2011	2012	2013	2014	2015[†*]	2016[†*]	2017[†*]	2018[†*]
新南威尔士州（NSW）	23286	28530	40324	31573	52000	51870	54970	68163	66045
维多利亚州（VIC）	39405	22272	19012	21232	37000	47137	47069	56900	63825
西澳大利亚州（WA）	86006	94800	121694	167596	260000	337527	344188	366466	369027
以上三个州种植总面积	148697	145602	181030	220401	349000	436534	446227	491529	498897
油菜（含转基因和非转基因）种植总面积	1590500	1815000	2687000	2480000	2607000	2000000[*]	2125000[*]	2080000[*]	2220000
转基因油菜所占比例	9%	8%	7%	9%	13%	22%	21%	24%	22%

资料来源：澳大利亚农业生物技术局。

注：† 代表 2009—2014 年播种量是 2.5 千克/公顷，2015 年之后是 2.0 千克/公顷，品种基因型、活力、成苗率使播种量逐年降低；* 表示在 WA、VIC 和 NSW 三个州，2015 年、2016 年、2017 年和 2018 年油菜种植总面积数据均为转基因油菜种植面积。

1.1.3 出口

澳大利亚出口的棉花均为转基因棉花，但不向美国出口。澳大利亚也是油菜的主要出口国，部分为转基因油菜。澳大利亚农业部针对肉类、奶制品、动物、植物、蛋类以及非指定物品（如蜂蜜、加工食品）公布了国家进口要求电子版手册。该数据库列出了各进口国对生物技术产品的申报政策。

1.1.4 进口

根据《2000 年基因技术法规》，"转基因生物"的进口必须获得批准或官方认可。进口商需要向 OGTR 申请许可证或授权，才能将任何转基因产品（除食品外）进口至澳大利亚。OGTR 和农业部密切合作，以规范并执行这一要求。进口审批申请表（适用于任何产品）包含了转基因产品相关的信息。当进口转基因产品或产品中混有转基因产品时，进口商必须向农业部申请进口产品检疫许可。同时，在进口审批申请表中，要求进口商提供法规要求的其他相关信息，如 OGTR 批准的需要报告的低风险操作（Notifiable Low Risk Dealings，NLRD）编号、识别码以及准入的生物安全委员会（IBC）的名称。

含有转基因成分的食品需获得澳新食品标准局（Food Standards Australia New Zealand，FSANZ）的批准，同时若转基因成分超过一种，需进行明确标识，这一要求适用于国产及进口食品。目前已批准的转基因食品名录可在标准 1.5.2 中查询（https：//www.legislation.gov.au/Series/F2015L00404）。澳大利亚的豆粕绝大部分从他国进口（包括美国），用于加工动物饲料的豆粕不属于生物技术监管范畴，且这类产品在进口前不需要提前获得批准或许可。但是，某些产品需要符合检疫限制的要求。未经加工的饲用转基因产品，如整粒玉米，因存在环境扩散的可能而需要获得 OGTR 的准入许可。

1.1.5 粮食援助

澳大利亚不提供或接受任何直接的粮食援助。澳大利亚外交和贸易部通过特定的机构，如世界粮食计划署、联合国粮食及农业组织等，提供即时的人道主义粮食援助。

1.1.6 贸易壁垒

详见本章 1.2 部分有关标签的要求。

1.2 政策

1.2.1 监管框架

作为国家法规体系的组成部分，《2000 年基因技术法规》于 2001 年 6 月 21 日生效。该法规和相关的《2001 年基因技术条例》为基因技术监管机构提供了从转基因实验室认证到环境释放全面的监管程序。基因技术监管机构拥有对转基因许可的监管和强制执行的权利。澳大利亚联邦及各州和地区的政府间协议，为澳大利亚转基因生物监管体系奠定了基础。基因技术立法和施政论坛（The Legislative and Governance Forum on Gene Technology，LGFGT）由英联邦以及各州和地区的部长组成，对监管框架进行广泛监督，并就法律相关的政策问题提供指导。基因技术常务委员会向基因技术立法和施政论坛提供高级别支持，该委员会由所有管辖区的高级官员组成。

《2000 年基因技术法规》的目标是通过识别基因技术带来的风险、管控涉及转基因生物的各项事宜，保护公众和环境的健康和安全。法律只认定以下几种情况在允许范围之内：

（1）获得许可证的。

（2）需要报告的低风险操作。

（3）包括已获批的转基因生物。

（4）属于特定的紧急贸易约定范畴。

该法规的主要特征是委任了一个独立的基因技术监管机构（见图 12-1），其履行着透明和负责任的监管程序。监管机构与社区、研究机构和私营企业广泛磋商，以监管并确保其遵守上述法规。

OGTR 与其他监管机构密切合作，共同监管生物技术产品的使用和销售（见表 12-2）。依据《2000 年基因技术法规》，OGTR 在其网站上公开转基因生物相关行为和转基因产品记录。同时组建了如下两个咨询委员会，为 OGTR 和 LGFGT 提供技术咨询。

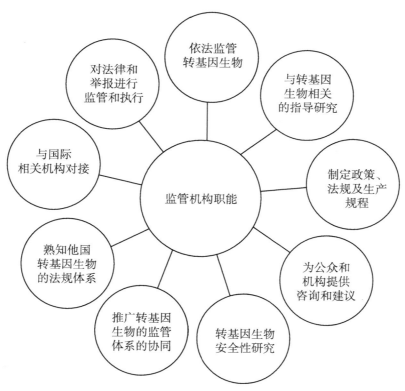

图 12 - 1　基因技术监管机构的职能

资料来源：OGTR。

（1）基因技术咨询委员会（The Gene Technology Technical Advisory Committee，GTTAC）：由专业技术领域权威专家组成，提供科学及技术指导。

（2）基因技术伦理学和社区协商委员会（Gene Technology Ethics and Community Consultative Committee，GTECCC）：就转基因涉及的伦理和社区协商等问题提供建议。

表 12 - 2　　　　　　　　　　澳大利亚各基因监管机构的监管对象及职能范围

机构名称	监管对象	职能范围
基因技术监管办公室（协助监管机构，OGTR）	转基因生物相关事宜	对澳大利亚的基因技术产品制定全国性管理计划；其宗旨是保护公众健康和安全，以及通过对基因技术的风险识别和管控确保环境安全
澳大利亚药物管理局（Therapeutic Goods Administration，TGA）	人类疾病的治疗	对澳大利亚的药品、医疗器械、血液与组织包括对从转基因产品中获得的具有治疗功能的产品的疗效的监管提供国家标准，确保其质量、安全性和高品质
澳新食品标准局（Food Standards Australia New Zealand，FSANZ）	人类食品	制定食品安全、成分和标签的标准；对使用生物技术的食品进行强制性的市场准入前的安全性评价

机构名称	监管对象	职能范围
澳大利亚农药和兽药管理局 （Australian Pesticides and Veterinary Medicines Authority，APVMA）	农用化学品及兽药	建立国家农用化学品及兽用产品监管体系，其中农用化学品包括生产或用于转基因作物的产品、动物医药产品，评估上述产品对人体和环境的安全性及产品药效，如杀虫剂和除草剂抗药性管理和涉及农药残留的贸易问题
澳大利亚工业化学品引入管理署 （Australian Industrial Chemicals Introduction Scheme，AICIS）	工业化学品	提供全国性公告和评估计划，以保护公众、从业人员和环境的健康免受工业化学品的有害影响
农业与水资源部 （Department of Agriculture and Water Resources，DAWR）	进出口	对所有可能存在检疫性病虫风险的动物、植物和生物技术产品进行管控；进口准入申请必须说明是否含有转基因产品或材料，以及提供依据基因技术法规获得的相应授权

在农业部和 OGTR 审批通过后，全谷物转基因产品才能进口至澳大利亚，主要有饲用玉米和大豆。大量的转基因饲料产品用于澳大利亚集约化畜牧业生产。农业部还为进口货物提供检疫检验和许可，保证其不携带病虫害，并满足专门的准入许可。监管机构还对产品进行评估，向进口商颁发许可证，同时可以使用农业部规定以外的其他条款。鉴于可能的生物安全风险，如有必要，监管机构将使用特定条款以禁止某产品的使用。图 12 - 2 概述了澳大利亚的基因技术监管体系。

在澳大利亚，对生物技术的辩论仍然重要，联邦政府支持生物技术，并且给予长期的经费以支持研发，已经批准了转基因棉花、康乃馨和油菜品种的常规使用。各州政府同样承诺资助基因技术的研发，然而多数州政府对于最初转基因作物的种植采取了更谨慎的态度。

1.2.2　审批

除转基因棉花、油菜和康乃馨品种，2018 年 6 月 OGTR 还批准了具有工业用途的高油酸转基因红花的栽培，其主要在新南威尔士州、维多利亚州和南澳大利亚州种植。

附录 2 表 A1 提供了目前有关 GMO 备案的有意公开交易（DIRs）的信息记录（如获得包括田间试验在内的使用许可，申请的所有信息，已被撤销或批准的申请，均在 OGTR 网站上可以查询）。

1.2.3　复合性状转化事件的审批

转基因复合事件必须获得 OGTR 的批准。对于商业化（田间）释放，必须在许可证中逐一列出已经审批过的特定转基因复合事件中各产品的详细信息或者列出亲本品种的具体情况。OGTR 有关转基因复合事件的相关政策可在以下链接中查询：http：//www. ogtr. gov. au/internet/ogtr/publishing. nsf/Content/gmstacking08 - htm。

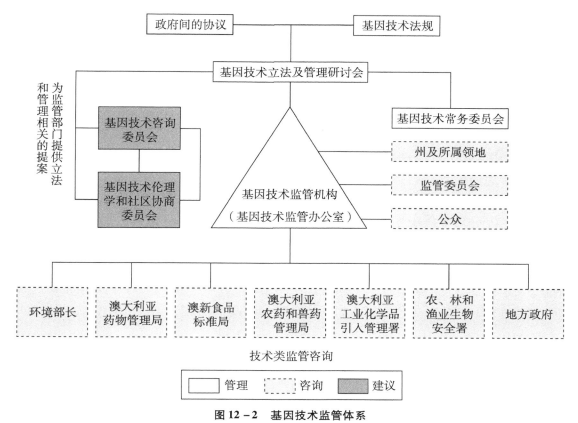

图 12 - 2　基因技术监管体系

资料来源：OGTR。

1.2.4　田间试验

详见附录 2 表 A1 列出的允许田间试验的产品名录，试验地所在位置可在 OGTR 网站查询。

1.2.5　创新生物技术

法规从广义上定义了"基因技术（Gene Technology）"和"转基因生物（GMO）"。《2001 年基因技术法规》给出了一些超出定义范围的特例，但是自 2001 年之后仍未修改，这并不利于基因技术的创新和发展。2019 年 6 月，对该法规进行了一次技术性评审和修正，《2019 年基因技术法规修正案》（2019 年第 1 号）在同年 10 月开始生效。

2019 年法规修正案说明如下：

（1）使用非核酸模板介导的同源修复（也称 SDN - 1）的生物，不属于转基因生物。

（2）通过添加短 DNA 模板指导的同源重组，形成一个或几个核苷酸差异的突变，属于转基因生物。

（3）使用 RNA 干扰（RNAi）技术的不属于转基因生物的范畴。

（4）转基因衍生品里没有转基因则不属于转基因生物。

由于上述法规的修改，基因组编辑产品开始进行田间试验。在维多利亚州，DairyBio 正在进行全球最大面积的基因组编辑的高能量黑麦草田间试验。研究人员将该黑麦草连同其他热带天然草一起进行田间试验，并与奶牛养殖场共同合作开发，旨在提高动物的消化率。此外，昆士兰州正在研发基因组编辑的高粱品种，将会提高其蛋白质含量，同时在畜、禽养殖中提高消化率以降低生产成本。

澳新食品标准局（FSANZ）正在评估如何将《食品标准法典》应用于使用新育种技术（NBTs）开发的食品，该类技术在近 20 年前编制的《食品标准法典》1.5.2（https：//www. legislation. gov. au/Series/F2015L00404）中并未提及。依据《食品标准法典》1.5.2，FSANZ 正在确定使用哪类新技术产生的食品需要获得市场准入批准，同时考虑《食品标准法典》1.1.2（http：//www. legislation. gov. au/Series/F2015L00385）中"使用基因技术的产品"和"基因技术"这样的表述是否需要修改为更精确的表述，以明确哪些食品需要申请市场准入批准。

2019 年 12 月，一份最终报告发布，包含如下三项建议：FSANZ 将起草提案以修正并更新《食品标准法典》中使用新育种技术（NBTs）生产的食品的定义；FSANZ 将基于上述定义，确定利用新育种技术生产的加工和非加工食品，并合理地管控其产生的风险；FSANZ 将与利益相关者开展公开交流和积极商讨，并探寻提升公众对使用新育种技术食品的意识的方法。

澳新食品标准局（FSANZ）开展的该项评估于 2020 年 2 月开始，但公开商讨由于新冠肺炎疫情而推迟至 2020 年年底或 2021 年，《食品标准法典》中现有的相关要求目前仍适用。

1.2.6　共存

自 1996 年首次商业化种植转基因棉花后，澳大利亚种植业中生物技术、传统以及有机三类作物共存。OGTR 要求任何生物技术作物的种植条件都不能导致其与传统或有机作物意外混杂，这是其获得许可的一部分。对于环境释放申请，OGTR 必须与州/领地政府、澳大利亚其他政府部门、相关地方政府以及公众共同对转基因作物开展风险评估及制订管控计划。无论隔离还是共存都必须依据州特定的监管条例及产业协定进行管理。

转基因作物与传统作物共存的相关论文可在农业部网站查询，链接如下：http：//www. agriculture. gov. au/ag – farm – food/biotechnology/reports。澳大利亚农业生物技术委员会所属的一个网站上也致力于提供有关共存问题的信息，详见如下链接：http：//coexistence. abca. com. au/。

1.2.7　标签和可追溯性

澳新食品标准局（FSANZ）负责对澳大利亚市场上的转基因食品审批。自 2001 年，澳大利亚就强制要求对含有外源 DNA 或蛋白质的转基因食品进行标识。按照标准，转基因食品或含有转基因成分或某些特征改变（如较传统食品改变了营养价值）的食品必须明确标注"转基因"的字样。

针对散装的零售食品（如未包装水果、蔬菜、成品或半成品），"转基因"字样的标注必须与该食品或该食品中的转基因成分相关联。从转基因产品中精炼的油（如棉籽油或菜籽油）可免于转基因标识，因其不含遗传物质且与传统的非转基因产品（如棉籽油或菜籽油）相同。更多标签规定可查询《食品标准法典》（http：//www. foodstandards. gov. au/code/Pages/default. aspx）中标准 1.5（http：//www. comlaw. gov. au/Series/F2015L00404）。转基因动物饲料不需要标注，但该类产品的使用必须获得 OGTR 的批准，同时必须满足生物安全进口条件。

1.2.8　监测和检测

依据《2000 年基因技术法规》，OGTR 在其监管范围内开展监督、审计、检查和调查。同时，监督法规符合性活动包括风险评估及管理、对组织或机构的活动进行审查及形成报告。

1.2.9 低水平混杂（LLP）政策

澳大利亚已签署转基因产品低水平混杂政策的国际声明，2005 年，澳大利亚就传统油菜籽和品种试验中混杂的转基因油菜籽的阈值达成全国共识。基础产业部长理事会，由澳大利亚政府和各州及领地的部长组成，基于低水平混杂政策的国际声明，已通过了两项外源成分存在的阈值，它们分别是：油菜籽中含 0.9% 的转基因油菜籽，已被澳大利亚油料联合会（Australian Oilseeds Federation）认可；油菜种子中所含的转基因油菜种子含量从 2006 年和 2007 年的 0.5%，降低为不高于 0.1%。

2005 年，澳大利亚政府生物技术部长理事会（Australian Government Biotechnology Ministerial Council）通过了一项基于风险的国家级管理条例，以管理用于种植且转基因种子低水平混杂的进口油菜籽。OTGR 执行该条例，内容包括以下六部分（见表 12 - 3），同时致力于在非预期混杂最有可能的区域进行风险管理。

表 12 - 3 低水平混杂政策的组成内容

组成内容	说明
风险预测——识别进口种子中最可能的非期望混杂	OGTR 与农业部（Department of Agriculture）就获取进口数据达成了合作备忘录，进口种子的数据，以及海外商业化转基因产品或来自环境、水、遗产和艺术部或其他相关机构的信息，均被用于识别八种重点作物，随后识别另外四种较可能存在非期望混杂的作物
质量保证及身份保存	产业利用质量保证及身份保存系统来保证种子的质量，OGTR 研发了用于监督和检测产业系统的程序，并已开始使用
室内试验	OGTR 的自愿行为准则是指行业检测项目，要求行业对未经批准的进口种子进行风险管控，OGTR 与国家测量研究所正在就恰当的检测方法进行讨论
为澳大利亚监管机构提供预先风险评估	OGTR 通过风险评估，为已确定用于种植且存在低水平混杂（LLP）的 12 种转基因作物（油菜籽、棉花、玉米、马铃薯、番茄、木瓜、大豆、南瓜、紫花苜蓿、草、水稻和小麦）的进口种子制定了突发事件响应文件。这些文件为 LLP 检测时的快速风险评估和管理提供了依据
上市后检测	OGTR 认识到 LLP 政策的法律局限性，并与业界合作制定了自愿性守则，旨在尽早规避商业种子供应链中的风险。在标准 OGTR 低水平混杂检测方法的基础上，OGTR 继续与澳大利亚种子联合会合作，拓宽质量保证审查项目的范围
强制执行	在转基因低水平混杂的检测中，具体应对方案根据具体情况确定（一事一议）。OGTR 持续与澳大利亚政府机构、相关行业组织以及州/领地就事件应对计划进行磋商

资料来源：基因技术监管办公室。

1.2.10 附加监管要求

无。

1.2.11　知识产权（IPR）

植物的知识产权由澳大利亚知识产权局（IP Australia）根据《1994 年植物育种者权利法》（*Plant Breeder's Rights Act 1994*）管理。

1.2.12　《卡塔赫纳生物安全议定书》的批准

澳大利亚尚未签署或批准《卡塔赫纳生物安全议定书》，也暂未考虑签约该议定书，这是由于不确定议定书在本国和其他缔约方的实际执行情况，以及各缔约方影响决策的能力。澳大利亚政府认为本国 OGTR 执行的生物技术法规已经相对健全，由此，该国际协定是非必要的。

1.2.13　国际条约和论坛

根据《2000 年基因技术法规》第 27 节，基因技术监管机构的功能包括：监测生物技术监管的国际行为、维护国际组织间的关系、提升生物技术风险评估的一致性。澳大利亚参与多边努力，促进以科学为基础、透明和可预测监管方法的应用，以加快创新并通过监管新技术农产品的种植和使用，保证安全可靠的全球食物供应。自 2001 年澳大利亚监管机制启动以来，OGTR 一直参与多方讨论，并与其他国家的相应机构开展合作。

澳大利亚是（与巴西、加拿大、阿根廷、巴拉圭和美国）支持《国际植物保护公约》中"创新农业生产技术（特别是植物生物技术）联合声明"的政府之一，自 1963 年以来成为国际食品法典委员会成员，并加入了经济合作与发展组织（OECD）的工作组，对生物技术进行统一监管。

1.2.14　相关问题

澳大利亚国际农业研究中心（ACIAR）由澳大利亚政府设立，开展海外农业研究项目，包括生物技术，具有澳大利亚外交贸易部外交事务部门的法定权力。该机构的宗旨是澳大利亚政府援助政策的一部分，对澳大利亚和发展中国家之间的研究合作开展协商和资助，分别在巴布亚新几内亚和其他南太平洋岛国、东亚、南亚和西亚，以及东非和南部非洲开展工作。

1.3　市场营销

1.3.1　公众/个人意见

OGTR 持续关注并公布社区对生物技术的态度，最新的一项调查（2019 年）和形成的报告可在 OGTR 网站下载。该报告得出的结论是澳大利亚公众对生物技术的不支持比例略有降低，总体态度接近中立。

1.3.2　市场接受度/研究

尽管生物技术反对者要求更严格的转基因标签制度并且提倡暂停种植转基因植物，但澳大利亚政府一直支持农业生物技术，并遵守《卡塔赫纳生物安全议定书》，与美国保持一致性。由于广泛宣传的环境效益以及显著减少农药和除草剂的使用量，转基因棉花在澳大利亚得到广泛种植且少有争议。转基因棉籽在国内油料和食品市场中也未遭到重大反对。

第2章 动物生物技术

2.1 生产和贸易

2.1.1 产品开发

澳大利亚的研究人员正在利用基因技术提高动物生产效率。合作研究中心（CRCs）和 CSIRO 支持研发新疫苗和治疗方法，用于预防和诊断家畜疾病；同时，也在进行基因组编辑技术研究，以生产抗禽流感鸡和去除鸡蛋中的过敏原。CSIRO 目前在农业、生物安全和环境科学领域进行的研究包括：标记辅助育种项目——帮助牛育种者选择无角牛；鸡性别鉴定——一种区分孵化前雌雄鸡的新基因技术。

由澳大利亚的公立和私立研究机构、高校开展的家畜克隆仅限于牛品种选育，在封闭的研究环境中，有大约100头肉牛和奶牛及一小部分绵羊。

2.1.2 商业化生产

无商业用途。

2.1.3 出口

无商业用途。

2.1.4 进口

无商业用途。

2.1.5 贸易壁垒

检疫性要求是动物制品入境澳大利亚的主要壁垒，这些要求同样适用于转基因动物产品，对于克隆动物和动物制品并无额外生物安全要求。

2.2 政策

2.2.1 监管框架

澳大利亚涉及基因技术的动物研究受 OGTR 监管。基因工程和克隆动物也受各州及领地政府动物福利立法及以科学研究为目的而保护和使用动物的相关法规的约束。转基因动物被 OGTR 视为"需要报告的低风险操作"（NLRDs），意思是"经评估为对人体健康和安全及环境构成低风险的转基因生物，满足特定的风险管控要求"。完整的 NLRDs 目录，包括进行相关研究的机构，可以在 OGTR 网站上查询。

农业部负责生物安全进口风险评估中的动物卫生（生物安全）问题。克隆动物和来源于克隆动物的制品不具有动物健康或生物安全风险，评估认定为无危害。针对克隆牛、绵羊或山羊的胚胎入境，无附加的生物安全限制。进口的克隆动物源制品与非克隆源制品适用相同的检疫规定。克隆动物源食品无须按照转基因食品的监管方式监管。FSANZ 认为克隆动物源食品及其后代等同于传统饲养的动物性食品，无须附加的监管。

2.2.2　审批

附录 2 表 A1 提供了目前 GMO 备案的人为释放事宜（DIRs），即包括田间试验在内的各种使用许可证。申请者的详细信息，包括已被撤销或批准的申请，均在 OGTR 网站上可以查询。

2.2.3　创新生物技术

参见本报告 1.2.5 创新生物技术。

2.2.4　标签和可追溯性

克隆动物源食品及其后代无标签要求，详见 FSANZ 网站。

2.2.5　知识产权（IPR）

澳大利亚知识产权由澳大利亚知识产权局（IP Australia）管理。

2.2.6　国际条约和论坛

澳大利亚是世界动物卫生组织（OIE）的积极成员国，澳大利亚的首席兽医官是世界动物卫生组织（OIE）世界代表大会的现任主席，首席兽医官办公室借鉴澳大利亚政府其他部门和机构、行业主体以及专家的专长，协助澳大利亚动物卫生组织开展工作。

2.2.7　相关问题

无。

2.3　市场营销

2.3.1　公众/个人意见

目前在澳大利亚仅有很少一部分克隆牛用于品种选育。尽管克隆动物源食品并未进入食物链，但其源自克隆动物后代的食品有可能进入食物链。澳大利亚学者及从业界已自愿同意不允许克隆动物食物进入食物链。暂无来自澳大利亚媒体对转基因动物所持的观点，相关信息参见本报告 1.3.1 公众/个人意见，说明消费者对生物技术的认可度逐渐提升。CSIRO 和科学家通过经济合作与发展组织（OECD）合作，识别并消除转基因动物面临的困境。

2.3.2　市场接受度/研究

暂无相关研究。

第3章 微生物生物技术

说明：澳大利亚转基因产品的监管适用于终端产品而非产品的生产工艺。当使用微生物生物技术生产的产品中含有外源 DNA（例如，DNA 不同于使用传统方法生产的产品的 DNA）时，应按照转基因产品进行监管。

3.1 生产和贸易

3.1.1 商业化生产

澳大利亚某些公司被认为正使用转基因微生物生产食品配料，但具体信息不详。

3.1.2 出口

尽管转基因微生物产品的出口无官方统计或估算，但是澳大利亚出口的酒精饮料、乳制品以及加工食品中可能含有利用转基因微生物生产的成分。

3.1.3 进口

澳大利亚进口产品包括由转基因微生物生产的所有酶，均要求获得进口准入许可。准入要求全文可在澳大利亚生物安全进口条件系统（Australian Biosecurity Import Conditions，BICON）中检索。进口用于食品配料的转基因微生物源的酶时，需提供一份进口生物技术材料申请表。关于申请表的详细信息可查阅澳大利亚农业、水资源与环境部（Australian Department of Agriculture，Water and the Environment）网站。转基因微生物产品的进口无官方统计或估算。澳大利亚进口转基因微生物源的食品配料，例如用于传统方法生产酒精性饮料、乳制品和加工食品的酶制剂。同时，澳大利亚进口可能含有转基因微生物源食品配料的上述产品。

3.1.4 贸易壁垒

对转基因食品的提前报批和转基因标签要求是转基因产品入境澳大利亚的主要贸易壁垒。由于利用微生物生物技术生产的多数终产品中不包含转基因蛋白质，因此不存在上述贸易壁垒。

3.2 政策

3.2.1 监管框架

适用于其他转基因产品的管理条例，同样也适用于转基因微生物产品。若终产品中不含有外源

DNA，则无须进行转基因监管（有进口许可要求的除外）；若含有外源 DNA，其产品则受 FSANZ 监管。

3.2.2 审批

只要终产品中含有外源 DNA，就要求提前报批和进行转基因标识。

3.2.3 标签和可追溯性

符合如下条件并含有转基因微生物源配料的食品，不要求在配料列表中的相应成分之后标注"转基因"字样。

同时满足如下条件的食品：

作为加工助剂或属于《食品标准规范》中的食品添加剂的食品成分或配料物质，该物质存在于食品中，但是其不含有外源 DNA 或蛋白质。作为风味物质添加的食品或配料，其含量不超过 1g/kg（不超过 0.1%）；或者食品或配料属于以下情况的：无意混杂在食品中，且每种成分的含量不超过 10g/kg。

《澳大利亚新食品标准规范》中的以下章节适用于转基因微生物生产的食品配料：

标准 1.3.1——食品添加剂；附表 16——可用于食品添加剂的物质类型；标准 1.3.3——加工助剂；附表 18——加工助剂；标准 1.5.2——基因技术生产的食品；附表 26——基因技术生产的食品。

3.2.4 监测和检测

是否存在转基因成分不属于食品产品的例行检测。

3.2.5 附加监管要求

无。

3.2.6 知识产权（IPR）

澳大利亚知识产权由澳大利亚知识产权局（IP Australia）管理。

3.2.7 相关问题

无。

3.3 市场营销

3.3.1 公众/个人意见

参见本报告 1.3.1 公众/个人意见和 2.3.1 公众/个人意见。目前在市场调研中还没有涉及有关转基因微生物的问题，因此很难提供公众和个人有关意见的信息。

3.3.2 市场接受度/研究

暂无。

附录 1

以下是澳大利亚农业生物技术部门的相关组织的链接。

1. 澳大利亚政府机构

- 基因技术监管办公室（Office of the Gene Technology Regulator）http：//www. ogtr. gov. au/
- 澳新食品标准局（Food Standards Australia New Zealand）http：//www. foodstandards. gov. au/
- 澳大利亚农药和兽药管理局（Australian Pesticides and Veterinary Medicines Authority）ht-tp：//www. apvma. gov. au/
- 农业与水资源部（Department of Agriculture and Water Resources）http：//www. agriculture. gov. au/ag – farm – food/biotechnology
- 澳大利亚联邦科学与工业研究组织（Commonwealth Scientific and Industrial Research Organiza-tion）http：//www. csiro. au/en/Research/Farming – food/Innovation – and – technology – for – the – fu-ture/Gene – technology/Overview
- 澳大利亚作物研究与发展基金会（Grains Research and Development Corporation）http：//www. grdc. com. au/
- 澳大利亚知识产权局（IP Australia）http：//www. ipaustralia. gov. au/
- 澳大利亚国际农业研究中心（Australian Centre for International Agricultural Research）http：//aciar. gov. au/

2. 其他机构

- 澳大利亚农业生物技术委员会（Agricultural Biotechnology Council of Australia）http：//www. abca. com. au/
- 澳大利亚生物技术大会（AusBiotech）http：//www. ausbiotech. org/
- 澳大利亚全国农民联盟（National Farmers Federation）https：//nff. org. au/key – issue/bio-technology/
- 澳大利亚植保协会（CropLife Australia）https：//www. croplife. org. au/
- 澳大利亚农业研究所（Australian Farm Institute）http：//www. farminstitute. org. au/
- 澳大利亚法律和遗传学中心（The Centre for Law and Genetics）http：//www. utas. edu. au/law – and – genetics
- 澳大利亚农业和法律中心（The Australian Centre for Agriculture and Law）https：//www. une. edu. au/research/research – centres – institutes/the – australian – centre – for – agriculture – and – law
- 澳大利亚农业知识产权中心（The Australian Centre for Intellectual Property in Agriculture）ht-tp：//www. acipa. edu. au/

下表列出了人为释放转基因产品行为（DIRs）中有"转基因备案"（已批准的转基因使用，包括田间试验）的植物类产品的简要信息。

附录 2

表 A1 人为释放转基因行为备案表——植物类

作物	申请机构	改良性状	许可目的
香蕉 （*Musa* spp.）	昆士兰科技大学	抗病，选择性标记——抗生素	在有限可控的条件下释放抗病转基因香蕉
小麦（*Triticum aestivum*） 硬粒小麦（*Triticum turgidum subsp. durum*）	澳大利亚联邦科学与工业研究组织	抗病性，选择性标记	在有限可控的条件下释放高抗锈病转基因小麦和硬粒小麦
侧钝叶草 ［*Stenotaphrum secundatum*（Walter）Kuntze］	皇家墨尔本理工大学	除草剂耐受，植物发育——改变株型	在有限可控的条件下释放除草剂耐受和矮化表型的转基因侧钝叶草
油菜 （*Brassica napus*）	孟山都澳大利亚有限公司	除草剂耐受	在有限可控的条件下释放除草剂耐受的转基因油菜
油菜 （*Brassica napus*）	Nuseed 有限公司	成分——食品（人体营养），成分——动物营养，选择性标记——除草剂，选择性标记——抗生素，除草剂耐受	在有限可控的条件下释放含油量改变和除草剂耐受的转基因油菜
油菜 （*Brassica napus*）	Nuseed 有限公司	成分——食品（人体营养），成分——动物营养，选择性标记——除草剂	含有 omega-3 成分的转基因油菜的商业化释放（DHA 油菜）
油菜 （*Brassica napus*）	Pioneer Hi-Bred 澳大利亚有限公司	除草剂耐受	商业化释放除草剂耐受的转基因油菜
油菜 （*Brassica napus*）	巴斯夫澳大利亚有限公司	除草剂耐受，杂交育种体系	商业化释放双重除草剂耐受的转基因油菜及一种杂交育种体系
油菜 （*Brassica napus*）	孟山都澳大利亚有限公司	除草剂耐受	商业化释放除草剂耐受转基因油菜
油菜 （*Brassica napus*）	巴斯夫澳大利亚有限公司	除草剂耐受，杂交育种体系	商业化释放除草剂耐受转基因油菜及一种杂交育种体系
油菜 （*Brassica napus*）	巴斯夫澳大利亚有限公司	除草剂耐受，杂交育种体系	商业化释放除草剂耐受的转基因油菜及适用于澳洲种植制度的一种杂交育种体系

续　表

作物	申请机构	改良性状	许可目的
油菜 （Brassica napus）	孟山都澳大利亚有限公司	除草剂耐受	在澳大利亚常规释放 Roundup Ready® 油菜品种
康乃馨 （Dianthus caryophyllus）	国际花卉开发有限公司	改良颜色性状，选择性标记——除草剂	商业化进口及分销改良花色性状的转基因康乃馨切花
鹰嘴豆 （Cicer arietinum）	昆士兰科技大学	环境压力耐受性—耐干旱，选择性标记——抗生素	在有限可控的条件下释放具有耐旱及其他环境压力抗性的转基因鹰嘴豆
棉花 （Gossypium barbadense）	孟山都澳大利亚有限公司	除草剂耐受	在澳大利亚商业化释放除草剂耐受的皮玛棉棉花品种 Roundup Ready Flex® MON88913
棉花 （Gossypium barbadense）	先正达澳大利亚有限公司	抗虫	商业化释放转基因抗虫棉品种 COT102
棉花 （Gossypium barbadense）	孟山都澳大利亚有限公司	抗虫、除草剂耐受	在有限可控的条件下释放抗虫、除草剂耐受的转基因棉花
棉花 （Gossypium barbadense）	孟山都澳大利亚有限公司	抗虫、除草剂耐受	商业化释放抗虫、除草剂耐受的转基因棉花品种 Bollgard® 3XtendFlexTM and XtendFlexTM
棉花 （Gossypium barbadense）	巴斯夫澳大利亚有限公司	抗虫、除草剂耐受	商业化释放抗虫、除草剂耐受的转基因棉花品种 GlyTol®（BCS－GH002－5）GlyTolTwinLink Plus®（BCS－GH002－5×BCS－GH004－7×BCS－GH005－8×SYN－IR102－7）
棉花 （Gossypium barbadense.）	澳大利亚联邦科学与工业研究组织	产品质量——非食用，选择性标记——抗生素	在有限可控的条件下释放高纤维品质的转基因棉花
棉花 （Gossypium barbadense）	孟山都澳大利亚有限公司	除草剂耐受，抗虫，选择性标记——抗生素，报告基因表达	商业化释放抗虫、除草剂耐受的转基因棉花品种 COT102×MON－15985［Bollgard（R）®Ⅲ］ COT102×MON－15985×MON88913［Bollgard®Ⅲ × Roundup Ready Fle®］
棉花 （Gossypium barbadense）	澳大利亚联邦科学与工业研究组织	产量，选择性标记——抗生素	在有限可控的条件下释放高纤维产量的转基因棉花

作物	申请机构	改良性状	许可目的
棉花 （*Gossypium barbadense*）	陶氏农业科学澳大利亚有限公司	抗虫，选择性标记——除草剂	商业化释放抗虫转基因棉花品种 WideStrike™
棉花 （*Gossypium barbadense*）	孟山都澳大利亚有限公司	除草剂耐受，抗虫，选择性标记——抗生素，报告基因表达	在南纬 22 度以北，商业化释放抗虫和/或除草剂耐受的转基因棉花品种
棉花 （*Gossypium barbadense*）	巴斯夫澳大利亚有限公司	除草剂耐受	商业化释放抗虫转基因棉花品种 Liberty Link®
芥菜型油菜 （*Brassica juncea* Czern. et Coss. ）	Nuseed 有限公司	成分——食品（人体营养）；成分——动物营养，选择性标记	在有限可控的条件下释放改良含油量的转基因芥菜型油菜
多年生黑麦草 （*Lolium perenne*）	经济发展、就业、运输和资源部	成分——动物营养，产量，选择性标记——抗生素抗性	在有限可控的条件下释放用于果聚糖生物合成的转基因多年生黑麦草
红花 （*Carthamus tinctorius*）	Go Resources 有限公司	成分——非食用（加工过程），选择性标记——抗生素	商业化释放高油酸含量的转基因红花
高粱 （*Sorghum bicolor*）	昆士兰大学	成分——动物营养，产量，选择性标记——抗生素抗性	在有限可控的条件下释放改良谷物品质的转基因高粱
甘蔗 （*Saccharum* spp. ）	澳大利亚糖业研究有限公司	除草剂耐受	在有限可控的条件下释放除草剂耐受的转基因甘蔗
小麦 （*Triticum aestivum*）	墨尔本大学	成分——食品（人体营养），选择性标记——抗生素，选择性标记——除草剂	在有限可控的条件下释放提高铁的吸收、运输和生物利用率的转基因小麦
小麦 （*Triticum aestivum*）	澳大利亚联邦科学与工业研究组织	抗病、耐旱特性，成分——食用（加工过程），成分——食品（人体营养）	在有限可控的条件下释放具有抗病、耐旱特性，且含油量、小麦颗粒改良的转基因小麦
小麦（*Triticum aestivum*） 大麦（*Hordeum vulgare*）	阿德莱德大学	非生物胁迫耐受性，高产，选择的标记	在有限可控的条件下释放具有非生物胁迫耐受性和高产的转基因小麦和大麦
小麦（*Triticumaestivum*） 大麦（*Hordeum vulgare*）	阿德莱德大学	非生物胁迫耐受性，产量，成分——食品（人体营养），选择性标记——抗生素	在有限可控的条件下释放具有非生物胁迫耐受性或富含微量元素的转基因小麦和大麦

资料来源：基因技术监管办公室。

表 A2　　　人为释放转基因行为备案表—（DIRs）中有"转基因备案"（已批准的转基因使用，
包括田间试验）的动物类和病毒类产品的简要信息

名称	申请机构	改良性状	许可目的
霍乱杆菌 （*Vibrio cholerae*）	PaxVax Australia Pty Ltd	疫苗——毒力减弱，选择性 标记——其他	转基因霍乱疫苗的临床试验
大肠杆菌	Zoetis Australia Research & Manufacturing Pty Ltd	疫苗——毒力减弱	商业化释放致病性大肠杆菌的 转基因疫苗
单纯疱疹病毒 – 1	安进澳大利亚有限公司	疗效——毒力减弱，疗效—— 增强免疫反应	商业化供应用于癌症治疗的肿 瘤选择性转基因病毒
传染性喉气管炎病毒 （*Gallid herpesvirus*）	Bioproperties Pty Ltd	疫苗——毒力减弱	在有限可控的条件下释放用于 抗鸡传染性喉气管炎病毒的转 基因疫苗 Vaxsafe® ILT
流感病毒	Clinical Network Services（CNS）Pty Ltd	疫苗——改变抗原表达；疫 苗——毒力减弱；复制受阻	临床试验转基因流感疫苗 H3N2 M2SR
流感病毒	Clinical Network Services（CNS）Pty Ltd	人类疾病的治疗——毒力 减弱	临床试验活性弱毒转基因流感 疫苗
流感病毒	阿斯利康公司	疫苗——毒力减弱	商业化释放转基因流感疫苗
昆虫特异性黄病毒	昆士兰大学	疫苗——改变抗原表达	在有限可控的条件下释放转基 因昆虫特异性黄病毒，在鳄鱼 养殖中用于抗昆津病毒感染
微藻类 *Nannochloropsis oceanica* Suda& Miyashita	昆士兰大学	改变脂肪酸组成，不能利用 硝酸盐作为氮源（养分利 用）	在有限可控的条件下释放具有 脂肪酸高产特性的微藻类
呼吸道合胞病毒	Clinical Network Services（CNS）Pty Ltd	人类疾病的治疗——毒力 减弱	临床试验抗呼吸道合胞病毒 （RSV）的转基因疫苗
牛痘病毒	昆士兰大学	疫苗——改变抗原表达；疫 苗——毒力减弱；报告基因 表达	试验用于抗罗斯河病毒感染的 转基因疫苗
牛痘病毒	Clinical Network Services（CNS）Pty Ltd	疫苗——改变抗原表达；疫 苗——毒力减弱；报告基因 表达	临床试验用于治疗肝癌、肾癌 和前列腺癌的转基因病毒
黄热病病毒 （YF 17D）	赛诺菲 – 安万特澳大利 亚有限公司	疫苗——毒力减弱，疫苗—— 改变抗原表达	商业化释放用于预防流行性乙 型脑炎的转基因活病毒疫苗 （Imojev）™
黄热病病毒 （YF 17D）	赛诺菲 – 安万特澳大利 亚有限公司	疫苗——改变抗原表达	商业化释放弱毒的转基因登革 热疫苗（Dengvaxia）

资料来源：基因技术监管办公室。

⑬

印度

美国农业部

对外农业服务局

规定报告：按规定 - 公开

报告编号：IN2019 - 0109

报告名称：农业生物技术发展年报

报告类别：生物技术及其他新生产技术

编 写 人：Dr. Santosh K. Singh

批 准 人：Mark Wallace

全球农业信息网

发表日期：2020.02.04

报 告 要 点

在过去十年中，印度的政治环境一直阻碍着农业生物技术的发展。印度政府仍未决定是否批准转基因作物（茄子和芥菜）商业化生产，而这些作物几年前已经被监管部门批准可环境释放。目前，唯一被批准用于商业化种植的生物技术作物（五个转化体）是 Bt 棉花，唯一获准进口的来自转基因工程作物、动物或其副产品的产品是大豆油和菜籽油。除了克隆水牛的研究取得一些成功，印度动物生物技术的研究和发展还处于初级阶段。

内 容 提 要

1986 年颁布的《环境保护法》（EPA）为印度的转基因（GM）植物、动物及其产品和副产品的生物技术监管框架（见附录表 A1）奠定了基础。印度现行法规规定，在批准商业化或进口之前，印度最高监管机构——基因工程审批委员会（GEAC）必须对所有生物技术食品和农产品，以及来自生物技术植物和动物或其他生物技术衍生的产品进行评估。2006 年颁布的《食品安全和标准法》对基因工程食品（包括加工食品）的监管做出了具体规定。然而，由于缺乏相关法规和运行基础设施，印度食品安全标准局（FSSAI）委派基因工程审批委员会（GEAC）对基因工程食品进行审批。2017 年 8 月，印度最高法院责令印度食品安全标准局制定基因工程食物产品审批相关法规。

Bt 棉花是目前唯一获准用于商业化种植的转基因作物，从转基因大豆和油菜籽中提取的植物油是印度唯一获准进口的转基因产品。过去几年，GEAC 收到的进口批准申请，包括从转基因玉米提取的酒糟（DDGS）、转基因大豆、从转基因大豆中提取的油和豆粕以及其他转基因作物加工食品的申请。依据 2017 年 8 月最高法院的要求，GEAC 已将批准转基因食品产品的申请转交给 FSSAI。然而，FSSAI 仍在制定转基因食品的审批法规。在 FSSAI 法规制定、批准和实施之前，印度转基因食品的审批处于停滞状态。

据估算，2018 年，美国、印度在食品、农业及相关产品方面的双边贸易约为 70 亿美元，贸易差额为 2.8∶1。美国出口的转基因产品主要是棉花（3.33 亿美元）和少量大豆油（10 万美元）。Bt

269

棉花是印度唯一获准用于商业化种植的转基因作物，占印度棉花产量的95%以上，在2018—2019年度（2018年8月至2019年7月）约为2650万包（480磅包），其中出口约350万包。包括克隆动物在内，印度没有来源于农业生物技术的商业化生产的动物及其产品。

尽管执政的全国民主联盟（NDA）政府已经允许生物技术监管体系发挥作用，但其在产品审批上犹豫不决，并减缓了GEAC的工作速度。2017年5月，GEAC批准了当地开发的GM芥菜的环境释放，但由于右翼组织等的反对，政府决定推迟批准GM芥菜。自2017年以来，GEAC的运行速度大幅放缓。自2019年5月全国民主联盟（NDA）政府再次当选后，近五个月没有举行过任何会议。2017年早期，农业和农民福利部（MAFW）对生物技术种子公司实施了市场限制措施，包括对Bt棉花种子实行价格控制，并提议对生物技术种子实施许可规定。这些限制给农业生物技术部门的工作带来很大的不确定性，并阻碍了对生物技术研发的投资。

第1章 植物生物技术

1.1 生产和贸易

1.1.1 产品开发

1. 转基因作物

一些印度种子公司和公共研究机构正在开发超过 85 种转基因作物，主要用于抗虫害、耐除草剂、抗逆性（如干旱、盐碱和土壤养分耗损）、营养增强以及营养、药用或代谢表型。公共部门正在研发的作物包括香蕉、卷心菜、木薯、花椰菜、鹰嘴豆、棉花、茄子、油菜籽、芥菜、木瓜、花生、木豆、土豆、水稻、高粱、甘蔗、西红柿、西瓜和小麦。然而，私营种子公司专注于种植卷心菜、花椰菜、鹰嘴豆、玉米、棉花、芥菜、油菜籽、秋葵、木豆、水稻和西红柿等作物。政策的不确定性和监管审批体系的长期拖延，严重阻碍了私营和公共部门的转基因作物研究进入产品开发阶段。有消息称，由于无法通过印度的监管体系（如孟加拉国和菲律宾的 Bt 茄子），印度从事转基因作物产品开发的公司正探索在其他国家进行商业种植转基因作物。

2009 年 10 月 14 日，GEAC 建议批准 Bt 茄子商业化种植，并将申请提交环境、森林和气候变化部（MOEFCC）作最终决定。2010 年 2 月 9 日，在前团结进步联盟政府的领导下，MOEFCC 宣布暂停审批，直到印度政府的监管体系能够通过长期研究确保人类和环境安全。十多年过去了，GEAC 还没有启动任何关于 Bt 茄子的最终审批程序。

与此同时，公共部门（德里大学）基于 barnase、barstar 和 bar 基因开发的国内转基因芥菜品种（包含 bn 3.6 和 modbs 2.99）通过了监管审批。2017 年 5 月 11 日，GEAC 向主管当局（GOI）推荐了允许转基因芥菜的环境释放的提案。然而，GEAC 的决定受到了包括右翼的反生物技术团体在内的各种反生物技术利益相关者的质疑。随后，MOEFCC 发出通知，"在收到各利益相关方的各种意见后，转基因芥菜的环境释放相关事宜有待进一步审查"。此外，政府将批准 GM 芥菜的提案发回给 GEAC 重新审议。2018 年 3 月，GEAC 重申，在批准环境释放活动时充分考虑了各利益相关方提出的问题。尽管如此，GEAC 还是建议开发商在旁遮普省和德里的两个面积约达 2 万平方米的地点对蜜蜂和其他传粉媒介进行田间示范研究。2018 年 7 月，GEAC 批准了针对蜜蜂和其他传粉媒介的转基因芥菜的田间研究。这个问题之后没有进一步的进展。

如果政府决定尽快通过基于科学的监管评估批准转基因作物，那么除转基因芥菜和 Bt 茄子之外，至少还有 3 个转基因作物（包括 Bt 棉花）已进入审批的末阶段（2~3 年）。然而，有消息称，由于政策无力，大多数转基因作物开发者已经撤回或暂缓争取审批。

2. 创新生物技术的使用

为了应对政治利益和生物技术监管审批系统的拖延，大多数公共部门的研究人员开始重点研究将基因组学和标记辅助育种应用在农业生物技术项目中。

一些组织已开始对基因组编辑等新的生物技术在农业中的应用进行初步研究。为了激励创新并促进全基因组分析和工程技术的发展，科学技术部（MOST）、生物技术部（DBT）成立了一个基因组编辑研究及应用工作小组。然而，目前还没有专门的资金来资助这些新的研究技术。

3. 生物技术在其他部门的应用

在印度，生物技术被广泛用于人类和动物生物制药的生产。这些产品大多属于生物仿制类，例如胰岛素、乙型肝炎疫苗、人类生长激素和单克隆抗体等产品。它们是利用宿主系统如细菌、酵母和细胞系制备的。目前，转基因植物还没有被用作植物受体系统以生产生物制药。

生物制药包括生物仿制药的联合监管框架：①印度药品和化妆品法案下的药品监督管理总局（DCGI）；②基因改造审查委员会（RCGM）和 GEAC 根据 1986 年《环境保护法》，以及 1989 年的《关于危险微生物/转基因生物或细胞的生产、使用、进口、出口和储存条例》（通常被称为《1989年条例》）。

RCGM 对临床前研究的申请进行审核；GEAC 从环境的角度审核申请；DCGI 规范临床试验和最终注册的进行，并负责上市后的监督和检测。

1.1.2 商业化生产

2002 年，Bt 棉花被批准用于商业化种植，并且仍然是唯一被批准生产的转基因作物。在 15 年的时间里，Bt 棉花种植面积已经占到印度棉花总种植面积的 95% 以上，这使得印度棉花产量激增。印度棉花产量相比于 2002—2003 年度产量从 770 万公顷增加到 1060 万包，2013—2014 年度（2013 年 8 月—2014 年 7 月）从 1190 万公顷增加到创纪录的 3100 万包（480 磅包）。因此，印度已成为世界上最大的棉花生产国和第二大出口国。印度在即将到来的 2018—2019 年度棉花产量估计为 2650 万包，面积为 1260 万公顷。

迄今为止，印度政府已经批准了 5 个棉花品种和 1400 多个杂交品种在不同农业气候区种植。大多数被批准的 Bt 杂交棉花都来自印度合资公司孟山都生物技术有限公司（MMBL）的两个转化事件（MON531 和 MON15985）。因为该公司拥有这两个转化事件在印度的授权。MMBL 也将这两个项目许可给大约 42 个印度种子公司，允许它们通过许可协议后，拥有这些转化事件在棉花杂交种中使用的权利。

Bt 棉花的商业化种植被批准用作纤维（服装）、食品（人类食用油）和饲料（动物饲料）。

在印度，非法种植未经批准的转基因作物的现象持续增加。2017 年，有媒体报道称，未经批准的转基因棉花、大豆和茄子种子被非法生产者秘密出售，并被全国各地的农民种植。生物技术部（DBT）成立了田间试验和科学评估委员会（FISEC），以明确未经批准的转基因作物的种植面积。尽管官方报告尚未发布，但业内人士表示，未经批准的转基因棉籽，包括孟山都（Monsanto）抗虫和耐除草剂（HT）技术 Bollgard II® Roundup Ready Flex®（BGII‑RRF），可能在 2019—2020 年期间，占古吉拉特邦、马哈拉施特拉邦、特伦甘纳邦、安得拉邦、奥里萨邦、卡纳塔克邦和中央邦棉花种植面积的 20%。媒体报道还称，古吉拉特邦的一些地方种植了转基因大豆。实地消息报道，孟加拉国的 Bt 茄子种子已在邻国印度西孟加拉邦、奥里萨邦等地的田地中被发现。

2019 年 5 月，有报道称哈里亚纳邦北部种植了 Bt 茄子，州政府证实了 Bt 茄子的存在，将其连根拔起，并开展调查以查明种子来源。随后，来自马哈拉施特拉邦的一个农民组织发起了一场名为"转基因非暴力抵抗和不合作主义"的运动，无视法律公开种植转基因棉花种子，以抗议政府在批准对农民有利的新技术方面的犹豫不决。然而，一些反转基因的农民团体反对这项运动，敦促政府对违规者采取行动。

尽管印度政府和几个州政府已经开始采取措施以阻止非法转基因种子的销售，但有消息称，在目前的季节里，转基因种子的销售和使用仍有增无减。种植未经批准的转基因种子反映了农民对新技术的需求，而政府仍在监管渠道的各个阶段继续推迟对种植转基因作物的批准。

1.1.3　出口

印度是世界上仅次于美国和巴西的第三大棉花出口国，偶尔也会出口少量 Bt 棉花和棉籽粕。2018—2019 年度（2018 年 8 月—2019 年 7 月），印度出口约 350 万包（480 磅包），而 2011—2012 年度出口达到创纪录的 1110 万包。有市场消息称，作为纤维产品（纤维素）的棉花，因为它不含蛋白质，也不用于食品或饲料，其出口文件不需要进行任何转基因申报。印度不向美国出口大量的棉花或棉籽粕。

1.1.4　进口

目前印度唯一获准进口的转基因食品是来自转基因大豆的大豆油（耐草甘膦和其他五个转化事件）和来自转基因油菜籽的菜籽油（选择性抗除草剂）。印度从阿根廷、巴西和巴拉圭进口大量大豆油（2018 年为 297 万吨，2016 年为 390 万吨），从加拿大进口少量菜籽油。

印度进口了大量棉花，包括转基因棉花，以满足当地纺织行业对优质棉花的需求（2018—2019 年度为 180 万包）。然而，棉花作为一种不含任何蛋白质的纤维产品并不需要进行转基因申报。

严格禁止进口其他转基因作物（种子、饲料和人类食品）以及从转基因作物中提取的加工产品。

1.1.5　粮食援助

从历史上看，印度并不是主要的粮食援助提供国，仅在邻国发生自然灾害时偶尔提供以非转基因小麦、大米为主的粮食援助。印度也不是美国的粮食援助受援国，将来也不可能是。

1.1.6　贸易壁垒

印度的贸易政策有效地禁止了除特定转化体的转基因大豆油、转基因菜籽油以外所有转基因产品的进口。2006 年 7 月 8 日，工商部发布通知，规定所有含转基因成分的进口产品必须事先获得 GEAC 的批准。该指令要求在进口时进行转基因声明。

业内人士报告称，进口转基因产品（包括 2017 年 8 月之前的加工食品）获得 GEAC 许可的程序烦琐且没有科学依据，这实际上禁止了进口。2007 年 6 月 22 日，GEAC 批准了从耐草甘膦大豆中提取的大豆油经精炼后用于消费的永久进口许可。2014 年 7 月 17 日，GEAC 还批准了从其他四个转化事件提取的大豆油的进口。2015 年 9 月 3 日，GEAC 允许进口拜耳生物科技有限公司从 FG72 转基因大豆中提取的大豆油和拜耳生物科技有限公司从 MS8 × RF3 抗除草剂油菜籽中提取的菜籽油。目前没有批准进口其他转基因食品，包括散装粮食谷物、半加工食品或加工食品。

GEAC 已收到转基因玉米酒糟（DDGS）、转基因大豆的豆粕和转基因大豆的进口申请，目前正在审查中。2017 年 1 月，GEAC 成立了一个小组委员会，负责起草 DDGS 进口指南。2018 年 3 月，小组委员会向 GEAC 提交了 DDGS 进口指南草案，GEAC 将 11 份 DDGS 进口审批申请转交给农业和农民福利部畜牧、乳制品和渔业部门征求意见。随后，在 2018 年 7 月，GEAC 成立了另一个小组委员会，负责制定处理与进口动物饲料（包括 DDGS 和豆粕）有关申请的程序。在新的小组委员会提交处理动物饲料进口申请的拟议程序和指南之前，GEAC 推迟对动物饲料进口作出任何决定。

转基因种子和种植材料的进口也受到 2004 年 1 月生效的《2003 年植物检疫印度进口法规令》（Plant Quarantine Order，PQO）的监管。PQO 对用于研究目的的转基因种子、基因工程生物和转基因植物材料的进口做了规定。国家植物遗传资源局（NBPGR）负责签发转基因种子和植物材料进口许可证。有消息称，基因工程生物和转基因植物材料获得 PQO 批准的过程非常烦琐。最近，环境、森林和气候变化部（MOEFCC）发布了《转基因植物和种植材料进出口程序》。

1.2 政策

1.2.1 监管框架

印度对转基因作物、动物和产品的监管框架受 1986 年的《环境保护法》（EPA）和 1989 年的《关于危险微生物/转基因生物或细胞的生产、使用、进口、出口和储存条例》（《1989 年条例》）约束。这些条例适用于转基因生物及其产品的研究、开发、大规模使用和进口。条例确定了六个主管部门（见附录表 A1）。

2006 年 8 月 24 日，印度政府颁布了一部综合食品法，即 2006 年《食品安全和标准法》，对转基因食品（包括加工食品）的管理做了具体规定。根据该法案，印度食品安全标准局（FSSAI）是负责制定和实施包括转基因食品在内的食品标准的唯一机构。然而，FSSAI 还没有能力履行这一职能。

目前，转基因加工食品和产品的审批将由 FSSAI 负责，而用于科研、开发和非食品加工及其他的转基因作物和产品（包括种子在内转基因生物体）的审批将由 GEAC 负责。印度目前的监管审批制度没有对监管审批的各个阶段制定时间表。印度各部/州政府的作用如表 13 - 1 所示。

表 13 - 1　　　　　　　　　　　印度各部/州政府的作用

当局	角色/职责
MOEFCC	GEAC 的上级部门，根据 EPA 法案负责 1989 年生物技术条例实施的关键机构
DBT	为 GEAC 提供技术指导和技术支持，负责国内转基因产品研发的生物安全性评估和认证
MAFW	对已完成田间试验农艺性能评估的转基因作物品种的商业推广进行评估、审批，同时负责审核后的监督
FSSAI	评估和批准用于人类食用消费的转基因作物及其产品的安全性评价。FSSAI 尚未制定相关法规，GEAC 负责监督其责任的落实。制定相关法规条款并不断推进进程的工作仍需有序进行
各州政府	对生物技术研究机构的安全措施进行监察，并评估因转基因产品放行而可能造成的任何潜在损害。对 GEAC 最终批准的转基因作物在各州的田间试验和商业化种植进行审批
DBT，MAFW 以及各个州政府	通过各种研究机构和州立农业大学支持农业生物技术的研究和开发

1990 年，DBT 制定了《重组 DNA 指南》，随后在 1994 年进行了修订。1998 年，DBT 发布了《生物技术植物研究指南》，包括用于研究的转基因植物的进口和运输。2008 年，GEAC 通过了《进行限制性田间试验的指南和标准操作程序》。GEAC 还通过了新的《来源于转基因植物的食品安全性评价指南》。2016 年，GEAC 通过了一部新的转基因植物环境风险评估（ERA）指南，其中包括转基因植物环境风险评估指南、用户手册和风险分析框架。《环境风险评估指南》是推进环境风险评估系统化进程中所做出的积极的一步，其中风险分析框架在批准过程中首次为公众咨询提供了结构化方法。GEAC 官方网站提供了 1986 年的 EPA 法案和《1989 年条例》，以及所有的指导方针和协议。

印度监管机制不利主要有以下几个原因：

1. 监管体系摇摆不定

2014 年全国民主联盟（NDA）上台后，印度的监管进程初步加快，但自 2017 年后再次放缓。最后一次 GEAC 会议是在 2019 年 3 月 20 日举行的，会议上几乎没有关于选定作物的转化体选择试验的决定。自全国民主联盟政府于 2019 年 5 月重新掌权以来，没有召开过 GEAC 会议。

2. 最高法院案件仍在继续审理中

2005 年，印度最高法院收到了一份请愿书，声称在没有对生物安全问题进行适当科学评估的情况下，就允许对转基因作物进行田间试验。2012 年 5 月 10 日，法院任命了一个由六名成员组成的技术专家委员会（TEC），在允许进行开放田间试验之前，对所有转基因作物的风险评估研究（健康和环境安全）进行审查并提出建议。（注：有关 2005 年最高法院案件的更多信息，请参阅 GAIN 报告 8077 号）。2013 年 7 月 18 日，TEC 的五名成员提交了他们的最终报告，建议在现有监管体系的漏洞得到妥善解决之前，禁止进行田间试验。但是，第六名成员（一名农业科学家）提交了一份单独的报告，反对 TEC 的建议。2014 年 4 月 1 日，印度政府向法院提交了一份宣誓书，反对五名成员提交的 TEC 报告。在 2014 年 4 月 22 日和 2014 年 5 月 7 日的庭审中，由五名成员提交的 TEC 报告也遭到了行业利益相关者的强烈反对。迄今为止，这一案件没有进一步的进展。

3. FSSAI 尚未制定转基因食品相关的审批规定

继 2006 年颁布《食品安全和标准法》之后，MOEFCC 于 2007 年 8 月 23 日发布了一个通知，指出从转基因产品中提取的加工食品（最终产品不是活的转基因有机体）在印度的生产、销售、进口和使用不需要 GEAC 审批。由于加工食品不会在环境中再现转基因特性，因此根据《1989 年条例》，它们不被视为环境安全问题。

尽管从法律上讲，FSSAI 对印度的转基因食品有监管权力，但 FSSAI 尚未制定转基因食品相关的审批规定。因此，卫生和家庭福利部（MHFW）要求 GEAC 继续根据《1989 年条例》对加工转基因食品进行监管。因此，MOEFCC 关于加工食品的通知因一系列允许 GEAC 监管转基因加工产品进口的通知而延期执行。

2017 年 8 月 11 日，印度最高法院指示 FSSAI 制定与转基因食品及其产品审批相关的指南和法规。因此，GEAC 已将所有未审批的转基因产品的加工食品进口申请转交给 FSSAI 审批。然而，FSSAI 仍在制定有关转基因作物和动物加工食品的指导方针。因此，在 FSSAI 制定新的指南和实施条例之前，所有加工食品的进口批准申请都将被搁置。

4. 生物技术监管局法案被搁置

2007 年 11 月 13 日，MOST 发表了一篇题为"国家生物技术战略"的论文，提议建立印度国家生物技术监管局（NBRAI），为生物安全许可提供单一窗口机制。2013年4月22日，DBT向议会提交了《国家生物技术监管法案》，以及《建立国家生物技术监管局的设立计划》草案，提交议会审批。2014年5月，第15届议会下院（Lok Sabha）解散，BRAI法案因不作为而失效。执政的NDA政府从那时起就没有对拟议的BRAI法案采取任何措施。在赢得2019年的议会选举后，NDA政府将不得不决定是继续执行目前的BRAI法案草案，还是进行修订。在此之前，印度的监管机制将继续执行1986年的EPA和《1989年条例》的规定。

5. NDA政府的《国家生物技术发展战略（2015—2020）》

虽然BRAI法案继续被搁置，但NDA政府于2015年12月宣布了《国家生物技术发展战略（2015—2020）》。该战略旨在将印度建成世界级的生物制造中心。政府计划启动一项重大任务，并投入大量资金，目的是研发新的生物技术产品，为研发（R&D）和商业化建立完善的基础设施，并通过科学技术来提高印度的人力资源技术水平。尽管该战略强调研发和人力资源开发，并将粮食和营养列为四个小型任务之一，但监管审批制度缺乏、进展缓慢，严重制约了印度农业生物技术的发展。

1.2.2 审批

5个转化体被批准可在印度种植，都是有关Bt棉花的（见表13-2）。有7个转化体（包括6个大豆和1个油菜籽）获得了食用油进口许可。

表13-2 印度获批的Bt棉花

基因/转化体	开发商	使用
Cry1Ac（Mon 531）[1]	孟山都生物科技有限公司	纤维/种子/饲料
Cry1Ac & Cry2Ab（Mon 15985）[2]	孟山都生物科技有限公司	纤维/种子/饲料
Cry1Ac（Event 1）[3]	JKAgrigenetics	纤维/种子/饲料
Cry1Ab and Cry1Ac（GFM Event）[4]	Nath Seeds	纤维/种子/饲料
Cry1C（Event MLS 9124）	Metahelix生命科学有限公司	纤维/种子/饲料

资料来源：GEAC、MOEFCC、GOI。

[1] 基因来源于孟山都。
[2] 复合基因转化体来源于孟山都。
[3] 基因来源于位于克勒格布尔的印度理工学院。
[4] 基因来源于中国的融合基因。

1.2.3 复合性状转化事件的审批

复合性状转化体，即使由已批准的转化体组成，也基本上被视为新转化体，要进行环境释放审批。

1.2.4 田间试验

GEAC负责根据基因操作审查委员会（RCGM）的建议批准所有的田间试验。申请人必须在拟进行试验前至少60天，以规定的格式向RCGM和GEAC提交一份允许进行田间试验的申请。在任何转化事件被批准用于商业用途之前，必须在印度农业研究理事会（ICAR）机构或国家农业大学

（SAU）的监督下，通过至少两个作物季节的田间试验来进行广泛的农艺学评估。产品开发商也可以结合生物安全性试验进行农艺试验，或者在 GEAC 给予环境许可建议并获得 GOI 最终授权后单独进行农艺试验。

2009 年 4 月，GEAC 对 Bt 棉花采用了"基于转化事件"的审批制度。这涉及审查事件/性状的效力，并侧重于生物安全，特别是环境和健康安全。2017 年 4 月，GEAC 授权 ICAR 全权负责 Bt 棉花杂交种的评估、批准、管理和监测。此后，ICAR 应负责确认是否存在批准的基因/事件、蛋白质表达水平及新 Bt 棉花杂交种的农艺试验。

一些州政府拒绝在未经州政府许可的情况下进行转基因作物田间试验。2011 年 7 月 6 日，GEAC 修订了田间试验授权程序，要求申请人（技术开发人员）从相关州政府获得无异议证书或 NOC（一种许可证）。有市场消息来源报告说，只有少数几个州（旁遮普省、哈里亚纳邦、德里、拉贾斯坦邦、古吉拉特邦、马哈拉施特拉邦、卡纳塔克邦和安得拉邦）发放了特定转化体的转基因田间试验的 NOC。然而，在其中一些州，试验仅限于非粮食作物（棉花）。尽管 GEAC 批准了几个作物转化体的田间试验，但无法从州政府获得许可（以 NOC 形式）的问题限制了田间试验。

2017 年 7 月 7 日，GEAC 发布通知，要求州政府在提交申请之日起 90 天内宣布批准或拒绝田间试验有效性的决定；超过 90 天，未被拒绝的申请视为已批准。GEAC 还取消了对事件选择试验需获得 NOC 的要求，因为这些试验规模较小，可以在该机构的范围内进行。这些措施帮助开发商加快了州政府对田间试验的监管审批程序。

1.2.5　创新生物技术

印度尚未确定创新技术（如植物和其他生物的基因组编辑等）的监管地位，并且这一问题仍在讨论中。然而，所有转基因生物都是按照《1989 年条例》进行监管的。该条例对基因技术和转基因的定义如下：

（1）"基因技术"是指转基因技术的应用，包括自克隆、缺失和细胞杂交。

（2）"转基因"是指将在生物体或细胞外产生的、通常不会出现或不会在有关生物体或细胞内自然产生的可遗传物质插入所述细胞或生物体的技术。该技术还意味着通过将细胞转入受体细胞中形成新的遗传物质组合，在受体细胞中自然发生（自我复制），以及通过缺失和移除部分遗传物质对生物体或细胞进行修饰。

因此，对创新生物技术的监管将根据《1989 年条例》定义。在各种科学会议上对基因工程新技术的管理进行了初步讨论。有消息称，DBT 正在准备一份资源文件，建议对基因组编辑和其他创新技术开发的产品进行监管。然而，DBT 至今还没有拿出任何文件以供公开讨论。

1.2.6　共存

GOI 没有关于转基因和非转基因作物共存的具体规定。2007 年 1 月 10 日，GEAC 决定禁止在印度香米种植区，特别是地理标志州旁遮普邦、哈里亚纳邦和北阿坎德邦进行多地点转基因水稻的田间试验。

1.2.7　标签和可追溯性

2012 年 6 月 5 日，消费者事务司（DCA）、消费者事务、食品和公共配送部发布通知 G. S. R. 427

（E），修订2011年法定计量（包装商品）规则，自2013年1月1日起生效，其中规定"每一个含有转基因食品的包装应在其主要的标签的顶部印有'转基因'字样"。DCA表示，对"转基因"标签的要求是因为消费者有知情权。业内人士报告称，DCA并未提出强制性标识要求。由于FSSAI仍在制定转基因食品相关标识法规，无法确定DCA未来对转基因食品标识如何管理（请参见GAIN报告IN2078）。

2018年4月13日，FSSAI发布了标签和展示条例草案，其中规定了含有转基因成分的食品的强制性标识规定（IN8043）。该条例草案规定，所有含有5%或以上转基因成分的食品应贴上"含有GMO/源自GMO的成分"的标识。随后，2019年6月27日，FSSAI公布了标签和展示条例修订草案，其中取消了标签规定（IN9060）。业内人士报告说，FSSAI正在制定一套单独的法规草案，其中包括转基因食品和/或转基因产品衍生食品的标签规定。

本报告不了解任何有关转基因植物及其植物产品（包括源自转基因产品的加工产品）可追溯性的法规。

1.2.8 监测和检测

由于进出口港缺乏检测设备，印度在转基因进出口时未进行转基因特性检测。本报告没有任何关于进口货物拦截的报告（包含未经批准的转基因事件）。然而，FSSAI和州政府的食品安全机构有权抽样并在具有身份验证仪器的各政府和私人食品检测实验室进行检测。如果发现进口产品含有未经批准的转基因事件，可对进口商提起刑事诉讼。

印度没有通过对田间作物进行定期监测，去发现是否存在未经批准的转基因事件。但是，MAFW对批准的GM作物（棉花）事件确实进行了三年的监测，以了解其农艺性能和对环境的影响。自2018年8月报道种植非法转基因作物事件以来，各州政府一直在试行和开展销毁非法转基因作物的行动，并对相关种子公司和个人采取适当的法律行动。

1.2.9 低水平混杂（LLP）政策

印度对进口货物中未经批准的转基因食品和作物事件实行零容忍政策。贸易政策规定，如果进口货物在进口时被发现含有任何级别的未经批准的转基因事件，进口商将受到刑事诉讼。

1.2.10 附加监管要求

一旦一个转基因事件被批准用于商业用途，申请人就可以根据2002年国家种子政策的规定和各个州的其他相关种子条例，在各州注册和销售种子。在转基因作物商业化种植后，MAFW协同各个州的农业部对田间情况进行3~5年的监测。

1.2.11 知识产权（IPR）

2001年，印度颁布了《植物品种保护和农民权利法》，以保护包括转基因植物在内的新植物品种。植物品种保护和农民权利管理局于2005年成立，迄今为止，已告知包括Bt棉花杂交种在内的158个农作物品种进行登记。

1.2.12 《卡塔赫纳生物安全议定书》的批准

2003年1月17日，印度批准了《卡塔赫纳生物安全议定书》，并自那时起制定了实施这些条款规定的规则（见附录表 A3）。为促进改良活生物体（LMO）的科学、技术、环境和法律信息的交流，MOEFCC 内部设立了生物安全信息交换所（BCH）。GEAC 负责对转基因产品（除食品外）的贸易进行审批，而转基因食品由 FSSAI 负责。2014 年 10 月，印度成为第 28 个批准《卡塔赫纳生物安全议定书关于赔偿责任和补救的名古屋 – 吉隆坡补充议定书》的国家。

1.2.13 国际条约和论坛

在国际食品法典委员会的讨论中，印度支持对转基因食品进行强制性标识，强制要求对食品和食品成分中含有的任何转基因生物进行声明。

1.2.14 相关问题

1. MAFW 监管棉花特性许可费

2015 年 12 月 7 日，印度 MAFW 通过了一项名为《2015 年棉籽价格控制令》（CSPCO）的命令。该命令旨在规范棉籽的最高销售价格，包括专利费/性状价值费。2016 年 3 月 8 日，MAFW 发布通知，规定 2016—2017（2016 年 7 月—2017 年 6 月）作物年度 Bollgard Ⅰ棉花种子价格上限为每包 635 卢比（450 克 Bt 种子加 120 克非 Bt 种子），性状价值费为零；Bollgard Ⅱ棉花种子价格上限为每包 800 卢比，性状价值费为每包 49 卢比。2018 年 3 月 12 日，MAFW 进一步将 Bollgard Ⅱ棉籽价格下调至每包 740 卢比，性状价值费为每包 39 卢比。

2. 转基因作物许可指南

2016 年 5 月 18 日，MAFW 发布了关于 2016 年 GM 技术协议指南的许可和规范的通知，其中建立了强制性技术许可制度，制定了合同条款和条件，并确定了专利费上限。2016 年 5 月 24 日，由于各利益相关者对该通知的广泛影响表示担忧，政府撤销了该通知，并发布了与"GM 技术协议许可指南和格式草案"一致的文件，征求所有利益相关者的意见，为期 90 天。各利益相关者，包括美国政府和其他外国及国际组织，向 MAFW 提交了意见。迄今为止，MAFW 尚未宣布其关于实施许可证发放准则的决定。业内人士报告说，虽然 MAFW 可能已经放弃了许可准则草案，但可以通过 2001 年《植物品种保护和农民权利法》（PPV & FR 法）的现行规定，创建一种管理许可的替代方法。

3. 不鼓励对农业生物技术的研发和投资

行业专家报告称，CSPCO 和规范许可协议的举措严重阻碍了企业经营的便利性、创新性的发展以及对农业生物技术领域的研发和投资。CSPCO 的规定不仅使现有技术提供商信心受损，还极大地抑制了潜在的创新者。转基因作物的研发通常需要大量投资和数年时间才能取得成果，因此需要合理的知识产权保护，以便可能取得投资回报。对于性状价值费的干预和规范许可协议的这种做法，将不会激励农业创新和新技术引进。事实上，这些技术对于资源贫乏的印度农民改善生计、提高全球竞争力至关重要。

1.3 市场营销

1.3.1 公众/个人意见

尽管印度公众对农业生物技术和转基因作物的看法不一，但是政治压力对监管环境很不利。在绿色和平组织和其他国际分支机构的支持下，一些反生物技术的环保人士、农民和消费团体开展积极和持续的运动以反对转基因作物产品。

除了棉花种植者，大多数印度农民对没有经批准的转基因农作物缺乏认识。多数行业协会对农业生物技术和转基因作物持支持态度。印度种子工业联合会（FSII）由种子技术开发领导者组成，与其他支持生物技术组织、生物技术监管机构、科学界、农民团体和公众合作，宣传农业生物技术带来的好处。2018年4月，在印度经营的几大种子和农业技术公司（主要是跨国公司）成立了新的协会"农业创新联盟"（AAI），旨在为造福印度农民而推广农业生物技术和其他植物创新育种等新兴农业技术。

无论是跨国生物技术公司，还是本地生物技术公司，由于监管部门审批政策的不确定性，严重影响了它们正在进行的生物技术作物开发计划。据悉，公共研究机构已经从转基因作物研究转向基因组学研究，并将其应用于标记作物育种以便鉴定各种性状。

大多数农业研究人员和印度科学家认为生物技术是解决印度未来粮食安全、可持续性和气候变化问题的重要工具。MOST/DBT、MAFW下属印度农业研究理事会（ICAR）和国家农业科学院（NAAS）等机构支持了多项向公众宣传生物技术和转基因作物益处的推广活动，但收效甚微。

印度监管机构和政策制定者通常为保证转基因作物和产品的生物安全而采取预防措施。由于媒体的负面宣传，一些州政府采取了诸如禁止在本州进行转基因作物田间试验的政策，这理所当然地阻碍了农业生物技术的研发。MAFW和MOST通常都支持农业生物技术和转基因作物研发。根据印度最高法院的指令，FSSAI已经启动了制定转基因食品及其产品审批法规的程序，但仍需要各利益相关者提供援助，以便构建科学高效的食品加工监管体系。

1.3.2 市场接受度/研究

印度唯一允许商业化的产品是Bt棉花（可种植）和来源于转基因大豆、转基因油菜籽的进口植物油（用于消费）。在印度生产的Bt棉（纤维用途）、棉籽油（食品）、棉籽粕（动物饲料）和进口大豆和菜籽油（食品）可自由销售。

除约800万种植Bt棉花的棉农之外，大多数印度棉农没有意识到其他转基因作物的潜在益处。非法种植转基因作物的报告明确表明，农民愿意种植其他转基因作物事件（包括目前在印度监管审批系统中停滞不前的大多数转化事件）。

这些产品的制造商、加工商、进口商、零售商和消费者并不关心源自转基因棉花、棉籽/大豆/菜籽油和棉籽粕的食品和服装产品。最近，当地动物饲料制造商纷纷表示对从转基因玉米中获取DDGS和从转基因大豆中获取豆粕感兴趣。超过10家饲料制造商已向GEAC申请进口DDGS，少数进口商已申请进口转基因豆粕。

目前已经进行了几项关于Bt棉花对印度棉花经济好处的研究，但受到了反生物技术组织的强烈质疑。本报告未了解到知名组织或机构对印度其他转基因作物和产品的生产、销售进行的任何重要研究。

第2章 动物生物技术

2.1 生产和贸易

2.1.1 产品开发

除在动物克隆方面取得了一些成功以外，印度在动物生物技术方面的研发尚处于起步阶段。2009年2月6日，国家乳业研究所（NDRI）的科学家通过先进的"人工诱导克隆技术"成功克隆出了第一头雌性水牛，但这头小水牛出生后不久就夭折了。随后，两头克隆雌性牛犊和一头雄性牛犊出生了。2013年1月25日，克隆小母牛与一头经过后代选育的公牛交配后产犊。2014年12月27日，第一头克隆水牛通过"人工诱导克隆技术"产下了第二头小牛，这是该研究所第八头克隆牛犊。2015年12月，国家乳业研究所的一位科学家声称成功克隆出了一头濒临灭绝的雌性恰蒂斯加尔邦野生水牛。2012年3月9日，位于斯利那加的谢尔-克什米尔农业科技大学的科学家声称，他们用同样的克隆技术克隆出一只羊绒山羊。

来自国家乳业研究所的科学家报告说，正在进行的水牛克隆研究仍处于实验阶段，因为他们需要解决低出生率和新生牛犊过早死亡的问题。有消息称，政府启动了一项克隆计划，繁育传统品种水牛和家牛的高价值公牛，以扩大国家育种计划。专家报告说，用于商业用途的克隆技术实现标准化可能还需要7~10年的时间。

目前，印度大多数动物生物技术研究都集中在重要家畜、家禽和海洋物种的基因组学上。牛基因组学项目的重点是表征和具有耐热、耐寒性、抗病性以及与经济因素（如产犊间隔期、泌乳期和产奶量）相关的基因。目前正在进行的研究主要集中在被用于未来育种整合计划的印度传统品种上。政府还鼓励研究人员开展包括家牛和水牛在内的印度传统动物品种基因组学研究。

大多数动物生物技术研究都是由公共部门的研究机构进行的，如ICAR、科学和工业研究理事会（CSIR）、州立农业大学以及生物技术部支持的其他研究机构。有消息称，当地一家研究机构已经成功地对转基因家蚕进行了抗BmNPV（家蚕核型多角体病毒）的实验室试验。值得注意的是：据报道，当地一家公司已获得一家英国公司许可进行有关蚊子传播疾病的研究。这项研究成功地培育出了转基因雄性蚊子，这种蚊子含有一种导致自己后代死亡的基因。这种技术有助于控制登革热、寨卡病毒和基孔肯雅病毒等虫媒病高发地区的蚊子数量。这家印度公司目前正在进行实验室和封闭设施试验。有消息称，由于政策的持续不确定性，该公司暂时中止了这项研究。

2.1.2 商业化生产

到目前为止，印度还没有商业化的转基因动物、转基因动物衍生产品和克隆动物。

2.1.3　出口

印度不出口任何转基因动物、克隆动物和来自这些动物的产品。

2.1.4　进口

除了将转基因动物衍生产品用于制药外，印度不允许进口任何转基因动物、克隆家畜、克隆动物后代和这些动物衍生的产品。

2.1.5　贸易壁垒

适用于植物产品的贸易壁垒也适用于动物产品。

2.2　政策

2.2.1　监管框架

1986 年 EPA 法案适用于监管转基因动物及其产品的研究、开发、商业化和进口。目前，动物生物技术的研究大多处于初级阶段，甚至没有转基因动物可供研究。但是，动物克隆研究和基因组研究不在 EPA 的监管范围之内。由于克隆动物尚处于研究阶段，目前还没有关于克隆动物商业化生产和销售的法规。

2.2.2　审批

无。

2.2.3　创新生物技术

印度尚未明确界定动物基因组编辑等创新技术的监管地位，因为在这些领域没有正在进行的动物生物技术研究。

2.2.4　标签和可追溯性

印度没有对转基因动物及其产品、克隆动物的标签或可追溯性的任何规定，也没有就这个问题开展重大政策讨论。

2.2.5　知识产权（IPR）

知识产权保护法规未对动物生物技术或转基因动物作出具体规定。

2.2.6　国际条约和论坛

虽然印度积极参与了世界动物卫生组织的讨论，但不知道印度是否在动物生物技术（包括转基因动物、基因组编辑和克隆）国际论坛之中占有一席之地。

2.2.7　相关问题

无。

2.3　市场营销

2.3.1　公众/个人意见

普通民众对转基因动物及其产品以及正在进行的动物克隆项目，一无所知。一些反生物技术的积极分子已经开始将转基因动物纳入他们的抗议活动，但出于各种原因，他们将克隆动物排除在外。

2.3.2　市场接受度/研究

市场接受度在印度不是问题，因为市场上没有转基因动物或产品，也没有任何转基因动物/产品的市场研究。动物克隆计划仍处于实验阶段。

附录

表 A1　　　　　　　　　　　　　印度现有生物技术监管机构的职能及组成

委员会	组成	职能
转基因审批委员会（GEAC）；环境、森林和气候变化部（MOEFCC）的职能	主席兼秘书长，MOEF 联合主席－生物技术部（DBT）提名成员：相关机构和部门代表，即工业发展部、DBT 和原子能部专家成员：ICAR 总干事、ICMR 总干事、CSIR 总干事，卫生署署长，植物保护顾问，植物保护局、检疫及贮存局、中央污染控制委员会主席，以及少数以个人身份参与的外部专家成员秘书：MOEFCC 的官员	审查并推荐生物工程产品用于商业应用；从环境安全角度批准在研究和工业生产中大规模使用生物工程生物体和重组体的事件；向 RCGM 咨询与生物工程作物/产品的审核有关的技术问题；批准进口生物工程食品/饲料及其加工产品；根据 1986 年 EPA，对违反相关转基因规定的人采取惩罚措施
基因改造审查委员会（RCGM）；DBT 下属科学技术部（MOST）的职能	代表来自：DBT，印度医学研究理事会（ICMR），印度农业研究理事会（ICAR），科学和工业研究理事会（CSIR），其他以个人身份参与的专家	从生物安全的角度，为生物工程产品的研究和使用制定监管程序指南；监控和审查所有正在进行的基因工程研究项目，在多地点限制性田间试验阶段之前的事宜；对试验地点进行视察，以确保采取了适当的安全措施；为转基因研究项目所需原材料签发进口清关许可证；仔细检查向 GEAC 提交的进口生物工程产品申请；成立生物技术作物研究项目监测和评估委员会，如有需要，就委员会感兴趣的议题指定小组
DBT 下属重组 DNA 咨询委员会（RDAC）	DBT 和其他公共部门研究机构的科学家	记录国家和国际生物技术的发展；为生物技术的研究和应用制定适当的安全指南；编制 GEAC 可能需要的其他指南
监测与评估委员会（MEC）	来自 ICAR 研究所、州立农业大学（SAUs）和其他农业/作物研究机构的专家以及 DBT 的代表	监测和评估试验地点，分析数据，检查设施，并向 RCGM/GEAC 推荐安全和农艺上可行的转基因作物/植物以供审批
机构生物安全委员会（IBC）；研究机构/组织层面的职能	该机构负责人、从事生物技术工作的科学家、医学专家和生物技术部提名人	为确保环境安全，制定生物工程生物体研究、使用和应用监管程序指南手册；授权和监督所有正在进行的生物技术项目进行可控的多地点试验；研究生物工程生物/转基因产品的进口审批；负责地区和州级生物技术委员会的协调工作

续 表

委员会	组成	职能
州生物技术协调委员会（SBCC）；生物技术研究所在州政府的职能	州政府首席秘书；环境、卫生、农业、商业、森林、公共工程部、公共卫生秘书；州污染控制委员会主席；州微生物学家和病理学家；其他专家	对拥有生物工程产品的机构进行的安全和排放措施进行定期检查；对于违反相关规定的行为，通过州污染控制委员会或卫生局进行检查并采取惩罚性措施；州级节点机构负责评估生物工程生物体释放可能造成的损害，并采取现场控制措施
地区级委员会（DLC）；生物技术研究所在地区行政管理下的职能	地区催收员；工厂检查员；污染控制委员会代表；首席医务官；地区农业官员；公共卫生部门代表；地区微生物学家/病理学家；市政公司专员；其他专家	监督研究和生产设施是否遵循安全性规定；调查 rDNA 指南的执行情况，并向 SBCC 或 GEAC 报告违规事件；地区级的节点机构负责评估因生物工程生物体释放可能造成的损害，并采取现场控制措施

资料来源：DBT、MOEFCC 和 GOI。

表 A2　　　　　　　　　　　　生物技术产品进口程序和申请格式

项目	按机构批准	管理规则	表格编号	下载链接
GMO/LMO 研发	IBSC/RCGM/NBPGR	《1989 年条例》；1990 年和 1998 年生物安全指南；NBPGR 发布的 2004 年植物检疫（印度进口管制）令；以及 NBPGR 发布的 2004 年种质资源进口指南	I	GEAC 表格 I
GMO/LMO 有意发布（包括田间试验）	IBSC/RCGM/GEAC/ICAR	《1989 年条例》；1990 年和 1998 年生物安全指南	II B	GEAC 表格 II B
GM LMO 本身用于食品/饲料/加工	GEAC	提供生物安全和食品安全研究，遵守《1989 年条例》和 1990 年和 1998 年生物安全指南	III	GEAC 表格 III
来自 LMO[1] 的转基因加工食品	FSSAI（原 GEAC）	FSSAI 正在制定相关法规条例。以前的 GEAC 规定，基于进口商提供的以下信息，对一次性"基因事件"进行审批： ①出口国/原产国批准用于商业生产的作物品种的基因/转化子清单； ②产品在生产国以外的国家消费的批准； ③在原产国进行的食品安全研究； ④出口国/原产国的分析/成分报告； ⑤进口进一步加工的详情； ⑥出口国/原产国饲料/食品商业生产、销售和使用的详细情况； ⑦产品来源基因/转化体批准的详细信息	IV	GEAC 表格 IV

续　表

项目	按机构批准	管理规则	表格编号	下载链接
含有转基因成分的加工食品[1]	FSSAI（原 GEAC）	FSSAI 正在制定相关法规条例。以前的 GEAC 规定：如果加工食品含有来自上述第②类和第③类的任何成分，并且如果 LMO 及其产品已经获得 GEAC 批准，则除在入境港申报外，无须进一步审批。如果未经 GEAC 批准，则遵照上述第③类中所述的程序执行	Ⅳ，如有需要	GEAC 表格Ⅳ

资料来源：GEAC，MOEF 网站 http：//www.geacindia.gov.in/applications.aspx。

[1] 自 2017 年 8 月 11 日印度最高法院颁布指令以来，这些产品受 FSSAI 监管。FSSAI 仍在制定指导方针和规定。

表 A3　　　　　　　印度遵守《卡塔赫纳生物安全议定书》各项条款的情况

条款	规定	现状
第 7 条	在拟直接用作食品或饲料或加工的 LMOs 的第一次越境转移之前，应启动《事先知情同意协议》程序	通知主管当局（GEAC）；通过 NBPGR 进行边境管制，仅限封闭使用；启动加强 DBT 和 MOEF 识别 LMO 能力的项目
第 8 条	在属于第 7 条范围内的 LMO 的有意越境转移之前，出口国应通知或要求出口商以书面形式通知进口国主管当局	《1989 年条例》和主管当局到位
第 9 条	确认收到通知：进口缔约方应书面通知，通知方确认收到通知	联络点收到通知，监管机构（GEAC）到位
第 10 条	决定程序：进口国作出的决定应符合第 15 条的规定	监管机构（GEAC）到位
第 11 条	直接用作食品或饲料或加工用 LMO 的程序	《1989 年条例》[1]，DGFT 第 2 号通知（RE—2006）/2004—2009[2]
第 13 条	用以确保 LMO 安全有意越境转移的简化程序	《1989 年条例》
第 14 条	双边、区域、多边协定和安排	—
第 15 条	风险评估	植物研究用 DBT 生物安全指南，关于转基因植物食品安全评估的密闭田间试验的指南
第 16 条	风险管理	DBT 研究指南
第 17 条	意外越境转移和紧急措施	《1989 年条例》
第 18 条	装卸、运输、包装和标识	《1989 年条例》，待制定的指南
第 19 条	国家主管当局和国家协调中心	指定环境和森林部为主管当局和国家协调中心
第 20 条	信息共享与生物安全信息交换所	已设置生物安全信息交换所（http：//geacindia.gov.in/india‐bch.aspx）
第 21 条	机密信息	—

条款	规定	现状
第 22 条	能力建设	自 2012 年以来，DBT 和 MOEF 在全球环境论坛（GEF）和联合国环境规划署（UNEP）的支持下正在进行能力建设
第 23 条	公众意识和参与	目前，MOEF、DBT 和 ICAR 都有关于生物技术发展和监管体系的专门网站，包括 GEAC 网站[3]、DBT 生物安全网站[4]、ICAR 生物安全网站[5]等
第 24 条	非缔约方（缔约方和非缔约方之间 LMO 的越境转移）	《1989 年条例》适用于所有进出口产品
第 25 条	非法跨境运动	—
第 26 条	社会经济因素	社会经济分析是决策不可或缺的一部分
第 27 条	责任和补救	2014 年批准了《卡塔赫纳生物安全议定书关于赔偿责任和补救的名古屋 - 吉隆坡补充议定书》

资料来源：MOEFCC 和行业来源。

[1] 见附录表 A2。

[2] https：//dgft. gov. in/sites/default/files/not2_0. pdf。

[3] http：//geacindia. gov. in/index. aspx \ 。

[4] http：//dbtindia. gov. in/regulations - guidelines/regulations/biosafety - programme。

[5] https：//biosafety. icar. gov. in/。

⑭

巴基斯坦

美国农业部

对外农业服务局

全球农业信息网

规定报告：按规定 - 公开

发表日期：2020.11.23

报告编号：PK2019 - 0027

报告名称：农业生物技术发展年报

报告类别：生物技术及其他新生产技术

编 写 人：Shafiq Rehman

批 准 人：Rey Santella

报 告 要 点

尽管巴基斯坦已经颁布了一系列生物技术法律，例如巴基斯坦《生物安全条例》（2005年）、《种子法修正案》（2015年）以及《植物育种者权利法》（2018年）等，但法律实施所需的配套规章和行政程序尚未建立。国家监管机构正处于发布规章和行政程序的不同阶段，然而，二者必须同步实施，才能有效保障巴基斯坦的农业生物技术法律体系高效运行。

内 容 提 要

巴基斯坦的生物技术行业主要依赖三项关键法规，即《生物安全条例》（2005年）、《种子法修正案》（2015年）以及《植物育种者权利法》（2018年）。时至今日，这些法律仍没有完全生效，究其原因，是它们的监管地位不明确或需要议会批准和实施规则。尽管巴基斯坦已经批准了转基因（GM）棉花的应用与种植，但2019年国家生物安全委员会（NBC）自行暂停了转基因杂交玉米的商业化。目前，正在对其他作物进行转基因研究，但最终结果也无法预测。由于缺少时间表和信息透明度低，监管机构只能进行临时管理，并且相关部门间缺乏协作。只有公立研究机构在开展小麦、玉米、水稻、甘蔗、马铃薯和番茄等作物的生物技术研究，而国内私营种子公司仅研究棉花。《生物安全条例》（2005年）要求用于食品、饲料和加工（FFP）的生物技术产品必须经国家生物安全委员会（NBC）批准。至今，NBC尚未颁布相关规章或建立相关管理规程，以便于企业对FFP中所涉及的转基因产品进行合法登记。

第1章 植物生物技术

1.1 生产和贸易

1.1.1 产品开发

由于巴基斯坦有关转基因的规章制度尚不完善，2018 年和 2019 年转基因产品的批准速度放缓。参与转基因产品批准与监管的两个主要部门是国家粮食安全与研究部（MNFSR）和气候变化部（MOCC）。MNFSR 负责批准转基因植物种植和签发转基因产品的进口许可证，而气候变化部的国家生物安全委员会（NBC）负责实验室程序审查与批准、田间试验监督、贸易监管、促进转基因作物与产品商业化。自 2010 年以来，转基因棉花的种植与商业化已获得监管部门的批准。最近，MNFSR 认定玉米属于食品价值链，故停止了转基因杂交玉米的审批和商业化。随后，NBC 单方面暂停了转基因玉米的审批程序。许多公立研究机构正在从事转基因作物的研究与开发，其中还有一些机构与国外公司开展合作。

巴基斯坦国内转基因作物的研发如表 14 - 1 所示。机构缩写对照表如表 14 - 2 所示。

表 14 - 1　　　　　　　　　　巴基斯坦国内转基因作物的研发

作物	性状	状态	机构
棉花	转 Bt 基因抗小菜蛾（Diamondback moth）	田间试验	CEMB
	转 Tr AC 基因抗病毒（CLCV）	田间试验/准备释放	CEMB
	RNA 干扰（RNAi）抗病毒（CLCV）	田间试验	CEMB & NIBGE
	AVP1 - H + 耐盐碱和干旱	田间试验	NIBGE
	Cry1Ac 和 Cry2Ab	田间试验	CEMB/NIBGE + 4 个国内种业公司
	Cry1Ac + Cry2Ab 和草甘膦	田间试验	CEMB/NIBGE + 4 个国内种业公司
	改良纤维	科学实验	CEMB
小麦	抗锈病、耐干旱和耐盐碱	科学实验/田间试验	NIBGE
	提高铁和锌生物利用率的生物强化小麦	田间试验	FCCU/AARI
	提高磷的利用率	田间试验	FCCU + 1 个国内种业公司
	抗锈病标记	科学实验	AARI
水稻	转 Xa21 基因抗细菌性白叶枯病（通过分子辅助育种）	科学实验	NIBGE
	转 Cry1Ac & Cry2A 基因抗虫	科学实验	CEMB

作物	性状	状态	机构
玉米	抗虫（Cry1Ac + Cry2A）	田间试验	CEMB/NIGAB
	CEMB - GT 基因	田间试验	CEMB
	CEMB - AFP	田间试验	CEMB
	CP4 EPSPS	田间试验	Monsanto（孟山都）
	Cry2Ab2 & Cry1A. 105 和 CP4 - EPSPS	田间试验	Monsanto（孟山都）
	Cry1F、Cry1Ab 和 CP4 - EPSPS	田间试验	Pioneer（先锋）
	Cry1Ab × mESPSP	田间试验	Syngenta（先正达）
	mESPSP	田间试验	Syngenta（先正达）
甘蔗	转 Cry 基因抗虫	科学实验	NIBGE
	叶绿体转化	科学实验	CEMB
	耐干旱	科学实验	AARI
	SIG1 + SIG2 + SIG3	科学实验	CEMB
	ChiA + ChiB + ChiC	科学实验	CEMB
	转 Vip3 + ASAL 基因抗虫	科学实验	CEMB
	耐除草剂甘蔗	科学实验	CABB
	转 SUGARWIN 2 基因耐生物胁迫甘蔗	科学实验	CABB
	转 ScPR1 基因耐非生物胁迫甘蔗	科学实验	CABB
	耐病毒的抗真菌甘蔗	科学实验	CEMB, IBGE
鹰嘴豆	抗虫（Bt 基因）	科学实验	CEMB/NIGAB
烟草	转新合成蜘蛛毒基因抗虫（棉铃虫 *Helicoverpa armigera* 和烟芽夜蛾 *Heliothis virescens*）	科学实验	NIBGE
	转酵母、拟南芥 Na^+/H^+ 逆向转运蛋白基因耐盐碱	科学实验	NIBGE
	ArDH 叶绿体转化耐盐碱	科学实验	CABB
	鸡新城疫和法氏囊病非食用疫苗	科学实验	CABB
马铃薯	抗病毒（PLRV、PLXV、PVY），几丁质酶基因抗真菌病	科学实验	NIBGE
	转叶绿体抗虫马铃薯	科学实验	CABB
	转葡聚糖酶基因抗真菌	科学实验	CABB
花生	耐除草剂、抗 Tikka 病	科学实验	NIGAB
甘蓝	耐草甘膦；转 FAEI 基因减少芥酸；转 MAX1 基因增加腋生分枝，提高产量	科学实验	AARI
			IBGE

表 14 – 2 机构缩写对照表

缩写	对照机构
CEMB	分子生物学卓越中心，旁遮普大学，拉合尔
NIBGE	国家生物技术与转基因研究所，费萨拉巴德
FCCU	福曼基督教学院，拉合尔
AARI	阿尤布农业研究所，费萨拉巴德
NARC	国家农业研究中心，伊斯兰堡
CABB	农业生物化学与生物技术中心，农业大学，费萨拉巴德
NIGAB	国家基因组学与高级生物技术研究所，NARC，伊斯兰堡
IBGE	生物技术与转基因研究所，农业大学，白沙瓦
IIUI	国际伊斯兰大学，伊斯兰堡

1.1.2 商业化生产

转基因棉花是巴基斯坦唯一商业化生产的转基因作物。绝大多数已批准的转基因棉花均含有两种已释放的转化事件 MON531（Cry1Ac 基因或 Cry1Ab 基因）中的一种，这两个转化事件是几年前被引进的，均可以保护棉花免遭鳞翅目害虫为害。分子生物学卓越中心（CEMB）研发的三种双基因转基因棉花品种正在商业化销售。2019 年，农民采用的转基因棉花品种超过 30 个，转基因棉花的种植面积达 250 万公顷，占棉花总种植面积的 95% 以上。NBC 于 2019 年单方面暂停了转基因玉米审批程序。

1.1.3 出口

巴基斯坦有关转基因棉花出口量很少。在 2018 年和 2019 年，棉花出口销售额为 2900 万美元。巴基斯坦也出口转基因棉花制成的棉纱、棉织物及其他产品。纺织业占巴基斯坦经济和出口的主要份额。2018—2019 年，巴基斯坦纺织出口额总计 130 亿美元，占巴基斯坦总出口额的 25% 。

1.1.4 进口

在 2018 年和 2019 年，巴基斯坦进口约 270 万包（每包 480 磅）棉花，绝大多数是来自美国、巴西和埃及的转基因棉花。巴基斯坦也进口美国、巴西、加拿大和阿根廷生产的大豆、油菜籽、豆粕、玉米酒糟（DDGS）和豆油等转基因产品。在 2018 年和 2019 年，巴基斯坦进口大豆约 230 万吨，市值约 5.9 亿美元。

1.1.5 粮食援助

目前，巴基斯坦对进口由转基因作物生产的粮食援助产品没有限制性规定。根据"粮食促进步项目"（Food for Progress Program）的协议，巴基斯坦进口美国大豆油。近些年来，巴基斯坦也为阿富汗和非洲国家提供粮食援助。

1.1.6　贸易壁垒

巴基斯坦当局正在实施更严格的贸易管制措施，声称其必须遵守转基因产品相关的政策，尤其是那些应用于 FFP 的政策。虽然《生物安全条例》（2005 年）明确规定用于 FFP 目的的转基因产品必须经过批准，但政府尚未颁布任何相关法规或行政程序来指明如何通过必要的审批。由于缺乏明确的法规、指南和程序，因此阻碍了转基因大豆种子、油菜籽、葵花籽、玉米酒糟等产品进口到巴基斯坦。

1.2　政策

1.2.1　监管框架

2005 年，巴基斯坦建立了联邦生物技术管理机构，并由其负责新技术审批，并在《环境保护法》（1997）的规定下成立了三级体系。根据本法案，巴基斯坦制定了《国家安全条例》（NBR），成立了国家生物安全委员会（NBC），并将其作为最高机构负责实验室程序审查与批准、田间试验监督、贸易监管，以及促进转基因作物和产品商业化。NBC 遵循《生物安全条例》（2005 年），隶属于巴基斯坦气候变化部（MOCC）的环境保护局（EPA）。NBR 符合 2009 年巴基斯坦签署的《卡塔赫纳生物安全议定书》。

NBC 有 15 个成员，包括来自国家食品安全与研究部、卫生部、教育部、科学技术部、商务部、规划与发展部和纺织部的代表。其他成员包括巴基斯坦农业研究理事会、巴基斯坦原子能委员会，以及各省和地区的代表。

除最高机构 NBC 外，NBR 建立了两个附属机构，为审批流程提供技术支撑：

（1）技术咨询委员会（TAC），负责审查转基因新作物和生物体的申请，并就与实验研究、田间试验、产品商业化等相关的技术问题向 NBC 提出建议。TAC 由 EPA 局长担任主席，委员包括各省的成员。

（2）机构生物安全委员会（IBC），负责进行风险评估、实施保障措施以及监督检查所有 NBC 批准的应受监管的科学研究和产品研发。IBC 将获得的结果提交给 TAC 审查，并向 NBC 提出建议。

1.2.2　审批

TAC 和 NBC 定期召开会议，并且此前已经批准了几项涉及棉花转化事件的申请。由于 MNFSR 反对将转基因玉米直接用于食品价值链，因此玉米转化事件的申请已被暂停。NBC 已经批准的商业化转化事件的详细信息如表 14 - 3 所示。

巴基斯坦《生物安全条例》（2005 年）规定了审批流程的时间表。一旦官方收到了申请，应当在以下期限内告知申请人审批结果：

（1）申请低风险的和具有一定风险的实验研究、中间试验的相关事项，审查期 60 天。

（2）申请环境释放，审查期 90 天。

（3）申请商业化，审查期 120 天。

表 14 - 3　　　　　　　　**NBC 已经批准的商业化转化事件的详细信息**

序号	机构	作物	性状
			批准商业化
1	CEMB	棉花	40 多个 Bt 棉花获批
	NIBGE		
	NARC		
2	费萨拉巴德棉花研究所（CRI）	棉花	Bt 棉花品种 FH - Lalazar、MNH - 988、BH - 184
3	奥里加，拉合尔	棉花	Bt 棉花品种 Sayban - 202
4	拜耳巴基斯坦	玉米	Roundup Ready 玉米® （NK603） Genuity VT Double Pro （MON89034 × NK603）
5	科迪华巴基斯坦	玉米	玉米 1507 × NK603；MON810 × NK603

1.2.3　复合性状转化事件的审批

在引进新技术时，巴基斯坦《生物安全条例》（2005 年）将单个或多个基因转化视为一个独立转化事件。例如，在审批流程中，将具有多个外源基因的种子视为单一转化事件。尽管巴基斯坦近期通过了《植物育种者权利法》和《知识产权法》，但监管部门建议每个新遗传性状都应单独受到保护。此外，尽管 NBC 已经批准了三个玉米的单一转化事件和多基因转化事件，但由于监管机构认为转基因玉米不应被直接用在食品价值链中，因此已暂停其商业化审批。玉米商业化审批转化事件和田间试验的详细信息如表 14 - 4、表 14 - 5 所示。

表 14 - 4　　　　　　　　**玉米商业化审批转化事件的详细信息**

基因	审批阶段	公司
CP4 - EPSPS	商业化	Bayer（拜耳）
Cry2Ab2 & Cry1A. 105 和 CP4 - EPSPS	商业化	Bayer（拜耳）
Cry1F、Cry1Ab 和 CP4 - EPSPS	商业化	Corteva（科迪华）
Cry1Ac + Cry2Ab + Glyphosate	商业化	CEMB

表 14 - 5　　　　　　　　**玉米田间试验的详细信息**

抗虫性	田间试验	CEMB、NIGAB
Cry1F、Cry1Ab 和 CP4 - EPSPS	田间试验	Corteva（科迪华）
Cry1Ab × mESPSPS	田间试验	Syngenta（先正达）
mESPSPS	田间试验	Syngenta（先正达）

1.2.4　田间试验

巴基斯坦生物技术研究所积极开展田间试验。NBC 批准的田间试验的详细信息如表 14 - 6 所示。

表 14 - 6　　　　　　　　　　NBC 批准的田间试验的详细信息

序号	机构	作物	试验内容
1	NIBGE	小麦	增强耐盐碱和耐热性
2	NIBGE	棉花	耐非生物胁迫，抗虫（IR - NIBGE + 8）
3	NIBGE	棉花	NIAB Bt - 1 + NIAB Bt2
4	CEMB	棉花	CEMB Klean 棉花
5	CEMB	棉花	CEMB - 77、CEMB - 88
6	CEMB	马铃薯	多基因转化
7	AARI	棉花	Bt 棉花品种 181
8	AARI	棉花	合成 Bt 基因 Cry1Ac & Cry2Ab
9	FCCU	小麦	提高铁和锌生物利用率的生物强化小麦
10	FCCU	小麦	提高磷的利用率
11	费萨拉巴德 CRI	棉花	Bt 棉花 CIM600&616；Cyto - 177
12	费萨拉巴德 CRI	棉花	Bt 棉花品种 Eagle1 - 6
13	CABB、UAF	小麦	耐盐碱和干旱
14	CABB、UAF	甘蔗	耐除草剂和抗螟虫

1.2.5　创新生物技术

一些学术机构和研究中心一直致力于基因组编辑（CRISPR - R）研究。虽然用途有限，但一些科学家仍在进行研究，主要涉及植物领域。

1.2.6　共存

目前，巴基斯坦没有转基因作物与非转基因作物共存的政策。

1.2.7　标签和可追溯性

对于大宗进口含转基因成分的食品、种子、纤维、油或饲料，巴基斯坦没有标识要求。有消息表明，巴基斯坦政府可能正在考虑制定相关法规来对某些产品进行标识。

1.2.8　监测和检测

巴基斯坦政府正在改变进口要求，并开始对转基因产品进行监控。一项提案要求任何进口的转基因产品都必须获得植物保护部（DPP）的进口许可证及 NBC 的认证。《生物安全条例》（2005年）中概述了监测和检测的机制，但至今仍然没有明晰可用的转基因转化事件的登记程序。巴基斯坦必须制定与 FFP 产品贸易相关的法规。NBC 负责监督所有实验室研究、田间试验以及转基因作物的商业化释放。

1.2.9　低水平混杂（LLP）政策

巴基斯坦尚未考虑 LLP 政策。适时的技术援助可以帮助地方政府建立自己的协议和准则，以便于国内增加转基因谷物的进口需求。

1.2.10　附加监管要求

一旦转基因种子获得 NBC 批准，申请人必须在国家食品安全与研究部所属的联邦种子认证和登记部门（FSC&RD）登记该产品，然后才能根据《种子条例》（2016年）的要求进行商业化。

1.2.11 知识产权（IPR）

《植物育种者权利法》及后续的规章将构成巴基斯坦首个种子与植物品种知识产权保护体系，并有利于吸引农业投资。该法规及后续的规章由MNFSR负责执行。MNFSR所属的联邦种子认证和登记部门（FSC&RD）于2018年制定了PBR条例，目前正在筹建登记中心以执行这些规定。

1.2.12 《卡塔赫纳生物安全议定书》的批准

2009年3月2日，巴基斯坦签署了《卡塔赫纳生物安全议定书》，NBR制定了活体转基因生物越境转移、运输、处理和使用的准则。

1.2.13 国际条约和论坛

巴基斯坦是《国际植物保护公约》（IPPC）和国际食品法典委员会的成员，并积极参与有关生物技术的讨论。

1.2.14 相关问题

巴基斯坦的生物技术部门主要依赖三项关键法规：《生物安全条例》（2005年）、《种子法修正案》（2015年）以及《植物育种者权利法》（2018年）。时至今日，这些法律仍没有完全实施，究其原因，是它们的监管地位不明确或需要议会批准和实施规则。

1.3 市场营销

1.3.1 公众/个人意见

MNFSR、气候变化、卫生、教育、科技、商业、规划与发展、纺织以及农业界普遍支持扩大转基因技术的应用范围。由于缺少转基因认证和FFP审批程序，转基因产品贸易存在诸多不确定性。国外企业也正是担心巴基斯坦缺少相关法律保护，所以不愿在巴基斯坦投资。虽然消费者的接受程度参差不齐，但对转基因作物的生产和消费还是普遍接受的。鉴于新的转基因作物及产品的研发与引进的步伐缓慢，消费者通常对法规的修订不太了解。巴基斯坦既是转基因作物及产品的生产国（棉籽油），也是进口国（油菜籽、豆粕）。

1.3.2 市场接受度/研究

美国农业部对外农业服务局伊斯兰堡办事处（FAS Islamabad）除掌握墨尔本大学和圭尔夫大学的两篇研究巴基斯坦Bt棉花的博士论文外，对任何市场研究都不了解。其中一篇论文研究巴基斯坦Bt棉花和国家种子系统的演变；另一篇则研究旁遮普省南部和上信德省农村地区种植Bt棉花脱贫。巴基斯坦从多个国家进口转基因大豆、油菜籽、豆粕、玉米酒糟、大豆油和棉花。目前，正在与有关当局讨论FFP产品审批所需的规定。

第2章 动物生物技术

2.1 生产和贸易

2.1.1 产品开发

目前，巴基斯坦没有转基因动物的生产、克隆以及交易。克隆小鼠胚胎的实验正在开展，但还没有商业应用。人类体外胚胎生产与移植仅在有限范围内开展。一些研究所正在研究动物的生产技术。

巴基斯坦的国家生物技术与转基因研究所（NIBGE）、农业生物化学与生物技术中心（CABB）、费萨拉巴德农业大学、国家基因组学与前沿生物技术研究所（NIGAB）、费萨拉巴德 NARC 在家禽新城疫重组动物疫苗的研制上取得新进展。一个军用奶牛场的胚胎移植中心生产了少量牛胚胎，且这些牛胚胎仅限在该中心内使用。CEMB 开发了一些干扰素产品，但因为巴基斯坦药品监督管理局（DRAP）未提供有效性和安全性研究证明，故没有对其产品进行登记。

2.1.2 商业化生产

无。

2.1.3 出口

无。

2.1.4 进口

无。

2.1.5 贸易壁垒

由于缺乏监管机制，FAS 伊斯兰堡办事处认为，转基因动物及相关产品的进口可能会受到限制。进口商品首先必须收到相关部门的"无异议证书"，如果所进口的产品与常规动物及其产品存在显著不同或者实质性差异，必将引起官方的担忧。

2.2 政策

2.2.1 监管框架

巴基斯坦《生物安全条例》（2005 年）涉及生物（动物、植物、昆虫、真菌和微生物），并且在《生物技术指南》中设有关于动物和植物的单独章节。这些法规将是监管转基因动物、克隆牲畜及其产品的依据，并且 NBC 有可能负责新产品申请的审核。

2.2.2 审批

由于巴基斯坦国内没有动物转基因技术或克隆技术的生产或贸易，因此商业化的审批流程尚未开始。一些研究所仅开展体外实验。

2.2.3 创新生物技术

无。

2.2.4 标签和可追溯性

目前，巴基斯坦无标签政策。

2.2.5 知识产权（IPR）

FAS 伊斯兰堡办事处对现有的与转基因动物相关的 IPR 条款不甚了解。

2.2.6 国际条约和论坛

巴基斯坦是世界贸易组织（WTO）成员国，它参加了与 WTO 有关的论坛，论坛参加者还包括世界动物卫生组织和国际食品法典委员会等参考机构。FAS 伊斯兰堡办事处不知道巴基斯坦是否参加了与转基因动物有关的讨论。

2.2.7 相关问题

无。

2.3 市场营销

2.3.1 公众/个人意见

一般的认识是有限的。

2.3.2 市场接受度/研究

FAS 伊斯兰堡办事处并不知晓任何与转基因动物和克隆牲畜有关的市场接受度研究。巴基斯坦国内不生产或销售转基因动物。

⑮ 缅甸

美国农业部

对外农业服务局

规定报告：按规定－公开

报告编号：BM2020－0028

报告名称：农业生物技术发展年报

报告类别：生物技术及其他新生产技术

编 写 人：Swe Mon Aung

批 准 人：Lisa Ahramjian

全球农业信息网

发表日期：2020.10.16

报 告 要 点

尽管缅甸尚无健全的生物安全法律法规，但国家生物安全标准的最终版本已经完成并等待批准，生物安全指南也处于最后的制定阶段。该标准预计将于2020年年底或2021年年初获得批准并正式推出。本报告描述了与农业生物技术有关的现行政策以及在新标准下将如何作出政策调整。迄今为止，在现行国家种子政策下只有转基因（GM）棉花被批准种植。

这份报告包含了美国农业部工作人员对商品和贸易问题的评估，但不代表美国政府的官方立场。

内 容 提 要

虽然缅甸尚无健全的生物安全法律法规，但国家生物安全标准的最终版本已经完成并等待批准，生物安全指南也正处于最后的制定阶段。这项新政策的出台是美国农业部对外农业服务局（FAS）多年参与的结果，一旦批准并实施，它将提高缅甸农业生物技术领域的透明性、可预测性和科学性，这将使缅甸政府（GoB）有能力以安全并恰当的方式管理生物技术。政府希望在2020年年底或2021年年初推出该标准。

虽然政府期望最终制定一项生物安全法，但目前还没有管理转基因植物或动物的法律、实施条例、成熟的指南或章程。然而，有一些法律与生物安全问题有关，包括《国家食品法和农药法》《植物有害生物检疫法》《植物品种保护法》《种子法》《国家种子政策》《动物卫生和牲畜发展法》《缅甸海洋渔业法》《水产养殖法》《生物多样性保护和保护区法》以及《科学技术创新法》。

根据《国家种子政策》，转基因棉花已获准在缅甸种植。除棉花外，所有进口用作试验和商业流通的种子均需附有非转基因证书。缅甸没有明确的法律来管理进口的转基因食品或农产品，也没有任何申请批准的章程。

第1章　植物生物技术

1.1　生产和贸易

1.1.1　产品开发

尽管缅甸一些生物技术专家正在研究转基因植物，但除了 Bt 棉花之外，缅甸还未批准任何转基因产品商业化。缅甸在 2001 年开发了第一代 Bt 棉花 Ngwe Chi – 6。经过多年的田间试验，2010年政府批准了 Ngwe Chi – 6 棉花可以进行商业化，并扩大了许可种植区域。2014—2015 年，棉花研究与技术发展机构开发了其他 Bt 棉花品种——Ngwe Chi – 9 和 Shwe Daung – 8，这些品种产量更高，对缅甸常见害虫（棉铃虫）具有稳定的抗性。

在生物技术领域，缅甸有许多拥有高级学位的科学家，他们来自私立和公立大学以及诸如农业部下属的植物生物技术中心和农业、畜牧和灌溉部（MOALI）下属的农业研究所（DARI）等机构。由于缺乏政策指南和法规，缅甸目前没有开发新的转基因植物品种。科学透明的生物安全法律和条例将能够保障缅甸政府进行生物技术研究和开发，并将鼓励私营企业投资开发新植物品种以应对国内主要病虫害的挑战。

1.1.2　商业化生产

尽管缅甸还未对生物安全进行立法，还是商业化种植了抗棉铃虫品种 Ngwe Chi – 6、Ngwe Chi – 9和 Shwe Daung – 8。Ngwe Chi – 6 棉花的平均产量为每公顷 2 吨。2018—2019 年度（2018 年 10 月—2019 年 9 月），缅甸生产了 30 多万吨 Bt 棉花。

1.1.3　出口

缅甸不进行大宗转基因商品的出口。在缅甸种植的棉花大部分都用于国内消费。

1.1.4　进口

根据联合国粮农组织（FAO）报告，缅甸认可东南亚国家联盟（Association of Southeast Asian Nations，ASEAN）转基因农产品风险评估指南。为了与现代生物技术产品的国际监管要求接轨，缅甸于 2001 年成为《卡塔赫纳生物安全议定书》（CPB）的签署国，并允许进口转基因食品和/或饲料产品。然而，目前缅甸还未建立转基因产品进口批准程序。

1.1.5　粮食援助

缅甸一直受到世界粮食计划署（WFP）的粮食援助，主要是为国内难民（IDP）提供大米、豆类、油和食盐。WFP 还为学校及偏远、冲突地区提供高能量饼干等食物。所有大米、豆类和食盐都是国内采购的，而食用油、高能量饼干和营养混合食品则是进口的，缅甸并没有因为生物技术相关问题阻碍这些食品的进口。WFP 始终坚持一项政策，即所有捐赠的粮食均符合捐助国和受援国的食品安全标准，以及所有适用的国际标准、指南和规范。

1.1.6 贸易壁垒

种子的进口需要获得进口许可证并在国家种子委员会（NSC）注册。在新品种上市之前，必须在三个地点完成特异性、一致性和稳定性试验（简称"DUS 测试"）。

1.2 政策

1.2.1 监管框架

缅甸未对农业生物技术进行监管，但《国家种子政策》限制了除 Bt 棉花等非粮食作物外的所有转基因种子的进口和种植。根据 2016 年《国家种子政策》，只有非食用转基因作物会得到"部分豁免"。

利益相关者观察到了农业生物技术在缅甸作物和动物行业应用的潜在价值，因此美国农业部对外农业服务局（FAS）一直在与缅甸监管机构合作更新缅甸的生物安全政策草案。目前，缅甸的国家生物安全标准最终草案已经完成，正在等待内阁的批准，而生物安全指南在国际专家的帮助下还在修订中。MOALI 预计将在 2020 年年底或 2021 年年初批准并发布国家生物安全标准和生物安全指南。在启动之前，计划与议会成员、非政府组织、公民社会组织（CSO）、缅甸工商联合会（UMF-CCI）及其他利益者举行公众磋商会议。

MOALI 的计划部是负责农业生物安全政策的主要部门，农业部将负责这项政策的实施。根据目前的国家生物安全标准草案，MOALI 将负责植物和植物产品、真菌、海产品和动物。同时，资源和环境保护部将负责森林生物多样性，卫生和体育部将负责食品安全。

根据目前的国家生物安全标准草案，国家生物安全委员会（NBC）将是有生物安全问题的最高决策机构。NBC 将由下列各部组成：农业、畜牧业和灌溉部；自然资源和环境保护部；教育部、商务部；规划、财政和工业部；卫生和体育部；内政部；联邦总检察长办公室及其他有关部门。农业部将成为国家生物安全委员会信息交流中心（NBCH）的秘书处。

1.2.2 审批

缅甸既没有可遵循的生物安全法，也没有现行的审批机制。根据目前的国家生物安全标准草案，缅甸政府会在个案分析基础上对作物进口、种植、育种和生产的商业行为进行决策。

获取更多信息请参阅附录 1。

1.2.3 复合性状转化事件的审批

不适用。

1.2.4 田间试验

缅甸一直没有生物安全相关法律管理转基因植物田间试验，但是 ShweDaung 棉花研究试验场开展过一定规模的 Bt 棉花的田间试验。

1.2.5 创新生物技术

缅甸没有任何关于诸如基因组编辑等创新技术的政策，然而，有许多正在进行的生物技术研究，如 DNA 指纹识别、品种鉴定、基因纯度检测和农业气候智能型植物育种。缅甸与其他国家共同参与了一系列生物技术项目，包括英国、中国和东盟国家。生物技术研究的所有项目是由不同的部门参与的，部门职责列举在附录 2。

1.2.6 共存

不适用。

1.2.7 标签和可追溯性

没有转基因产品的标签的要求。

1.2.8 监测和检测

没有关于转基因产品进口或出口检测的政策。

1.2.9 低水平混杂（LLP）政策

目前缅甸没有 LLP 政策。然而，一旦国家生物安全标准草案通过，缅甸将遵循《国际食品法典》中的 LLP 政策条款。

1.2.10 附加监管要求

不适用。

1.2.11 知识产权（IPR）

2019 年 9 月 17 日缅甸通过了新的植物品种保护法。2019 年 10 月 28 日，《缅甸植物品种保护法》已被提交至位于瑞士的国际植物新品种保护联盟（UPOV）理事会并获得了认可，缅甸正在办理内部流程并将成为 UPOV 的成员。2019 年，缅甸颁布了四部知识产权法律：《商标法》《工业设计法》《专利法》《版权法》。但这些知识产权法都没有针对转基因植物的专门立法。

1.2.12 《卡塔赫纳生物安全议定书》的批准

2001 年 5 月，缅甸驻联合国大使签署了《卡塔赫纳生物安全议定书》（CPB）。同时缅甸一直认可东盟的转基因农产品风险评估指南。

1.2.13 国际条约和论坛

缅甸于 2003 年 7 月签署了联合国环境规划署和全球环境基金（UNEP - GEF）协议，以促进国家生物安全标准的发展。缅甸还以官方观察员身份参加了亚太经济合作组织（APEC）关于农业生物技术的高级别政策对话。缅甸还是东盟 MGF – Net 和《生物多样性公约》（CBD）成员国。

1.2.14 相关问题

无。

1.3 市场营销

1.3.1 公众/个人意见

目前，缅甸公众对转基因技术的了解程度较低，这正是政府对广大群众进行科普教育的时机。通过科普，他们可以充分了解生物技术和新型植物育种技术为农民、环境带来的效益以及对粮食安全的影响。

公众对生物技术认识和理解的不足阻碍了生物技术在缅甸的应用。缅甸政府只有在生物技术管理方面提高透明度并制定明确的政策指南，才会让消费者对生物技术和农业创新的价值前景建立更大的信心和有更深的了解。

1.3.2 市场接受度/研究

2019 年年底，在美国国际开发署（USAID）粮食安全项目中，密歇根州立大学开展了一项 Bt 玉米的成本效益分析。调查结果显示，抗草地贪夜蛾（FAW）的 Bt 玉米使农民受益，而且受益程度与草地贪夜蛾发生级别紧密相关。

缅甸目前还没有关于公众对生物技术接受程度的已知公开研究。

第2章 动物生物技术

2.1 生产和贸易

2.1.1 产品开发

缅甸研究人员没有生产或开发过转基因动物。

2.1.2 商业化生产

缅甸不生产任何克隆牲畜、转基因动物或转基因动物产品，在动物生物技术方面也没有相关法规。

2.1.3 出口

不适用。市场上没有转基因动物或转基因动物衍生产品。

2.1.4 进口

缅甸不进口转基因动物。

2.1.5 贸易壁垒

在转基因动物进口方面，除缺乏相关政策外，目前不存在已知的贸易壁垒。

2.2 政策

2.2.1 监管框架

缅甸目前还没有监管框架或法规管理转基因动物的生产。然而，起草的国家生物安全标准确实解决了转基因动物的生产和进口。

2.2.2 审批

不适用。

2.2.3 创新生物技术

不适用。

2.2.4 标签和可追溯性

不适用。

2.2.5 知识产权（IPR）

缅甸一直遵循世界动物卫生组织的标准。

2.2.6 国际条约和论坛

缅甸自 1989 年 8 月以来一直是世界动物卫生组织的成员，经常参与世界动物卫生组织的区域和全球会议。

2.2.7 相关问题

无。

2.3 市场营销

2.3.1 公众/个人意见

缅甸公众对于转基因生物的认识水平较低，因此，这是一个合适的契机，可以让公众进一步了解生物技术产品的益处。

2.3.2 市场接受度/研究

缅甸没有关于公众对动物生物技术接受程度的已知公开研究。

第3章 微生物生物技术

3.1 生产和贸易

3.1.1 商业化生产

利用微生物生物技术生产的食品配料还未进行商业化生产。许多大学出于教育目的保存了无害的重组微生物。

3.1.2 出口

不适用。

3.1.3 进口

缅甸进口的利用微生物生物技术衍生的食品成分和食品添加剂,包括酵母、酶和辅酶、益生菌等膳食补充剂。进口用作食品添加剂的产品包括利用微生物生物技术衍生的食品成分,产品清单公布在缅甸食品和药品监督管理局(FDA)官网上。

3.1.4 贸易壁垒

不适用。

3.2 政策

3.2.1 监管框架

所有进口使用微生物生物技术衍生的食品添加剂或配料必须经过 FDA 注册。FDA 负责为食品和食品添加剂的进口提供进口建议(IR)和进口卫生证书(IHC),商务部贸易司负责签发进口许可证。FDA 于 2019 年 12 月发布了食品进出口标准操作规程,还未推出与微生物生物技术衍生的食品添加剂/成分相关的具体政策,但目前的国家生物安全标准草案明确提供了这方面的政策条款。

3.2.2 审批

进口商必须向 FDA 申请有效期为三年的进口申请书,并向商务部申请每次运输所需的进口许可证。为了获得所需的进口卫生证书,还必须向 FDA 提交检验报告。FDA 提供了在缅甸注册和使用的进口转基因微生物和/或衍生食品成分的清单，FDA 网站可查询更多关于所有进口食品添加剂的信息。在 FDA 注册的进口微生物生物技术衍生的食品成分清单包括：液态阿尔法淀粉酶；Elco P－100k（GM－L1－AAA）酶蛋白＋大豆粉＋磷酸钙；Alphamalt BK－5020（烘焙用酶）；液体酶制剂 β－葡聚糖酶和半纤维素；食品添加剂：酶制剂－糖化酶溶液；制作饼干、点心的酶制剂；面粉改良剂（一种酶、抗坏血酸、小麦粉混合物）；预混粉（酵母菌粉）；即食酵母；超级酿酒高活性干酵母；鱼露增强剂 1104（粉状）。

3.2.3 标签和可追溯性

缅甸一直未对使用微生物生物技术衍生的食品添加剂和配料制定特定的标签和可追溯性要求。缅甸目前遵循食品法典准则和东盟对所有食品和食品配料的共识准则和要求。《消费者保护法》于 2019 年 3 月发布，包括对所有食品、食品配料和药品的标签要求。

- 产品标识、产品名称、尺寸、数量、净重、存放说明、使用说明；
- 生产日期、有效期和产品序列号；
- 如果产品是进口的，应当提供进口商的名称和地址，生产企业的名称和地址；
- 重新包装的地址；
- 原料清单、数量、比例；
- 过敏提醒、警告及副作用；
- 有关政府指定的资料。

2019 年 9 月，FDA 发布通知，要求即食食品标签包括公司名称、地址、成分列表、生产日期和保质期。此外，日期标记绝不能轻易删除、擦除或重复使用。如果包装超过一层，必须在所有包装层上注明生产日期和有效期。

3.2.4 监测和检测

不适用。

3.2.5 附加监管要求

不适用。

3.2.6 知识产权（IPR）

2019 年，缅甸颁布了四部知识产权法律：《商标法》《工业设计法》《专利法》《版权法》。但没有一项知识产权法对利用微生物生物技术衍生的食品添加剂或配料有专门的立法。

3.2.7 相关问题

不适用。

3.3 市场营销

3.3.1 公众/个人意见

虽然利用微生物生物技术衍生的食品配料在葡萄酒、啤酒等酒类，酸奶、酱油、鱼露等发酵食品的生产中以及烘焙行业中被广泛使用和接受，但公众通常不了解这些配料是通过微生物生物技术生产的。

3.3.2 市场接受度/研究

缅甸还没有关于公众对利用微生物生物技术衍生食品成分接受程度的已知公开研究。

附录 1

1. 以商业目的进口、栽培、培育和生产生物技术产品的个案决策过程

（1）向国家生物安全委员会（NBC）提交申请，在申请人文件填写完成后 10 天内回复申请人是否受理；NBC 将把相关文件传递给生物安全技术小组（BTT）进行风险评估。

（2）BTT 将根据 NBC 制定的政策和经济合作与发展组织（OECD）的风险评估指南在 30 天内联合相关部门对商业化申请进行评估，并在 180 天内准备好申请人提交的报告。

（3）为了避免对生物多样性以及人类和动物的健康造成影响，BTT 可要求进行附加试验，并将试验报告连同意见（建议/结论/审查）提交给 NBC。

（4）NBC 将根据 BTT 提交的意见，在 30 天内通知申请人申请是否被接受或拒绝。

（5）以商业目的进口、栽培、培育和生产转基因生物的许可期限最长为 10 年，并可申请延续 3 次，每次 5 年。延期需得到 NBC 的批准。

2. 转基因食品、饲料和加工（FFP）的决策过程

（1）向 NBC 提交申请。

（2）NBC 将审核申请并在 10 天内回复申请人，然后将相关文件转交给 BTT 进行风险评估。

（3）BTT 将按照食品法典指南在 60 天内进行风险评估，如果该转基因产品已获得至少五个经济合作与发展组织成员国的商业化许可，BTT 将在相互认可的前提下，联合其他相关部门在 30 天内对转基因产品进行风险评估。

（4）BTT 将把报告连同评论（推荐/结论/审查）一起提交给 NBC，NBC 将在 30 天内决定是否接受或拒绝。

（5）转基因食品、饲料和加工的决策过程必须按照 NBC 的指导原则尽早通知申请人，并向公众公布。

3. 在个案基础上进行研究和开发的决策过程

（1）向 NBC 提交申请。

（2）NBC 将审核申请并在 10 天内回复申请人，然后将相关文件转交给 BTT 进行风险评估。BTT 将在 30 天内完成低风险产品的风险评估，在 90 天内完成高风险产品的风险评估。

（3）BTT 将报告连同评论（建议/结论/审查）一起提交给 NBC。

（4）NBC 将根据 BTT 提交的意见在 20 天内决定是否接受或拒绝。

（5）研究和开发的批准结果必须由秘书处根据 NBC 的指南尽早通知申请人。

（6）申请人可在指定地点进行为期两年的研究，如未能在两年内完成研究工作，申请人可向 NBC 申请延长研究期限。

附录 2

表 A1　　　　　　　　　2019—2020 年度农业、畜牧业和灌溉部开展的生物技术活动

部门	生物技术活动
农业研究部，莫阿里	组织培养 • 早熟、抗倒伏水稻双单倍体育种 • 耐涝水稻双单倍体育种项目 • 水稻配子体克隆变异的研究 • 籼稻基因型花药培养响应机制的鉴定 • 香蕉、花生、水稻的诱变育种 • 利用诱变技术鉴定内陆耐盐水稻品种 • 通过诱变技术培育抗黄花叶病毒绿豆品种 • 利用诱变技术开发耐旱花生品种 • 缅甸耐涝水稻种质研究 • 芝麻花药培养响应机制鉴定 • 香蕉、甘蔗、药用兰花、姜黄、咖啡和鳄梨的规模生产 分子生物学 • 杂交水稻的基因鉴定和遗传纯化 • 玉米、黑豆和水稻种质资源的遗传多样性 • 花生叶病抗性的分子标记辅助育种项目 • 利用分子标记辅助和回交选育技术培育早熟抗倒伏水稻品种 • 利用标记辅助选择技术选育抗枯萎病香蕉突变体 • 玉米自交系杂种优势的聚类及关联分析研究 • 利用 SSR 标记检测不同优异玉米品种的 Opaque – 2 基因 • 利用 SSR 标记鉴定耐旱玉米自交系 微生物生物技术 • 根瘤菌接种剂的生产 • 不同根瘤菌菌株的评价和保种 • 根瘤菌接种剂的质量保证
农业部植物生物技术中心，莫阿里	组织培养 • 香蕉、兰花、百合、象脚山药和桉树的离体繁殖 • 香蕉、药用兰花、马铃薯、象脚山药的离体保存 • 作物离体培养的新成分的鉴定 • 水稻花药培养 分子生物学 • 遗传多样性和群体结构的评价（芒果的 DNA 指纹图谱，Pawsan 水稻的遗传多样性和特殊籽粒品质） • 利用分子育种技术进行作物改良（抗逆性）（聚合耐涝和抗病性状，耐盐和耐高温水稻品种、耐涝早熟水稻品种）以适应农业气候变化

部门	生物技术活动
农业部植物生物技术中心，莫阿里	• 作物的品种的营养与品质改良（聚合香味基因培育超香型水稻、高直链淀粉水稻、Pawsan 突变回交系、高产糙米的水稻品种、高产糙米的黏/糯稻） • 兰花品种的 DNA 指纹分析 服务 • 提供非转基因证书 • 营养和谷物品质分析认证（大米） 生物安全 • 实施生物安全标准和指南
多年生作物研究发展中心，莫阿里	• 油棕胚胎培养和叶片组织培养
棉花及纤维作物部，莫阿里	• 利用标记辅助选择技术开发抗棉铃虫品种 • 利用 PCR 技术检测 Bt 棉（Ngwe Chi－6）棉铃虫抗性基因，通过回交手段培育抗棉铃虫品种
教育部科研创新司	公共服务 • 用于疾病控制的药用植物 • 转基因蚊子控制登革热 • 开发耐涝、耐盐和耐热的水稻品种 微生物生物技术 • 生物肥料、生物杀菌剂的商业化生产 • 有毒食用细菌的食品安全检验，如大肠杆菌

资料来源：农业部、农业研究部、研究创新部、棉花及纤维作物部、多年生作物研究发展中心。